微弱信号处理理论

唐宋元　杨健　艾丹妮 ◎ 编著

THEORY OF WEAK SIGNAL DETECTION

北京理工大学出版社
BEIJING INSTITUTE OF TECHNOLOGY PRESS

图书在版编目（CIP）数据

微弱信号处理理论/唐宋元，杨健，艾丹妮编著．—北京：北京理工大学出版社，2018.10（2021.1 重印）
ISBN 978-7-5682-6453-2

Ⅰ．①微…　Ⅱ．①唐…　②杨…　③艾…　Ⅲ．①信号处理　Ⅳ．①TN911.7

中国版本图书馆 CIP 数据核字（2018）第 254164 号

出版发行／北京理工大学出版社有限责任公司
社　　址／北京市海淀区中关村南大街 5 号
邮　　编／100081
电　　话／（010）68914775（总编室）
　　　　　（010）82562903（教材售后服务热线）
　　　　　（010）68948351（其他图书服务热线）
网　　址／http://www.bitpress.com.cn
经　　销／全国各地新华书店
印　　刷／北京虎彩文化传播有限公司
开　　本／787 毫米×1092 毫米　1/16
印　　张／13.5
字　　数／320 千字
版　　次／2018 年 10 月第 1 版　2021 年 1 月第 2 次印刷
定　　价／68.00 元

责任编辑／王美丽
文案编辑／孟祥雪
责任校对／周瑞红
责任印制／李志强

图书出现印装质量问题，请拨打售后服务热线，本社负责调换

前言

PREFACE

人类对世界的认知可以认为是通过信号来完成的，例如听觉和视觉就是对声音信号和光信号的处理而得到的。随着科学技术的发展，人类对自然界的探索越来越深入，需要检测的信号也越来越微小，它们的检测变得十分困难，目前微弱信号检测已经成为重要的研究方向。

微弱信号处理主要用于传统方法不能检测到的微弱量，例如弱声、弱光、弱电、弱磁、微振动、微位移、微电压等，通常这些微弱信号被较强的噪声所掩盖，微弱信号检测实际面临的问题是如何从噪声中检测出人们感兴趣的信号。微弱信号处理已经在物理、化学、天文、地理、遥感、生物医学、军事等领域得到广泛的应用。

微弱信号理论对于微弱信号的检测具有指导作用，本书主要对经典的和近年来发展起来的有关微弱信号检测理论进行了广泛的介绍，希望能够给从事相关研究的人员以指导作用。

本书共有十二章，第一、二章介绍有关的基础知识；第三章介绍随机噪声及其特性；第四～六章主要介绍经典的微弱信号处理的方法，包括滤波、判决和参数估计；第七～十二章主要介绍近年来发展的理论在微弱信号处理方面的应用，包括小波、盲源分离、混沌、共振检测、压缩感知和深度学习。

陈颖、邓巧玲、李静舒、刘宇涵、孟宪琦、王雅晨同学参与了部分章节的编写工作；同时，本书的出版得到了北京理工大学2016年“双一流”研究生精品教材项目资助，在此一并表示感谢！

由于作者水平有限，书中难免有疏漏和错误之处，殷切希望广大读者批评指正。

编著者

目录
CONTENTS

第一章
绪　论

微弱信号处理的目的是从噪声中提取相对微弱的信号，相关的问题涉及现代社会的各个方面。目前，微弱信号处理的原理和方法大量应用于现代科学技术领域，如交通、广播电视、通信、航空航天、军事和生物医学工程等方面。

微弱信号处理理论主要研究如何对含有噪声的信号进行处理，从而对“湮没”在噪声中的信号进行检测或提取。本教材主要介绍微弱信号处理的相关理论。

信号在我们的社会中起着非常重要的作用。信号不仅通过大自然产生，也通过人工合成。人们对信号进行处理的目的是从信号中提取有用信息。信息提取的方法取决于信号的类型以及信号信息的性质。信号可以在时域表示，也可以在频域表示，信息的提取也可以在时域或频域进行。

1.1　信号分类

信号在数学上可以表示成自变量的函数，根据自变量的特征以及函数的定义域，可以将信号定义成不同的类型。

1.1.1　标量信号和矢量信号

由一个信号源产生的信号是标量信号；由多个信号源产生的信号是矢量信号。一个人的语音信号可以看成标量信号；一个人的语音和温度信号可以看成矢量信号。

1.1.2　一维信号、二维信号和多维信号

由只有一个自变量的函数表示的信号是一维信号；由含有两个自变量的函数表示的信号是二维信号；由含有多个自变量的函数表示的信号是多维信号。音频信号是一维信号，它只有一个自变量——时间；照片是一个二维信号，它的自变量是两个空间变量；核磁共振体数据是三维信号，它的自变量是三个空间变量；FMRI 图像是四维图像，它的自变量包含三个空间变量和一个时间变量。

1.1.3　连续时间信号和离散时间信号

若自变量是时间的连续函数，则该信号称为连续时间信号；若自变量是时间的离散函数，则该信号称为离散时间信号。连续时间信号在每个时刻都有定义，而离散时间信号只在离散时刻有定义。

1.1.4　模拟信号和数字信号

具有连续振幅、连续时间的信号称为模拟信号；用有限个整数值表示离散振幅值的离散时间信号称为数字信号。

1.1.5　抽样数据信号和量化阶梯信号

具有连续振幅的离散时间信号称为抽样数据信号，数字信号是量化的抽样信号；具有离散振幅的连续时间信号是量化阶梯信号。图 1.1 所示为模拟信号、数字信号、抽样数据信号和量化阶梯信号。

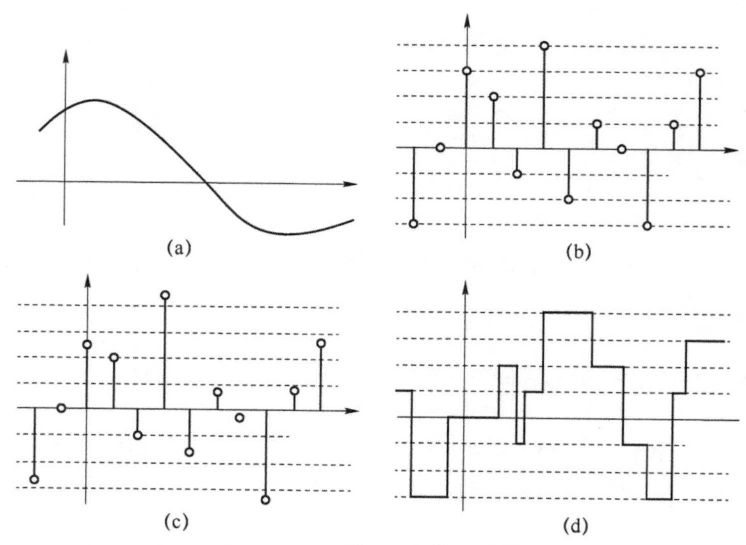

图 1.1　模拟信号、数字信号、抽样数据信号和量化阶梯信号

（a）模拟信号；（b）数字信号；（c）抽样数据信号；（d）量化阶梯信号

1.1.6　确定信号和随机信号

可以通过一个数学表达式来确定的信号称为确定信号，而由随机方式产生且不能在时间上预测的信号称为随机信号。

1.2 基本的信号处理系统

目前，在科学研究和工程上遇到的信号基本是模拟信号，模拟信号通常随时间或空间在一定范围内连续变化。而现代的仪器设备，为了利用计算机进行处理，通常需要采用数字信号。信号处理系统的结构如图 1.2 所示。

该系统通过探测部分获得输入信号，通过放大部分将信号增强，使后续处理变得容易，最后进入计算机处理的信号需要先经过 A/D 转换器变成数字信号。

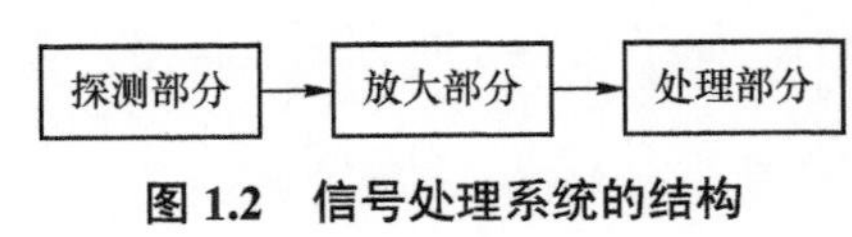

图 1.2 信号处理系统的结构

数字信号能够被计算机处理，可以实现复杂的信号处理算法，目前已经得到广泛应用。然而由于数字信号是通过 A/D 转换器获得，并经计算机处理器处理的，因此具有极大带宽的信号需要能够快速采样的 A/D 转换器和高速运转的计算机处理器。对于某些大带宽的模拟信号，现阶段的 A/D 转换器和计算机都不满足要求。

1.3 采样定理

采样定理（又称奈奎斯特定理）是美国电信工程师 H • 奈奎斯特在 1928 年提出的。在数字信号处理领域中，采样定理是连续时间信号（模拟信号）和离散时间信号（数字信号）之间的基本桥梁。该定理说明，采样频率与信号频谱之间的关系是连续信号离散化的基本依据。该采样频率允许离散采样序列从有限带宽的连续时间信号中捕获所有信息。

在进行模拟/数字信号的转换过程中，当采样频率大于信号中最高频率的 2 倍时，采样之后的数字信号完整地保留了原始信号中的信息，一般实际应用中保证采样频率为信号最高频率的 2.56～4 倍。

1.4 常用的典型信号

系统的动态性能可以通过其在输入信号作用下的响应过程来评价，其响应过程不仅与其本身的特性有关，而且与外加输入信号的形式有关。通常情况下，系统所收到的外加输入信号中，有些是确定性的，有些是具有随机性而事先无法确定的。在分析和设计系统时，为了便于对系统的性能进行比较，通常选定几种具有典型意义的试验信号作为外加的输入信号，这些信号称为典型输入信号。所选定的典型输入信号应满足数学表达式尽可能简单，尽可能反映系统在实际工作中所收到的实际输入，容易在现场或实验室获得，同时该信号能够使系统工作在最不利情况下。

1.4.1 单位阶跃信号

单位阶跃信号函数的表达式为

$$u(t)=\begin{cases}1, & t>0\\ 0, & t<0\end{cases} \tag{1.1}$$

如果在 $t=t_0$ 时刻输入信号，则可以用一个延时阶跃函数表示，即

$$u(t-t_0)=\begin{cases}1, & t>t_0\\ 0, & t<t_0\end{cases} \tag{1.2}$$

阶跃函数如图 1.3 所示。

1.4.2 斜坡函数

斜坡函数的表达式为

$$r(t)=\begin{cases}At, & t\geqslant 0\\ 0, & t<0\end{cases} \tag{1.3}$$

斜坡函数如图 1.4 所示。

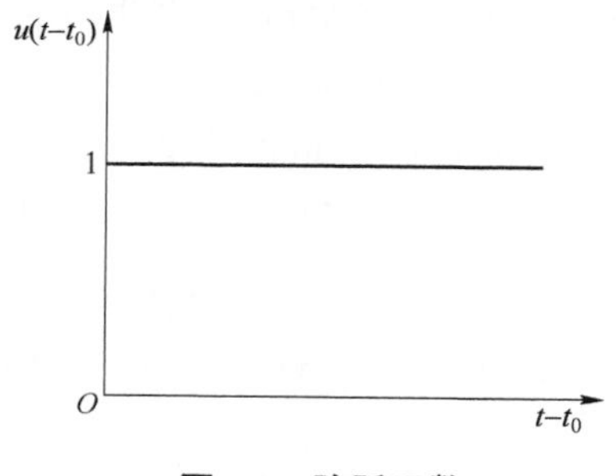

图 1.3 阶跃函数

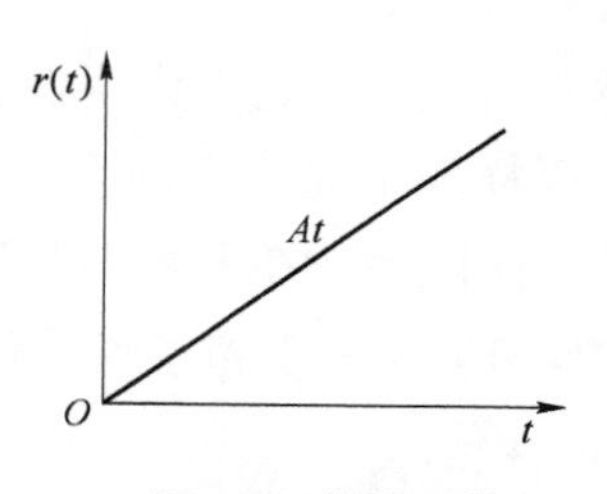

图 1.4 斜坡函数

1.4.3 抛物线函数

抛物线函数的表达式为

$$r(t)=\begin{cases}\frac{1}{2}Ct^2, & t\geqslant 0\\ 0, & t<0\end{cases} \tag{1.4}$$

抛物线函数如图 1.5 所示。

1.4.4 正弦函数

正弦函数的表达式为

$$r(t) = A\sin(\omega t) \tag{1.5}$$

正弦函数如图 1.6 所示。

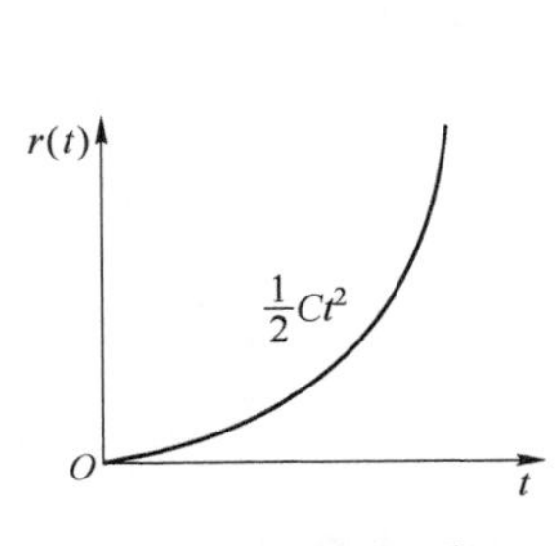

图 1.5 抛物线函数

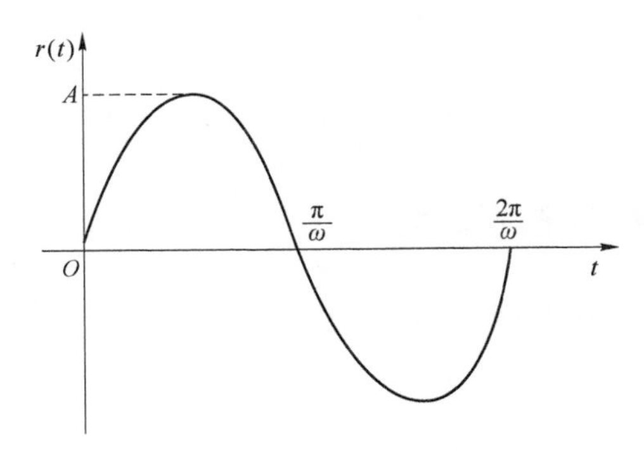

图 1.6 正弦函数

1.4.5 门函数

门函数的表达式为

$$r(t) = \begin{cases} 1, & -\frac{\tau}{2} < t < \frac{\tau}{2} \\ 0, & \text{其他} \end{cases} \tag{1.6}$$

可以用单位阶跃函数表示为

$$r(t) = u\left(t + \frac{\tau}{2}\right) + u\left(t - \frac{\tau}{2}\right) \tag{1.7}$$

门函数如图 1.7 所示。

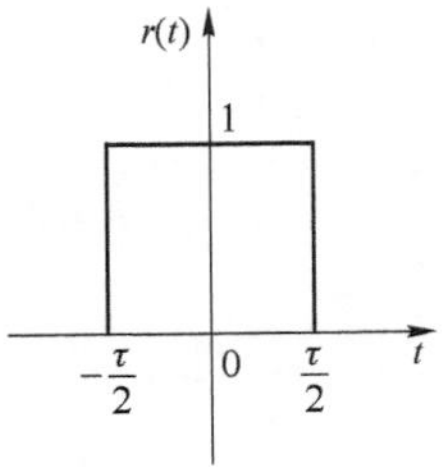

图 1.7 门函数

1.4.6 单位冲激函数

单位冲激函数的表达式为

$$\delta(t) = \begin{cases} +\infty, & t \neq 0 \\ 0, & t = 0 \end{cases}$$

$$\int_{-\infty}^{+\infty} \delta(t)\mathrm{d}t = 1 \tag{1.8}$$

单位冲激函数 $\delta(t)$ 是偶函数，即 $\delta(t) = \delta(-t)$。
设 $x(t)$ 为连续时间信号，且在 $t = t_0$ 处连续，则有

$$x(t)\delta(t - t_0) = x(t_0)\delta(t - t_0) \tag{1.9}$$

若 $t_0 = 0$，则

$$x(t)\delta(t) = x(0)\delta(t) \tag{1.10}$$

单位冲激函数如图 1.8 所示。

要从连续信号 $x(t)$中抽取任一时刻的函数值 $x(t_0)$，只要乘以冲激函数 $\delta(t-t_0)$，并在（−∞，+∞）区间积分即可，即

$$\int_{-\infty}^{+\infty} x(t)\delta(t-t_0)\mathrm{d}t = \int_{-\infty}^{+\infty} x(t_0)\delta(t-t_0)\,\mathrm{d}t = x(t_0)\int_{t_0^-}^{t_0^+} \delta(t-t_0)\mathrm{d}t \tag{1.11}$$

1.4.7 符号函数

符号函数 $\mathrm{sgn}(t)$的数学表达式为

$$\mathrm{sgn}(t) = \begin{cases} 1, & t > 0 \\ -1, & t < 0 \end{cases} \tag{1.12}$$

符号函数可以用单位阶跃函数表示为

$$\mathrm{sgn}(t) = u(t) - u(-t) = 2u(t) - 1 \tag{1.13}$$

符号函数如图 1.9 所示。

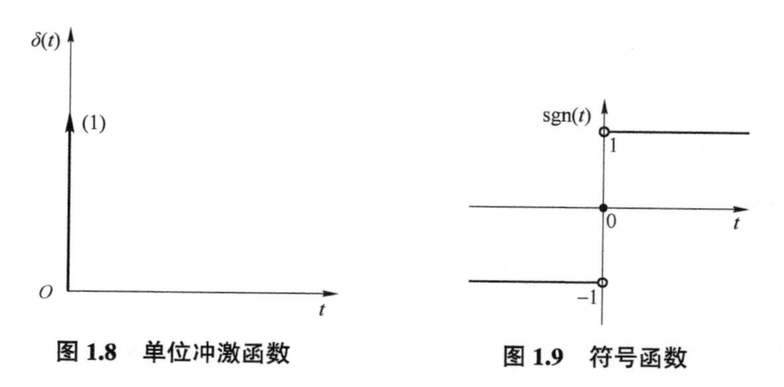

图 1.8 单位冲激函数　　图 1.9 符号函数

1.4.8 单位脉冲序列

单位脉冲序列或单位冲激序列 $\delta(n)$ 的数学表达式为

$$\delta(n) = \begin{cases} 0, & n \neq 0 \\ 1, & n = 0 \end{cases} \tag{1.14}$$

序列 $\delta(n)$ 仅在 $n=0$ 处有单位值 1，其余的 $n \neq 0$ 处都为 0。

需要注意的是，$\delta(n)$ 表示离散时间信号，$\delta(t)$ 表示连续时间信号。

移位 k 个单位的单位脉冲序列表示为

$$\delta(n-k) = \begin{cases} 0, & n \neq k \\ 1, & n = k \end{cases} \quad（k \text{ 是整数}） \tag{1.15}$$

任何一个离散序列都可以由单位脉冲序列及相应的移位脉冲序列表示。如序列 $x(n)$在 $n=k$ 处的样本可以表示为

$$x(n)\delta(n-k)=x(k)\delta(n-k) \tag{1.16}$$

因此，任一序列 $x(n)$可以表示为

$$x(n)=\sum_{k=-\infty}^{+\infty}x(k)\delta(n-k) \tag{1.17}$$

1.4.9　单位阶跃序列

单位阶跃序列 $u(n)$的数学表达式为

$$u(n)=\begin{cases}0, & n<0\\ 1, & n\geqslant 0\end{cases} \tag{1.18}$$

对于实际应用的信号，很多情况都是考虑时间大于零的情况，即单边信号，它可以用单位阶跃序列来表示。如序列 $x(n)$，$n\geqslant 0$ 时，可以表示为 $x(n)u(n)$。

单位脉冲序列和单位阶跃序列具有以下关系：

$$u(n)=\delta(n)+\delta(n-1)+\delta(n-2)+\cdots=\sum_{k=0}^{+\infty}\delta(n-k) \tag{1.19}$$

$$\delta(n)=u(n)-[\delta(n-1)+\delta(n-2)+\cdots]=u(n)-u(n-1) \tag{1.20}$$

1.5　信号的基本运算

对信号进行分析与处理就是对信号进行某种或一系列的运算。

1.5.1　信号相加或相乘

两信号相加或相乘得到的新信号在任意时刻的信号值等于两信号在该时刻的信号值之和或之积。例如：

$$\begin{aligned}&x_1(t)=\sin(\Omega t), \qquad x_2(t)=\sin 8(\Omega t)\\&x(t)=x_1(t)+x_2(t)=\sin(\Omega t)+\sin(8\Omega t)\\&y(t)=x_1(t)\cdot x_2(t)=\sin(\Omega t)\cdot\sin(8\Omega t)\end{aligned} \tag{1.21}$$

图 1.10 所示为式（1.21）对应的图像。

信号相乘是通信系统的调制与解调过程中常见的运算。

1.5.2　平移

将连续信号的时间 t 用 $t+t_0$ 或 $t-t_0$ 替代，离散信号的自变量 n 用 $n+n_0$ 或 $n-n_0$ 替代。图 1.11（a）和图 1.11（b）所示分别为对应连续信号和离散信号的平移结果。

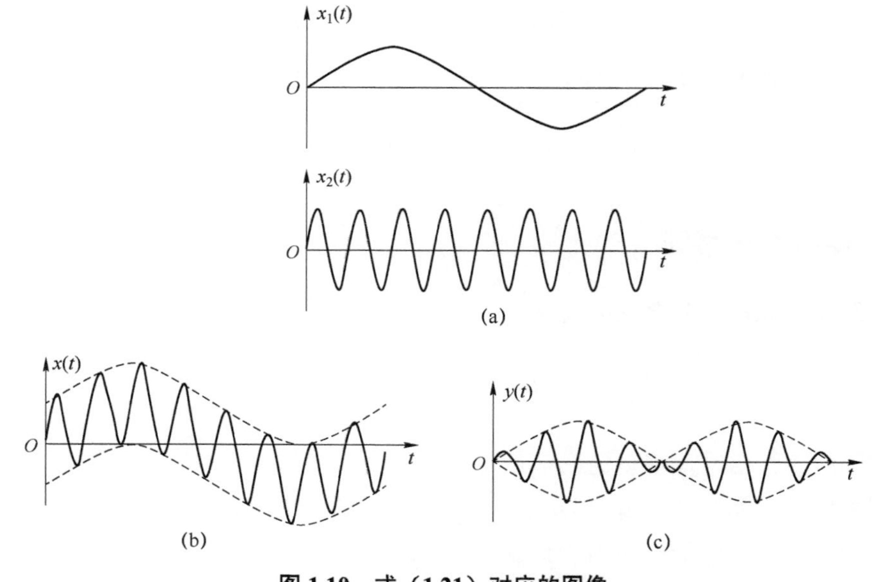

图 1.10　式（1.21）对应的图像

（a）2 个加或乘的信号；（b）相加的结果；（c）相乘的结果

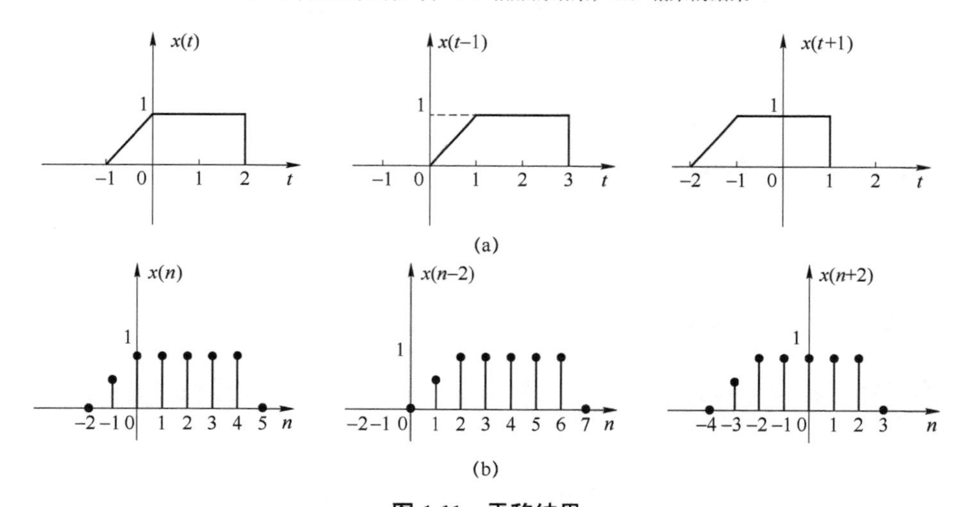

图 1.11　平移结果

（a）连续信号；（b）离散信号

1.5.3　尺度变换

将信号 $x(t)$的自变量 t 换成 at，其中 $a>0$，且保持 t 轴尺度不变，得到的 $x(at)$称为 $x(t)$的尺度变换，其波形是 $x(t)$在时间轴上的压缩或扩展。图 1.12 所示为尺度变换的结果。图 1.12（a）是原始信号 $x(t)$；图 1.12（b）是 $x(2t)$，信号被压缩；图 1.12（c）是 $x\left(\frac{t}{2}\right)$，信号被扩展。

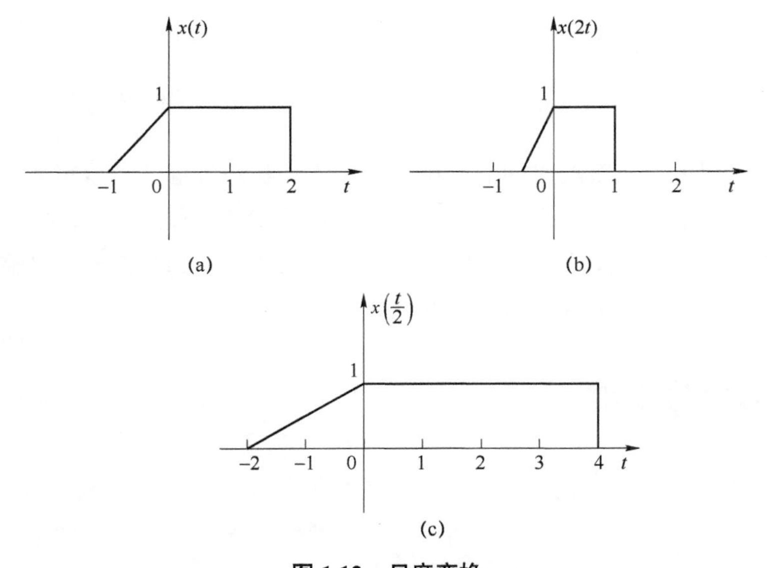

图 1.12　尺度变换

（a）原始图像；（b）压缩图像；（c）扩展图像

1.5.4　信号的微分与积分

信号的微分是指对表示信号的函数求导，即

$$x'(t)=\frac{\mathrm{d}x(t)}{\mathrm{d}t} \tag{1.22}$$

信号经微分后突出了它的变化部分，高频分量部分得到增强，如图 1.13 所示。

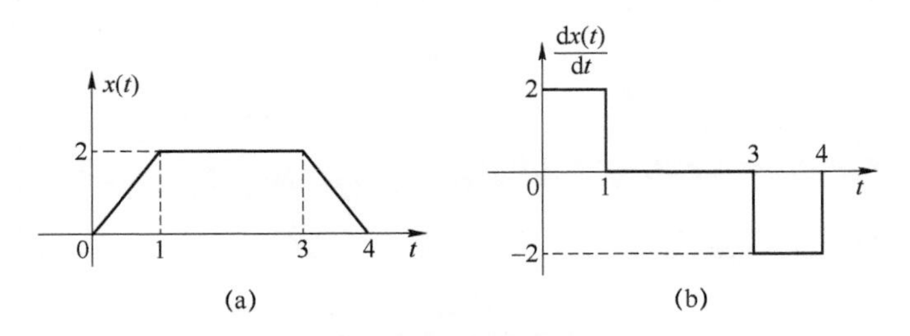

图 1.13　信号的微分

（a）原始图像；（b）微分图像

信号的积分是指对表示信号的函数，求其上限变量的定积分，信号经积分后其效果与微分相反，信号的突变部分或信号的高频部分会变得平缓。

1.5.5　差分运算

对于离散信号，微分可以用差分来计算。差分是指同一个离散信号 $x(n)$相邻两个序列的差，可分为前向差分、后向差分和中心差分。

前向差分：$x(n+1)-x(n)$；

后向差分：$x(n)-x(n-1)$；

中心差分：$\dfrac{x(n+1)-x(n-1)}{2}$。

在典型输入作用下，系统的时间响应由动态过程和稳态过程两部分组成。动态过程也称瞬态过程，指在典型输入信号作用下，系统输出从初始状态到最终状态的响应过程；稳态过程指系统在典型输入信号作用下，当时间 t 趋近于无穷大时，系统的输出状态的表现方式，它表征系统输出量最终复现输入量的程度的信息。

1.6 微弱信号检测

“微弱信号”有两个方面的含义：一是信号的幅值与噪声或干扰的幅值相比，显得十分微小；二是信号的幅值十分微小。而微弱信号处理主要针对第一种情况。通常需要处理的信号不仅幅值小，而且被“湮没”于强噪声中。图 1.14（a）所示为白噪声，图 1.14（b）所示为正弦信号，图 1.14（c）所示为加入噪声的信号，信号的特征已经被噪声完全湮没。

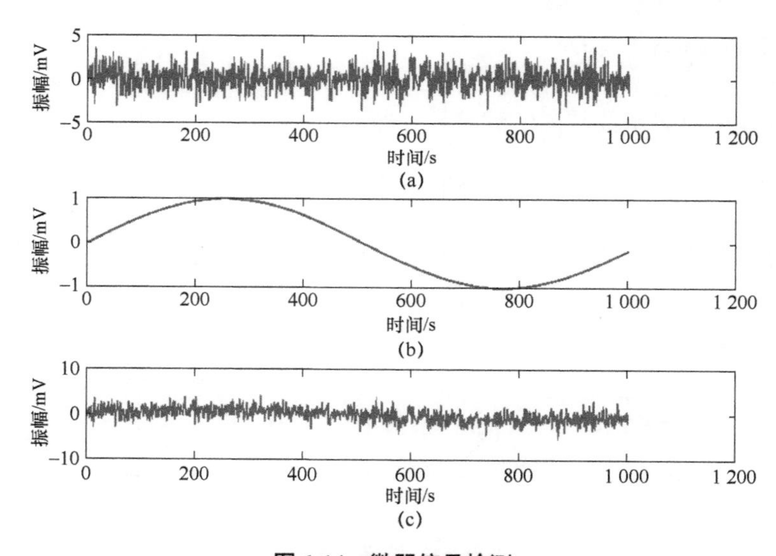

图 1.14 微弱信号检测

（a）白噪声；（b）正弦信号；（c）加入噪声的信号

对于需要被测量的微弱信号，如弱光、弱电、弱磁、弱声、微距、微引力等，需要通过相应的传感器将其转换为微电流或弱电压，再经过放大以达到检测的目的。但是，通过传感器获取的信号幅值较小，而传感器、放大器以及测量仪器的本底噪声、固有噪声以及外界的干扰噪声，这些噪声比被测信号大很多，而且会被放大电路放大。因此，仅仅采用放大技术是不能将微弱信号检测出来的。只有在有效抑制噪声的基础上，加大被测信号的幅值，才能达到检测微弱信号的目的。因此，微弱信号处理实际上就是如何抑制噪声从而将“湮没”在噪声中的信号检测出来的技术。

在实际应用中，需要处理的信号长度或持续时间会受到限制，因此需要发展快速检测的方法。

综上所述，微弱信号处理有两个重要特点：一是要求在较低的信噪比下检测信号；二是要求检测具有一定的快速性和实时性。鉴于微弱信号处理应用的广泛性和迫切性，它已经成为一个研究热点，并促使人们不断探索与研究微弱信号处理的新理论和新方法。它采用近年来迅速发展起来的电子学、信息科学、数学以及物理学等领域的方法，分析噪声产生的原因及规律，研究被测量信号的特性，建立相应的数学模型，通过研究两者的区别，达到检测微弱信号的目的，以满足现代科学研究和技术应用的需要。

信号通常具有特定的规律，而噪声一般具有随机性，针对这些特点，发展了一系列基于时域和频域的处理方法。

1.6.1 取样积分与数字平均

取样积分的概念和原理于20世纪50年代被提出，随后于1962年利用电子技术实现了取样积分，即 BOXCAR 积分器。该方法将每个信号周期分成若干个时间间隔，间隔大小取决于恢复信号的精度。然后对这些时间间隔的信号进行采样，并将各个周期中处于相同位置的采样进行平均或积分。取样积分过程常用模拟电路实现，数字平均过程常通过计算机数字处理的方式实现。平均的次数越多，输出的信噪比就越大，相应的检测时间越长。该方法特别适合检测频率已知的微弱周期性信号。

1.6.2 相关检测

相关函数和协方差函数用于描述不同随机过程之间或同一随机过程内不同时刻取值的相互关系。确定信号的不同时刻的取值一般具有较强的相关性，而噪声和干扰具有较强的随机性，不同时刻取值的相关性一般较差，相关检测就是基于信号和噪声的统计特性之间的差异来进行检测的。自相关的方法可以恢复被测微弱周期信号的幅值和频率，但是不能恢复相位信息。互相关的方法需要一个参考信号来抑制所有与参考信号不相关的各种噪声，从而完全重构被测微弱周期信号。

1.6.3 自适应消噪

自适应消噪的方法不需要预先知道噪声的有关特性，它利用噪声与被测信号不相关的特点，采用迭代的方法，在迭代过程中自适应地调整滤波器的特性，使其达到最优状态，达到抑制噪声的目的。

1.6.4 滤波

滤波就是使用滤波器对信号进行滤波处理，滤波器的特点是能够让特定频率的信号通过，因此只适用于信号与噪声的频谱不重叠的情况。在设计滤波器时，可以把它的通带设置成覆盖被测信号的频率带宽，通常噪声的频带具有较大的宽度。被测信号可以完全通过滤波器，但在滤波器通带外的噪声不能通过，从而使得通过滤波器后的噪声功率大大减小，达到降低噪声的目的。

1.6.5 傅里叶变换

该方法采用一个窗函数来截取信号，并假设信号在窗内是平稳的，对窗内的信号采用傅里叶分析，确定在该时间内存在的频率，然后沿着信号时间轴移动窗函数，得到信号频率随时间的变化关系，从而获得时频分布关系。

1.6.6 功率谱密度

信号的功率谱密度当且仅当信号在广义的平稳过程时才存在，通常使用傅里叶变换技术估计功率谱密度。通过对功率谱密度的分析与估计，可以给出被分析对象的能量随频率的分布情况，从而达到检测微弱信号的目的。

随着科学技术的发展，近年来出现了很多新兴的理论和技术。

1.6.7 小波

近年来，小波理论得到非常迅速的发展，由于其具备良好的时频特性，因而实际应用也非常广泛。小波具有多分辨率的特性，使用它可以非常好地刻画信号的非平稳特征，如边缘、尖峰、断点等；另外，小波变换可以对信号进行去相关，且噪声在变换后有白化趋势，所以小波域比时域更利于去噪。

1.6.8 盲源分离

盲源分离（BSS）技术最早起源于对“鸡尾酒会效应”的研究，即在一个语音环境非常嘈杂的酒会现场，不同的人和音响发出的声音是相互独立的，人耳能够很容易捕捉到感兴趣的声音，然而要计算机具备这种功能，却是一个很复杂的过程，这就需要盲源分离技术。盲源分离的主要任务就是在不知道或者知道很少的源信号和传输信道的先验信息的情况下，根据输入源信号的统计特性，仅由观测到的混合信号来恢复或分离源信号。

1.6.9 混沌检测方法

“混沌”一词原指宇宙未形成之前的混乱状态，近半个世纪以来，科学家发现许多自然现象虽然可化为单纯的数学公式，但是其行径却无法加以预测。如气象学家 Edward Lorenz 发现，简单的热对流现象居然能引起令人无法想象的气象变化，产生所谓的蝴蝶效应，即某地下大雪，经追根究底发现是由几个月前远在异地的蝴蝶拍打翅膀产生气流造成的。

混沌学作为一门新兴的学科正式诞生，形成了在多个领域同时开展混沌研究的世界性热潮。混沌学发展至今，与其他学科相互渗透，无论是在生物学、生理学、心理学、数学、物理学、化学、电子学、信息科学，还是在天文学、气象学、经济学，甚至在音乐、艺术等领域，都得到广泛的应用，将混沌理论应用于信息检测是现阶段混沌学发展的主要趋势之一。混沌系统具有对小信号的敏感性及对噪声的免疫性等特点，使得混沌在信息检测技术中具有非常大的潜力。

1.6.10 随机共振方法

随机共振（Stochastic Resonance，SR）理论最初由意大利学者 BenZi 等提出，用来解释地球远古气象中冷暖气候交替出现的现象。随机共振是指在某些非线性系统中，在输入信号不变的前提下，通过改变噪声的强度，产生类似于动力学的共振机制，使得信号的提取变得容易。

1.6.11 压缩感知

压缩感知可以在远小于奈奎斯特采样率的条件下获取信号的离散样本，保证信号的无失真重建。压缩感知理论是新的采样理论。压缩感知理论一经提出，就引起学术界和工业界的广泛关注。压缩感知理论认为，只要信号在某已知变换域具有稀疏性，就可以通过原信号在某投影域的投影近似无损地重构原始信号（即只要求投影域的基与已知变换域的基是不相干的）。根据压缩感知理论，不仅可以对信号进行采样和压缩，而且可以去除微弱信号噪声，更加精确地实现原始信号的恢复和重构。

1.6.12 深度学习

深度学习和人工智能技术将成为揭示科学原理、升级现有产业商业模式的重要工具，其应用空间涵盖企业级和消费级市场以及各个细分行业。事实上，深度学习可以应用于任何需要理解复杂模式、进行长期计划并制定决策的领域。大多数机器学习方法的难点在于从原始输入数据中识别出特征，比如用于识别图片的 SIFT 或 SURF。而深度学习去掉了这一环节，改为从训练过程的输入样本中发觉最有用的模式（Pattern）。虽然需要对网络的内部布局做出选择，但自动挖掘特征能够获得较好的特征。

目前，微弱信号处理的相关理论还在发展当中，将来一定会出现更多的新方法和新理论，以更好地提升微弱信号处理的结果。

第二章

微弱信号学习基础

线性代数、概率论、随机过程和傅里叶变换是许多工程问题中不可缺少的数学工具，微弱信号处理的理论也大量用到这些数学工具，本章将对有关问题进行简单介绍。

2.1 线性代数

2.1.1 标量、向量、矩阵、张量和转置

标量（Scalar）：一个标量是单独的一个数，通常用斜体字母表示，如 n。

向量（Vector）：一个向量是一列有序排列的数，其中的元素可以通过次序索引来确定，通常用加粗斜体小写字母表示，其元素可以用带脚标的斜体字母表示，如 $\boldsymbol{x}=[x_1, x_2, \cdots, x_n]$。

矩阵（Matrix）：矩阵是二维数组，它的每一个元素需要两个索引确定，通常用加粗斜体大写字母表示，它的元素由带下标索引的不加粗斜体字母表示。例如，一个矩阵可以表示为

$$\boldsymbol{A}=\begin{bmatrix} A_{1,1} & A_{1,2} \\ A_{2,1} & A_{2,2} \end{bmatrix} \tag{2.1}$$

张量（Tensor）：从代数的角度来看，它是向量的推广。可以看成一个数组中的元素分布在多维坐标的网格中，一般用斜体加粗大写字母和（如 $\boldsymbol{A}$ ）表示，对应的元素可以用加上/下标的大写斜体字母（如 $A_{i,j,k}$ ）表示。

转置（Transpose）：将矩阵的行列互换得到的新矩阵称为转置矩阵，矩阵 $\boldsymbol{A}$ 的转置用 $\boldsymbol{A}^{\mathrm{T}}$ 表示，其元素 $(A^{\mathrm{T}})_{i,j} = A_{j,i}$。

2.1.2 矩阵运算

矩阵相乘：两个矩阵 $\boldsymbol{A}$ 和 $\boldsymbol{B}$ 相乘,矩阵 $\boldsymbol{A}$ 的列数必须和矩阵 $\boldsymbol{B}$ 的行数相等，结果如下：

$$\boldsymbol{C}=\boldsymbol{AB} \tag{2.2}$$

$$C_{i,j}=\sum_k A_{i,k}B_{k,j} \tag{2.3}$$

单位矩阵（Identity Matrix）：所有主对角（左上到右下）的元素都是 1，而所有其他位

置的元素都是 0。任何向量和单位矩阵相乘，都不会改变。保持 n 维向量不变的单位矩阵记作 $\boldsymbol{I}_n$。

逆矩阵（Matrix Inverse）：对于矩阵 $\boldsymbol{A}$，其逆矩阵记作 $\boldsymbol{A}^{-1}$，它们相乘的结果是单位矩阵，即

$$\boldsymbol{A}^{-1}\boldsymbol{A}=\boldsymbol{I}_n \tag{2.4}$$

线性组合：线性系统可以表示为

$$\boldsymbol{Ax}=\boldsymbol{b} \tag{2.5}$$

此时，如果 $\boldsymbol{A}^{-1}$ 存在，则对于每一个向量 $\boldsymbol{b}$，都有一个对应的解，其解为

$$\boldsymbol{x}=\boldsymbol{A}^{-1}\boldsymbol{b} \tag{2.6}$$

对于某些 $\boldsymbol{b}$ 的值，有可能不存在解，或者存在无穷多个解，但是不可能存在多于一个解少于无限多个解的情况，因为如果 $\boldsymbol{x}$ 和 $\boldsymbol{y}$ 都是该系统的解，则

$$\boldsymbol{z}=\alpha\boldsymbol{x}+(1-\alpha)\boldsymbol{y} \tag{2.7}$$

也是该系统的解，其中 α 可以取任意实数，这样该系统就会有无穷多个解。

对于方程（2.5），可以将 $\boldsymbol{A}$ 的列向量看作从原点（元素都为零的向量）出发的不同方向，确定有多少种方法到达向量 $\boldsymbol{b}$。向量 $\boldsymbol{x}$ 中的每个元素表示沿着这些方向的位移，可以看作“刻度值”，即 x_i 表示沿着第 i 个向量的位移

$$\boldsymbol{Ax}=\sum_i x_i\boldsymbol{A}_{i,j} \tag{2.8}$$

上述表示即线性组合。

生成子空间：原始向量线性组合后所能抵达的点的集合。

线性相关：确定 $\boldsymbol{Ax}=\boldsymbol{b}$ 是否有解相当于确定向量 $\boldsymbol{b}$ 是否在 $\boldsymbol{A}$ 列向量的生成子空间中。该生成子空间被称为 $\boldsymbol{A}$ 的列空间（Column Space）或者 $\boldsymbol{A}$ 的值域（Range）。

为了让 $\boldsymbol{Ax}=\boldsymbol{b}$ 对于任意的向量 $\boldsymbol{b}\in\mathbf{R}^m$ 都有解，需要 $\boldsymbol{A}$ 的列空间构成整个 $\mathbf{R}^m$。如果 $\mathbf{R}^m$ 中某个点不在 $\boldsymbol{A}$ 的列空间中，则对应的 $\boldsymbol{b}$ 使得该方程没有解。由于 $\boldsymbol{A}$ 的列空间构成整个 $\mathbf{R}^m$，故 $\boldsymbol{A}$ 至少有 m 列。

在 $\boldsymbol{A}$ 的列空间中，若没有一列可用有限个其他列的线性组合所表示，则称为线性无关或线性独立（Linearly Independent），反之称为线性相关（Linearly Dependent）。例如，在三维欧几里得空间 $\mathbf{R}^3$ 的三个列矢量 $(1,0,0)^\mathrm{T}$, $(0,1,0)^\mathrm{T}$ 和 $(0,0,1)^\mathrm{T}$ 线性无关。但 $(2,-1,2)^\mathrm{T}$，$(1,0,1)^\mathrm{T}$ 和 $(3,-1,3)^\mathrm{T}$ 线性相关，因为第三个是前两个的和。

范数（Norm）：范数 L^p 可以用来衡量一个向量的大小。其定义如下：

$$\|\boldsymbol{x}\|_p=\left(\sum_i|x_i|^p\right)^{\frac{1}{p}} \tag{2.9}$$

式中，$p\in\mathbf{R}$，$p\geqslant 1$。

范数是将向量映射到非负值的函数，向量 $\boldsymbol{x}$ 的范数用来衡量从原点到点 $\boldsymbol{x}$ 的距离。

当 p=2 时，L^2 被称为欧几里得范数，表示从原点出发到向量 $\boldsymbol{x}$ 确定的点的欧几里得距离。由于 L^2 范数在原点附近变化缓慢，因此在某些区分元素值是零还是非零的应用中，使用 L^1 范数更加合适，定义如下：

$$\|\boldsymbol{x}\|_1=\sum_i |x_i| \tag{2.10}$$

特征值分解（Eigen Decomposition）：通过特征值分解可以得到特征值与特征向量，特征值表示这个特征到底有多重要，而特征向量表示这个特征是什么。

如果一个向量 $\boldsymbol{x}$ 是方阵 $\boldsymbol{A}$ 的特征向量，那么其一定可以表示为如下形式：

$$\boldsymbol{Ax}=\lambda \boldsymbol{x} \tag{2.11}$$

λ 为特征向量 $\boldsymbol{x}$ 对应的特征值。特征值分解是将一个矩阵分解为如下形式：

$$\boldsymbol{A}=\boldsymbol{Q}\boldsymbol{\Sigma}\boldsymbol{Q}^{-1} \tag{2.12}$$

式中，$\boldsymbol{Q}$ 为这个矩阵 $\boldsymbol{A}$ 的特征向量组成的矩阵；$\boldsymbol{\Sigma}$ 为一个对角矩阵，每一个对角线元素就是一个特征值，里面的特征值是由大到小排列的，这些特征值所对应的特征向量就是描述这个矩阵变化方向（从主要的变化到次要的变化排列）的。也就是说，矩阵 $\boldsymbol{A}$ 的信息可以由其特征值和特征向量表示。

对于矩阵为高维的情况，这个矩阵就是高维空间下的一个线性变换。可以想象，这个变换也同样有很多变换方向，通过特征值分解得到的前 N 个特征向量，就对应了这个矩阵最主要的 N 个变化方向，而利用这前 N 个变化方向就可以近似这个矩阵（变换）。

例 1.1　设 $\boldsymbol{A}=\begin{bmatrix}2 & -1 & -1\\ 0 & -1 & 0\\ 0 & 2 & 1\end{bmatrix}$，求 $\boldsymbol{A}$ 的特征值与特征向量。

解：由方程（2.11），得 $|\lambda \boldsymbol{I}_n-\boldsymbol{A}|\boldsymbol{x}=0$。

$$\begin{vmatrix}\lambda-2 & 1 & 1\\ 0 & \lambda+1 & 0\\ 0 & -2 & \lambda-1\end{vmatrix}=(\lambda-2)(\lambda-1)(\lambda+1)=0$$

$\boldsymbol{A}$ 的特征值为 $\lambda_1=2, \lambda_2=1, \lambda_3=-1$。

当 $\lambda_1=2$ 时，

$$|\lambda \boldsymbol{I}_n-\boldsymbol{A}|\boldsymbol{x}=\begin{vmatrix}0 & 1 & 1\\ 0 & 3 & 0\\ 0 & -2 & 1\end{vmatrix}\begin{bmatrix}x_1\\ x_2\\ x_3\end{bmatrix}=0$$

得到相应的解 $\boldsymbol{\alpha}_1=\begin{bmatrix}1\\ 0\\ 0\end{bmatrix}$，故属于特征值 $\lambda_1=2$ 的全部特征向量为 $k_1\boldsymbol{\alpha}_1$，且 $k_1\neq 0$。

当$\lambda_2 = 1$时，

$$|\lambda \boldsymbol{I}_n - \boldsymbol{A}|\boldsymbol{x} = \begin{vmatrix} -1 & 1 & 1 \\ 0 & 2 & 0 \\ 0 & -2 & 0 \end{vmatrix} \begin{bmatrix} x_1 \\ x_2 \\ x_3 \end{bmatrix} = 0$$

得到相应的解$\boldsymbol{\alpha}_2 = \frac{1}{\sqrt{2}}\begin{bmatrix} 1 \\ 0 \\ 1 \end{bmatrix}$，故属于特征值$\lambda_2 = 1$的全部特征向量为$k_2\boldsymbol{\alpha}_2$，且$k_2 \neq 0$。

同理：当$\lambda_3 = -1$时，

$$|\lambda \boldsymbol{I}_n - \boldsymbol{A}|\boldsymbol{x} = \begin{vmatrix} -3 & 1 & 1 \\ 0 & 0 & 0 \\ 0 & -2 & -2 \end{vmatrix} \begin{bmatrix} x_1 \\ x_2 \\ x_3 \end{bmatrix} = 0$$

得到相应的解$\boldsymbol{\alpha}_2 = \frac{1}{\sqrt{2}}\begin{bmatrix} 0 \\ -1 \\ 1 \end{bmatrix}$，故属于特征值$\lambda_3 = -1$的全部特征向量为$k_3\boldsymbol{\alpha}_3$，且$k_3 \neq 0$。

奇异值分解向量（Singular Value Decomposition，SVD）：将矩阵分解为奇异值和奇异向量。通过该分解，可以得到一些类似特征值分解的信息。每个实数矩阵都有一个奇异值分解，但不一定有特征值分解。对于非方阵，只能使用奇异值分解，该方法将矩阵$\boldsymbol{A}$分解成三个矩阵的乘积：

$$\boldsymbol{A} = \boldsymbol{U}\boldsymbol{D}\boldsymbol{V}^{\mathrm{T}} \tag{2.13}$$

式中，$\boldsymbol{U}$和$\boldsymbol{V}$是正交矩阵，$\boldsymbol{D}$是对角矩阵。若$\boldsymbol{A}$是一个$m \times n$的矩阵，那么$\boldsymbol{U}$是一个$m \times m$的方阵，$\boldsymbol{D}$是一个$m \times n$的矩阵，$\boldsymbol{V}$是一个$n \times n$的方阵。

2.2　概率论

概率论是研究随机现象数量规律的数学分支。随机现象是相对于确定性现象而言的。在一定条件下必然发生某一结果的现象称为确定性现象。随机现象则是指在基本条件不变的情况下，每一次试验或观察前，不能肯定会出现哪种结果而呈现出的偶然性。

概率论是现代工程学科的基本工具，可以使我们能够做出不确定的陈述及在不确定存在的情况下进行推理。

2.2.1　随机变量

（1）随机试验：可以在相同条件下重复进行；每次试验的可能结果不止一个，并且能事先确定试验的所有结果；每次试验前不能确定哪个结果出现。

（2）随机事件：随机试验的所有可能出现的结果。

（3）样本空间：随机试验中所有可能出现的结果组成的集合。

（4）随机变量（Random Variable）：是随机事件数量的表现，可以随机地取不同值，它与时间无关，它被定义为样本点ξ上的实值函数，随机变量可以是离散的或者连续的。离散型随机变量在一定区间内变量的取值为有限个，或数值可以一一列举出来。连续型随机变量在一定区间内变量的取值有无限个，或数值无法一一列举出来。

2.2.2 概率分布

概率分布（Probability Distribution）用来描述随机变量或一簇随机变量在每一个可能取到的状态的可能性大小。描述概率分布的方式取决于随机变量是离散型的还是连续型的。

离散型随机变量的概率分布律函数：离散型随机变量的概率分布可以用概率分布律函数（Probability Mass Function，PMF）来描述，用大写字母P来表示。通常每一个随机变量X都会有一个不同的概率分布律函数，概率分布律函数将随机变量能够取得的每个状态x映射到随机变量取得该状态的概率，通常表示为$x \sim P(x)$，常用$P(x)$或$P(X=x)$表示$X=x$的概率，且具有归一性$\sum_{x \in X} P(x)=1$.

连续型随机变量的概率密度函数（Probability Density Function，PDF）：对于连续型随机变量，需要用概率密度来描述其概率分布，概率密度函数p满足以下条件：

① p的定义域是x所有可能状态的集合。

② 对于任意的随机变量x，$p(x) \geqslant 0$。

$$\int_{-\infty}^{+\infty} p(x)\mathrm{d}x = 1$$

2.2.3 联合概率分布

联合概率分布（Joint Probability Distribution）是两个及两个以上随机变量组成的随机向量的概率分布。其定义为：随机向量$\boldsymbol{X}=(X_1,X_2,\cdots,X_n)$的概率分布，称为随机变量$X_1,X_2,\cdots,X_n$的联合概率分布。

根据随机变量的不同，联合概率分布的表示形式也不同。对于离散型随机变量，联合概率分布可以以列表的形式表示，也可以以函数的形式表示；对于连续型随机变量，联合概率分布则通过一非负函数的积分表示。

离散型：对于二维离散型随机向量，设X和Y都是离散型随机变量，$\{x_i\}$和$\{y_i\}$分别是X和Y的一切可能的值，则X和Y的联合概率分布可以表示为如下的函数形式，即

$$P\{X=x_i,Y=y_i\}=p_{ij} \tag{2.14}$$

式中，$p_{ij}>0,\sum_i\sum_j p_{ij}=1$。

连续型：对于二维连续型随机向量，设X和Y为连续型随机变量，其联合概率分布$F(x,y)$通过一个非负函数$f(x,y)$的积分表示，函数$f(x,y)$为联合概率密度，则它们的关系为

$$F(x,y)=\int_{-\infty}^{x}\int_{-\infty}^{y}f(u,v)\mathrm{d}v\mathrm{d}u \tag{2.15}$$

$$f(u,v)=\frac{\partial^2 F(x,y)}{\partial x\partial y} \tag{2.16}$$

对于多维（维数≥3）离散型或连续型随机变量的联合概率分布也可以按照此方法类推。

2.2.4　边缘概率分布

对于一组变量的联合概率分布，定义在子集上的概率分布被称为边缘概率分布（Marginal Probability Distribution）。

离散型：

$$p_i=P(X=x_i)=\sum_j P(X=x_i,Y=y_i)=\sum_j p_{ij} \tag{2.17}$$

$$p_j=P(X=y_j)=\sum_i P(X=x_i,Y=y_i)=\sum_i p_{ij} \tag{2.18}$$

连续型： 设随机变量 X 和 Y 的概率密度分别为 $f_x(x)$ 和 $f_y(y)$，则

$$f_x(x)=\int_{-\infty}^{+\infty}f(x,y)\mathrm{d}y \quad (-\infty<x<+\infty) \tag{2.19}$$

$$f_y(y)=\int_{-\infty}^{+\infty}f(x,y)\mathrm{d}x \quad (-\infty<y<+\infty) \tag{2.20}$$

2.2.5　条件概率

条件概率是指某一个事件，在另外一个给定事件发生时出现的概率。

设 $X=x, Y=y$ 为任意两个事件，设 $P(X=x)>0$，给定 $X=x$ 时，$Y=y$ 发生的条件概率为 $P(Y=y\,|\,X=x)$，可以通过以下公式计算，即

$$P(Y=y\,|\,X=x)=\frac{P(Y=y,X=x)}{P(X=x)} \tag{2.21}$$

2.2.6　独立性

两个随机变量 x 和 y，如果它们的概率分布可以表示成两个因子的乘积，并且一个因子只包含 x，另一个只包含 y，则这两个随机变量相互独立。

$$P(X=x,Y=y)=P(X=x)\cdot P(Y=y) \tag{2.22}$$

2.2.7　乘法公式

设 $x_1,x_2,\cdots,x_n$ 为任意 n 个事件（$n\geq 2$），且 $P(x_1x_2\cdots x_n)>0$，则

$$P(x_1x_2\cdots x_n)=P(x_1)P(x_2|x_1)\cdots P(x_n\,|\,x_1x_2\cdots x_{n-1}) \tag{2.23}$$

2.2.8 全概率公式

如果事件组 $x_1, x_2, \cdots, x_n$ 满足以下两个条件：

（1）两两互斥，且 $P(x_i) > 0$，$i=1,2,\cdots,n$；

（2）是样本空间的一个划分。

设 y 为任一事件，则全概率公式为

$$P(y) = \sum_{i=1}^{+\infty} = P(x_i)P(y \mid x_i) \tag{2.24}$$

全概率公式的意义在于，当直接计算 $P(y)$较为困难，而 $P(x_i)P(y \mid x_i)$（$i=1,2,\cdots$）的计算较为简单时，可以利用全概率公式计算 $P(y)$。将事件 y 分解成几个小事件，通过求小事件的概率，然后相加，求得事件 y 的概率。

2.2.9 贝叶斯公式

与全概率公式解决的问题相反，贝叶斯公式是建立在条件概率的基础上寻找事件发生的原因（即在大事件 y 已经发生的条件下，分割其中的小事件 x_i 的概率），设 $x_1, x_2, \cdots, x_n$ 是样本空间的一个划分，则对任一事件 $y[P(y)>0]$,有

$$P(x_i \mid y) = \frac{P(x_i)P(y \mid x_i)}{\sum_{j=1}^{n} P(x_i)P(y \mid x_i)} \tag{2.25}$$

式中，x_i 常被视为导致试验结果 y 发生的“原因”；$P(x_i)$ $(i=1,2,\cdots)$表示各种原因发生的可能性大小，称为先验概率；$P(x_i|y)(i=1,2,\cdots)$反映当试验产生结果 y 后，对各种原因概率的新认识，称为后验概率。

2.2.10 数学期望、方差和协方差

数学期望（Expection）：是试验中每次可能结果的概率乘以其结果的总和，是最基本的数学特征之一。它反映随机变量平均取值的大小。函数 $f(x)$ 关于某分布 $P(x)$的数学期望定义为

离散型：

$$E[f(x)] = \sum_{x} P(x)f(x) \tag{2.26}$$

连续型：

$$E[f(x)] = \int_{-\infty}^{+\infty} p(x)f(x)\mathrm{d}x \tag{2.27}$$

期望值并不一定等同于常识中的“期望”，也许与每一个结果都不相等。期望值是该变量输出值的平均数。期望值并不一定包含于变量的输出值集合之中。

方差（Variance）：是各个数据与平均数之差的平方的均值，用来衡量随机变量和其数学期望（即均值）之间的偏离程度，其定义为

$$\mathrm{Var}[f(x)]=E\{[f(x)-E(f(x))]^2\} \tag{2.28}$$

方差的平方根称为标准差。

协方差（Covariance）：可以衡量两个变量的线性相关强度，定义为

$$\mathrm{Cov}[f(x),g(y)]=E\{[(f(x)-E(f(x))][g(x)-E(g(x))]\} \tag{2.29}$$

如果两个变量的变化趋势一致，那么两个变量之间的协方差就是正值；如果两个变量的变化趋势相反，即其中一个大于自身的期望值，另外一个小于自身的期望值，那么两个变量之间的协方差就是负值。

协方差矩阵（Covariance Matrix）：是一个方阵，且满足

$$\mathrm{Cov}(\boldsymbol{x})_{i,j}=\mathrm{Cov}(x_i,x_j) \tag{2.30}$$

其对角元是对应的方差。

2.2.11 高斯分布

高斯分布（Gaussian Distribution），也称正态分布（Normal Distribution），是一个在数学、物理及工程等领域都非常重要的概率分布，在统计学的许多方面起着重要的作用。在实际应用中，对于某个随机变量，如果缺乏它的分布的先验知识，则可以认为它满足高斯分布。因为大部分情况下，随机变量的分布接近高斯分布；另外，在具有同方差的所有可能的概率分布中，高斯分布具有最大的不确定性。高维高斯分布的数学形式如下：

$$N(\boldsymbol{x};\boldsymbol{\mu},\boldsymbol{\Sigma})=\sqrt{\frac{1}{(2\pi)^n\det(\Sigma)}}\exp\left[-\frac{1}{2}(\boldsymbol{x}-\boldsymbol{\mu})^{\mathrm{T}}\boldsymbol{\Sigma}^{-1}(\boldsymbol{x}-\boldsymbol{\mu})\right] \tag{2.31}$$

式中，参数 $\boldsymbol{\mu}$ 表示分布的均值；$\boldsymbol{\Sigma}$ 表示对应的协方差矩阵。

例 2.1 从前有个放羊娃，每天都去山上放羊。一天，他觉得无聊，就想捉弄大家寻开心。于是他向着山下的村民们大声喊：“狼来了！狼来了！” 村民们听到喊声急忙拿着锄头和镰刀往山上跑，但是赶到山上一看，连狼的影子也没有！见放羊娃“哈哈”大笑，村民们知道上当了，很生气地走了。第二天，放羊娃故技重演，善良的村民们又冲上来帮他打狼，可是发现又被捉弄了。大伙儿对放羊娃说谎十分生气，从此不再相信他的话了。过了几天，狼真的来了。放羊娃害怕极了，拼命地向村民们喊：“狼来了！狼真的来了！”村民们听到他的喊声，以为他又在说谎，都不理睬他，没有人去帮他，结果放羊娃的许多羊都被狼咬死了。试用概率理论进行分析。

解：设事件 A 表示放羊娃说谎，事件 B 表示放羊娃可信，事件 $\bar{B}$ 表示放羊娃不可信。假设村民最初对该放羊娃的信任度为 0.8，即 $P(B)=0.8$，$P(\bar{B})=1-P(B)=1-0.8=0.2$。通常认为可信任放羊娃说谎的可能性较低，设为 0.1，即 $P(A|B)=0.1$；不可信任放羊娃说谎的可能性较高，设为 0.5，即 $P(A|\bar{B})=0.5$。

第一次村民发现放羊娃说了谎（A），这时放羊娃的可信程度 $P(B|A)$ 的计算方式为

$$P(B|A)=\frac{P(B)P(A|B)}{P(A|B)P(B)+P(A|\overline{B})P(\overline{B})}=\frac{0.8\times0.1}{0.1\times0.8+0.5\times0.2}=0.444$$

这表明村民被骗一次后对放羊娃的信任度由 0.5 降低到 0.444，即

$$P(B)=0.444, P(\overline{B})=0.556$$

如果村民发现放羊娃第二次说谎，那么这时放羊娃的可信度为

$$P(B|A)=\frac{P(B)P(A|B)}{P(A|B)P(B)+P(A|\overline{B})P(\overline{B})}=\frac{0.444\times0.1}{0.1\times0.444+0.5\times0.556}=0.138$$

这表明上过两次当的村民对放羊娃的信任程度由 0.8 降低到 0.138，因此当第三次放羊娃喊"狼来了"时，就基本不会有村民相信他了。

2.3 随机过程

和时间有关的变化称为过程。在许多工程问题中，很多被关心的因素是随时间持续变化的，并且随时间随机变化，所以根据过去和现在的观测值不能准确地预测未来的结果。

例如，观测一个电子直流放大器的零点漂移。在观测条件相同的情况下，观测了 n 次，则可以得到 n 条输出零点漂移曲线 $x_1(t), x_2(t), \cdots, x_n(t)$，如图 2.1 所示。

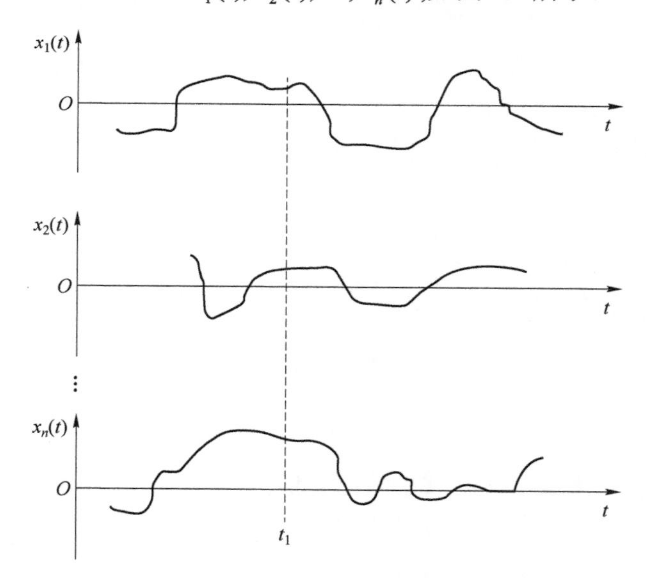

图 2.1　电子直流放大器的零点漂移

由图 2.1 可以发现，每条曲线都不相同，故不能用同一个确定函数表示，但它们都是时间 t 的函数，这些曲线的集合，即 $X(t)=\{x_1(t), x_2(t), \cdots, x_n(t)\}$ 构成一个直流放大器零点漂移的随机过程，其中任意一条曲线 $x_i(t)$ 可以称为随机过程的样本曲线。每次试验中，随机过程必须取一个样本函数，具体是哪一个在试验前并不能确定，但是在大量的重复试验中，随机

过程呈现出统计规律性，因此，随机过程既是时间的函数，也是试验可能结果的函数。对于任意时刻t_i，$X(t_i)=\{x_1(t_i),x_2(t_i),\cdots,x_n(t_i)\}$，这些取值各不相同，没有必然的规律。如果把$x_1(t_i)$，$x_2(t_i),\cdots,x_n(t_i)$看成随机过程$X(t)$在时刻$t_i$的各种可能取值，则$X(t_i)$是一个随机变量。我们用$X(t)=\{x_1(t),x_2(t),\cdots,x_n(t)\}$表示随机过程。

2.3.1　数学期望

对于某个给定时刻t，随机过程成为一个随机变量$x(t)$，其均值为

$$E[x(t)]=m(t)=\int_{-\infty}^{+\infty}x(t)p(x,t)\mathrm{d}x(t) \tag{2.32}$$

式中，$p(x,t)$为概率密度函数，既依赖于随机变量X的值x，也依赖于时间t。

2.3.2　相关函数

当在时间区间上观察随机过程时，从一个时刻到另一个时刻的随机过程的概率之间的关系就变得非常重要。在实际中，有很多随机过程，它现在的状态以及过去的状态都对未来的状态有着很大的影响。

（1）平稳随机过程：如果随机过程的统计特性不随时间的推移而变化，则称之为平稳随机过程。

（2）严平稳随机过程（狭义平稳随机过程）：一个随机过程，如果对于任意的n，$t_i(i=1,2,\cdots,n)$及τ，n维随机变量[$x(t_1),x(t_2),\cdots,x(t_n)$]和$[x(t_1-\tau),x(t_2-\tau),\cdots,x(t_n-\tau)]$具有相同的分布函数，即

$$p[x(t_1),x(t_2),\cdots,x(t_n)]=p[x(t_1-\tau),x(t_2-\tau),\cdots,x(t_n-\tau)] \tag{2.33}$$

都成立，则称其为**严平稳随机过程**。式（2.33）表明概率密度与绝对时间无关，只依赖于择取样本的各个时刻之间的时间间距。若式（2.33）不成立，则概率密度与绝对时间有关，此时的随机过程是非平稳的。如果过程是平稳的，则相关问题的分析会变得尤为简单。

1. 自相关函数

对于实随机过程$x(t)$，自相关函数定义为

$$R_x(t_1,t_2)=E[x(t_1)x(t_2)]=\int_{-\infty}^{+\infty}x_1x_2p(x_1,x_2;t_1,t_2)\mathrm{d}x_1\mathrm{d}x_2 \tag{2.34}$$

$x(t)$的方差为

$$\sigma_x^2=E\{[x(t)-m_x(t)]^2\}=E[x^2(t)]-m_x^2(t)=R_x(t,t)-m_x^2(t) \tag{2.35}$$

式中，$m_x(t)=E[x(t)]$是实随机过程$x(t)$的均值。

在平稳随机过程情况下，在式（2.34）中引入时间延迟变量τ，并考虑两个时刻$t_1,t_2=t_1-\tau$的样本。对于平稳随机过程，概率密度函数仅取决于样本间的时间差。在二维变量的情况下，有

$$p(x_1, x_2; t_1, t_2) = p(x_1, x_2; t_1 - t_2) = p(x_1, x_2; \tau)$$

则自相关函数变为

$$\begin{aligned} R_x(t_1, t_1 - \tau) &= E[x(t_1)x(t_1 - \tau)] \\ &= \int_{-\infty}^{+\infty} x(t_1)x(t_1 - \tau) p[x(t_1), x(t_1 - \tau); \tau] \mathrm{d}x_{t_1} \mathrm{d}x_{t_1 - \tau} \\ &= R_x(\tau) \end{aligned} \tag{2.36}$$

由于平稳随机过程与绝对时间无关，因此概率密度函数与时间无关，且均值和方差都为常数。其中：

均值 $$m_x(t) = E[x(t)] = \int_{-\infty}^{+\infty} x_t p(x_t) \mathrm{d}x_t = m$$

方差 $$\sigma_x^2 = R_x(t,t) - m_x^2(t) = R_x(0) - m_x^2(t)$$

需要注意的是，一个随机过程的分布函数是很难确定的，从而其平稳性也很难判定。

2. 互相关函数

和自相关类似，两个不同的随机过程 $x(t)$ 和 $y(t)$ 之间也会有某些相关性，可以用互相关函数 $R_{xy}(t_1,t_2)$ 来描述，即

$$R_{xy}(t_1, t_2) = E[x(t_1)y(t_2)] \tag{2.37}$$

广义平稳随机过程：方差和均值是常数的随机过程。广义平稳随机过程可以使问题简化。

例 2.2 求随机过程 $x(t) = \cos(\omega_0 t + \theta)$ 的自相关函数，其中相角 θ 是一个随机变量，且在 $[0,2\pi)$ 上均匀分布，即 $p(\theta) = 1/2\pi$（$0 \leqslant \theta < 2\pi$）。

解： $R_x(t, t - \tau) = E\{\cos(\omega_0 t + \theta)\cos[(\omega_0(t - \tau) + \theta)]\}$

$$= \frac{1}{2} E\{[\cos(\omega_0 \tau) + \cos[2(\omega_0 t + \theta) - \omega_0 \tau]\}$$

$$= \frac{1}{2}\cos(\omega_0 \tau) = R_x(\tau)$$

2.3.3 各态历经随机过程

各态历经随机过程具有下述稳定的随机特性：由该过程的单个样本时间（无限长的记录时间）平均求得的统计参数的估计值（平均值和自相关函数），等于该过程的总体平均求得的估计值，即

$$E[x(t)] = \lim_{T \to +\infty} \frac{1}{2T} \int_{-T}^{T} x(t) \mathrm{d}t \tag{2.38}$$

$$R_x(\tau) = E[x(t)x(t - \tau)] = \lim_{T \to +\infty} \frac{1}{2T} \int_{-T}^{T} x(t)x(t - \tau) \mathrm{d}t \tag{2.39}$$

$$R_x(0) = E[x^2(t)] = \lim_{T \to +\infty} \frac{1}{2T} \int_{-T}^{T} x^2(t) \mathrm{d}t \tag{2.40}$$

确定某个随机过程是否为遍历的比较困难，常见的高斯噪声具有该特性。

对于各态历经平稳随机过程，$R_{xy}(t_1,t_2)$ 可以写成 $R_{xy}(\tau)$，其中 $t_1=\tau$，$t_2=t-\tau$。其互相关函数可以表示为

$$R_{xy}(\tau)=\lim_{T\to+\infty}\frac{1}{2T}\int_{-T}^{T}x(t)y(t-\tau)\mathrm{d}t \tag{2.41}$$

$$R_{xy}(\tau)=\lim_{T\to+\infty}\frac{1}{2T}\int_{-T}^{T}x(t-\tau)y(t)\mathrm{d}t \tag{2.42}$$

此时，互相关函数具有以下性质：

（1）互相关函数只与时间差有关，和时间的起点无关。

（2）$R_{xy}(\tau)=R_{yx}(-\tau)$。

（3）$|R_{xy}(\tau)|\leqslant\sqrt{R_x(0)R_y(0)}$。

2.4　傅里叶变换

傅里叶变换是一种线性的积分变换，是时域和频域之间的变换。设时域函数为 $f(t)$，其对应的频域函数为 $F(\omega)$，则傅里叶变换可以由下列公式表示，即

若 $\int_{-\infty}^{+\infty}|f(t)|\mathrm{d}t<+\infty$，则

$$F(\omega)=\int_{-\infty}^{+\infty}f(t)\mathrm{e}^{-\mathrm{j}\omega t}\mathrm{d}t \tag{2.43}$$

$$f(t)=\frac{1}{2\pi}\int_{-\infty}^{+\infty}F(\omega)\mathrm{e}^{\mathrm{j}\omega t}\mathrm{d}\omega \tag{2.44}$$

例 2.3　求 $\frac{1}{1+\omega^2}$ 的傅里叶反变换。

解：

$$f(t)=\mathrm{e}^{a|t|}\quad\leftrightarrow\quad F(\omega)=-\frac{2a}{a^2+\omega^2}$$

$$\frac{1}{1+\omega^2}=-\frac{2\times(-1)}{(-1)^2+\omega^2}$$

$$f(t)=\mathrm{e}^{-|t|}$$

2.5　功率谱密度

如果随机过程为各态历经过程，考虑式（2.38），自相关函数 $R_x(0)$ 蕴含的随机信号的功率为 $E[x^2(t)]$。

对于平稳随机过程，随机变量均值可以设为零。对于不为零的，则可以调节零点，使其

为零。故$\tau \to +\infty$时，自相关函数趋于0，即$\int_{-\infty}^{+\infty}|R_x(\tau)|\mathrm{d}\tau < +\infty$满足绝对可积条件，其傅里叶变换为

$$S_x(\omega)=F[R_x(\tau)]=\int_{-\infty}^{+\infty}R_x(\tau)\mathrm{e}^{-\mathrm{j}\omega\tau}\mathrm{d}\tau \tag{2.45}$$

相应的逆变换为

$$R_x(\tau)=\frac{1}{2\pi}\int_{-\infty}^{+\infty}S_x(\omega)\mathrm{e}^{\mathrm{j}\omega\tau}\mathrm{d}\omega \tag{2.46}$$

式（2.46）通常叫作维纳—辛钦关系式。

若令$\tau=0$，则可得

$$R_x(0)=E[x^2(t)]=\frac{1}{2\pi}\int_{-\infty}^{+\infty}S_x(\omega)\mathrm{d}\omega \tag{2.47}$$

式（2.47）中自相关函数在$\tau=0$处表示随机信号的“功率”$E[x^2(t)]$，而$S_x(\omega)$的量纲为功率/频率，表示单位频带上具有的功，表征随机信号“功率”按频率分布的情况，故$S_x(\omega)$被定义为功率谱密度。

对于各态遍历过程，功率谱密度函数可以定义为

$$S_x(\omega)=\lim_{T\to+\infty}\left\{E\left[\frac{1}{T}|X(\omega)|^2\right]\right\} \tag{2.48}$$

例2.4 求随机过程$x(t)=\cos(\omega_0 t+\theta)$的功率谱密度，其中相角$\theta$是一个随机变量，且在$[0,2\pi)$上均匀分布，即$p(\theta)=1/2\pi(0\leqslant\theta<2\pi)$。

解：过程的自相关函数为

$$\begin{aligned}R_x(\tau)&=E[x(t)x(t-\tau)]\\&=\int_0^{2\pi}\frac{1}{2\pi}\cos(\omega_0 t+\theta)\cos[\omega_0(t-\tau)+\theta]\mathrm{d}\theta\\&=\frac{1}{2\pi}\int_0^{2\pi}\{\cos(\omega_0 t+\theta)\cos[(\omega_0 t+\theta)-\omega_0\tau]\}\mathrm{d}\theta\\&=\frac{\cos(\omega_0\tau)}{2\pi}\int_0^{2\pi}\cos^2(\omega_0 t+\theta)\mathrm{d}\theta+\frac{\cos(\omega_0\tau)}{2\pi}\int_0^{2\pi}\cos(\omega_0 t+\theta)\bullet\\&\quad\sin(\omega_0 t+\theta)\mathrm{d}\theta\\&=\frac{\cos(\omega_0\tau)}{2}=\frac{1}{4}[\exp(\mathrm{j}\omega_0\tau)+\exp(-\mathrm{j}\omega_0\tau)]\end{aligned}$$

考虑到函数$\delta(f-f_0)$的傅里叶反变换为

$$F^{-1}[\delta(f-f_0)]=\int_{-\infty}^{+\infty}\delta(f-f_0)\mathrm{e}^{\mathrm{j}2\pi ft}\mathrm{d}t=\exp(\mathrm{j}2\pi f_0 t)=\exp(\mathrm{j}\omega_0 t)$$

故可以求得功率谱密度为

$$S_x(f)=F[R_x(\tau)]=\frac{1}{4}[\delta(f-f_0)+\delta(f+f_0)]$$

第三章
随机噪声及其特性

微弱信号处理的实质是从噪声中恢复或检测有用信号，只有充分了解噪声特性，才能很好地对微弱信号进行处理。

3.1 噪声的一般性质

所有干扰或扰乱有用信号的不期望的扰动，都被认为是噪声。其包括人为造成的和自然界产生的干扰，以及由电系统材料和物理器件产生的自然扰动。对于前者，通常可以采用适当的屏蔽、滤波等措施减弱或消除；而后者是在绝对零度以上所有材料都会呈现的热噪声，它既不能精确地预见，也不能完全地消除。噪声是一种随机信号，在任何一瞬间都不能精确预知其大小，它由振幅随机和相位随机的频率分量构成。

3.2 常见噪声模型

3.2.1 高斯噪声

高斯噪声是指概率密度函数服从高斯分布（即正态分布）的一类噪声，也是一种随机噪声。

实际中遇到的很多随机量都属于高斯分布。如果噪声是由很多相互独立的噪声源产生的综合结果，则根据中心极限定理，该噪声服从中心极限定理。

高斯噪声完全由其时变平均值和两瞬时的协方差函数来确定，若噪声平稳，则其均值与时间无关，协方差函数则变成仅和所考虑的两瞬时之差有关的相关函数，物理意义上等效于功率谱密度函数。

3.2.2 白噪声

白噪声 $n(t)$ 是一种功率谱密度为常数的随机信号或随机过程。即此信号在各个频段上的功率是一样的。由于白光是由各种频率（颜色）的单色光混合而成的，因而此信号的这种具有平坦功率谱的性质被称作“白色的”，此信号也因此被称作白噪声。相对地，其他不具有这一性质的噪声信号被称为有色噪声。

功率谱就是信号的能量沿频率的分布，自始至终是守恒的。功率谱密度分为双边功率谱密度和单边功率谱密度，显然，单边功率谱密度的频宽是双边功率谱密度的$\frac{1}{2}$，如果需要保持能量守恒，就需要使单边功率谱密度是双边功率谱密度的2倍。

因此，白噪声的双边功率谱密度可以表示为

$$S_n(\omega)=\frac{N_0}{2},\ -\infty < f < +\infty \tag{3.1}$$

白噪声的单边功率谱密度为

$$S_n(\omega)=N_0,\ 0 < f < +\infty \tag{3.2}$$

对于双边功率谱密度函数，作傅里叶反变换，可得其对应的自相关函数为

$$\begin{aligned} R_n(\tau) &= \frac{1}{2\pi}\int_{-\infty}^{+\infty} S_n(\omega)\mathrm{e}^{\mathrm{j}\omega\tau}\mathrm{d}\omega \\ &= \frac{N_0}{4\pi}\int_{-\infty}^{+\infty}\mathrm{e}^{\mathrm{j}\omega\tau}\mathrm{d}\omega = \frac{N_0}{2}\delta(t) \end{aligned} \tag{3.3}$$

式中，N_0为白噪声的单边功率谱密度。

图3.1所示为白噪声的功率谱密度函数和自相关函数。

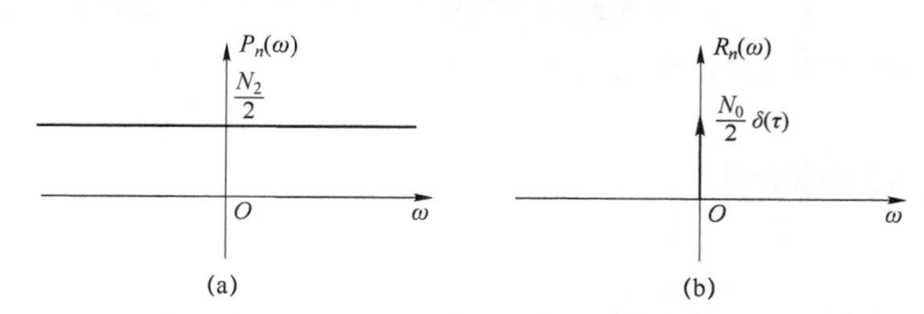

图3.1 白噪声的功率谱密度函数和自相关函数

（a）功率谱密度函数；（b）自相关函数

其均方值

$$E[n(t)^2]=R_n(0)=\frac{N_0}{2}\delta(0)=+\infty \tag{3.4}$$

由式（3.4）知，白噪声的均方值为无穷大， 即平均功率无穷大，而物理上存在的随机过程，其均方值总是有限的。实际上，只要噪声功率谱均匀分布的频率范围远远大于系统的工作频率，就可以看成白噪声。

由式（3.3）可知，当$\tau\neq 0$，$R_n(\tau)=0$时，不同时刻的白噪声的取值是不相关的，该性质对于从白噪声中提取信号十分有用。

例如，图3.2所示的一种自相关函数的计算电路，其输入信号为$x(t)=s(t)+n(t)$（其中，$s(t)$表示被测信号，$n(t)$表示观察噪声），输出信号是自相关函数。

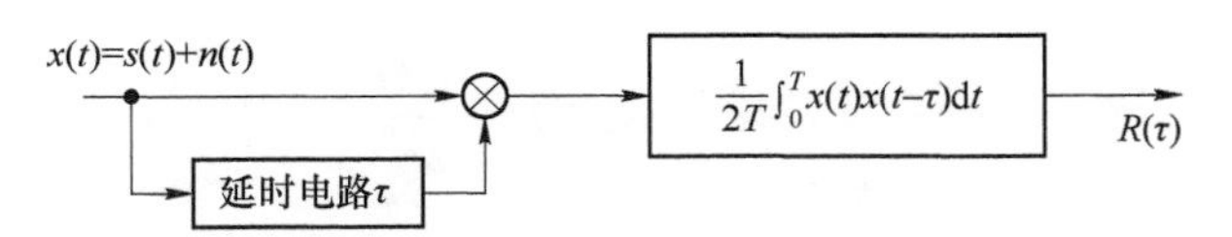

图 3.2　自相关函数的计算电路

该自相关函数为

$$\begin{aligned}R(\tau)&=\lim_{T\to+\infty}\frac{1}{2T}\int_{-T}^{T}x(t)x(t-\tau)\mathrm{d}t\\&=\lim_{T\to+\infty}\frac{1}{2T}\int_{-T}^{T}[s(t)+n(t)][s(t-\tau)+n(t-\tau)]\mathrm{d}t\\&=R_s(\tau)+R_{sn}(\tau)+R_{ns}(\tau)+R_n(\tau)\end{aligned}$$

因信号与噪声不相关，即 $R_{sn}(\tau)=R_{ns}(\tau)=0$，故

$$R(\tau)=R_s(\tau)+R_n(\tau) \tag{3.5}$$

由式（3.2）可知，只要延时 $\tau\neq0$，就有 $R_n(\tau)=0$, 从而

$$R(\tau)=R_s(\tau)$$

即可以从噪声中检测到微弱信号。实际上，噪声一般不会是理想白噪声，即实际的噪声自相关函数不会如图 3.1（b）所示的那样，通常噪声的自相关函数 $R_n(\tau)$ 是一种随 τ 衰减的曲线，如图 3.3 所示。这时只要选取合适的 τ 值，就可以使得 $R_n(\tau)$ 足够小。

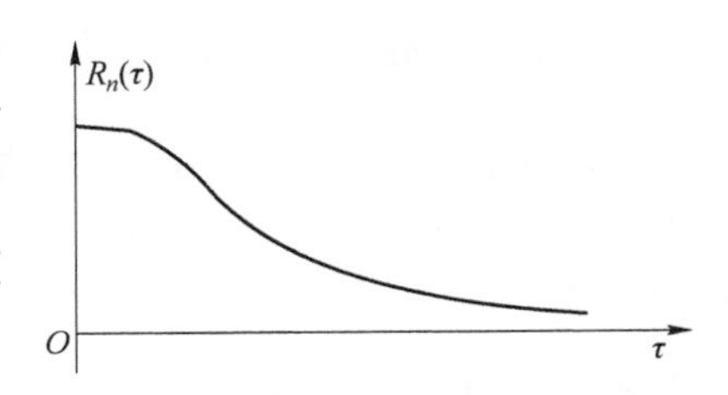

图 3.3　噪声的自相关函数曲线

3.2.3　限带白噪声

限带白噪声是指白噪声经过理想低通滤波器后输出的噪声，其功率谱密度在低频的有限带宽内为常数，在该带宽外为零，如图 3.4（a）所示。即当 $|\omega|\leqslant B$ 时，其功率谱密度函数为

$$S_n(\omega)=\frac{N_0}{2}，\ |\omega|\leqslant B \tag{3.6}$$

$$S_n(\omega)=0,\ |\omega|>B \tag{3.7}$$

对其作傅里叶反变换，得到其自相关函数为

$$\begin{aligned}R_n(\tau)&=\frac{1}{2\pi}\int_{-\infty}^{+\infty}S_n(\omega)\mathrm{e}^{\mathrm{j}\omega\tau}\mathrm{d}\omega=\frac{N_0}{4\pi}\int_{-B}^{B}S_n(\omega)\mathrm{e}^{\mathrm{j}\omega\tau}\mathrm{d}\omega\\&=\frac{N_0}{4\pi}\left[\frac{\mathrm{e}^{\mathrm{j}\omega\tau}}{\mathrm{j}\pi}\right]_{-B}^{B}=\frac{N_0B}{2\pi}\frac{\sin(B\tau)}{B\tau}\end{aligned} \tag{3.8}$$

由式（3.8）可知，限带白噪声的功率为$R_n(0)=\dfrac{N_0B}{2\pi}$；当$|\tau|>0$ 时，$R_n(\tau)$按照取样函数$\dfrac{\sin(B\tau)}{B\tau}$的规律振荡衰减。图 3.4（b）显示了限带白噪声的自相关函数形状。

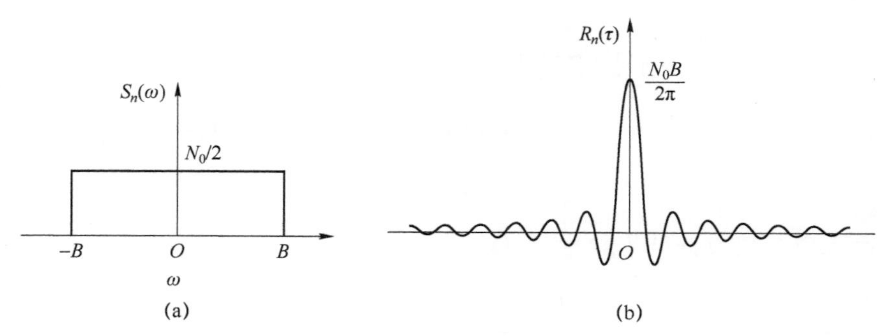

图 3.4　限带白噪声

（a）限带白噪声功率谱密度函数；（b）限带白噪声的自相关函数

3.2.4　窄带白噪声

窄带白噪声是指噪声通过理想带通滤波器后的输出信号，其功率谱密度函数被限制在一个很窄的带宽 B 内，且远小于中心频率 ω_0，其功率谱密度函数定义为

$$S_n(\omega)=\frac{N_0}{2},\quad |\omega+\omega_0|\leqslant\frac{B}{2} \tag{3.9}$$

$$S_n(\omega)=\frac{N_0}{2},\quad |\omega-\omega_0|\leqslant\frac{B}{2} \tag{3.10}$$

式中，$\omega_0\ll B$。

图 3.5（a）所示为窄带白噪声的功率谱密度函数。

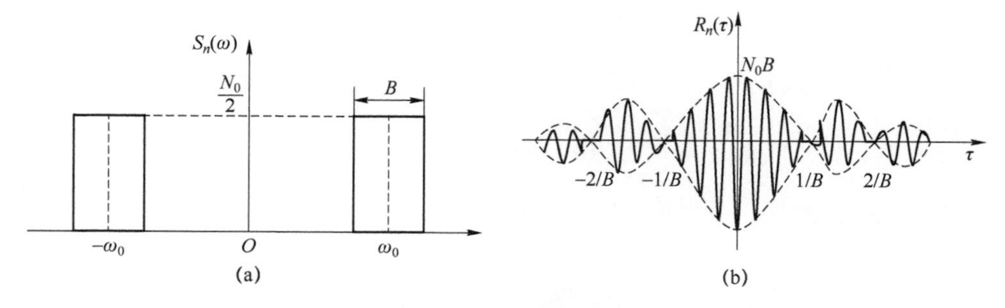

图 3.5　窄带白噪声

（a）窄带白噪声的功率谱密度函数；（b）窄带白噪声的自相关函数

对其作傅里叶反变换，得到其自相关函数为

$$\begin{aligned}R_n(\tau)&=\frac{1}{2\pi}\int_{-\infty}^{+\infty}S_n(\omega)\mathrm{e}^{\mathrm{j}\omega\tau}\mathrm{d}\omega\\&=\frac{N_0}{4\pi}\int_{-\omega_0-\frac{B}{2}}^{-\omega_0+\frac{B}{2}}\mathrm{e}^{\mathrm{j}\omega\tau}\mathrm{d}\omega+\frac{N_0}{4\pi}\int_{\omega_0-\frac{B}{2}}^{\omega_0+\frac{B}{2}}\mathrm{e}^{\mathrm{j}\omega\tau}\mathrm{d}\omega\\&=\frac{N_0}{4\pi}\left[\frac{\mathrm{e}^{\mathrm{j}\omega\tau}}{\mathrm{j}\pi}\right]_{-\omega_0-\frac{B}{2}}^{-\omega_0+\frac{B}{2}}+\frac{N_0}{4\pi}\left[\frac{\mathrm{e}^{\mathrm{j}\omega\tau}}{\mathrm{j}\pi}\right]_{\omega_0-\frac{B}{2}}^{\omega_0+\frac{B}{2}}\\&=N_0B\frac{\sin(\pi B\tau)}{\pi B\tau}\cos(\omega_0\tau)\end{aligned}\tag{3.11}$$

故窄带白噪声的自相关函数大致形状如图 3.5（b）所示。

窄带白噪声的功率

$$P_n=R_n(0)=N_0B\tag{3.12}$$

实际上，在窄带内，$S_n(\omega)$ 可以是任意形状。由于窄带白噪声经过窄带带通滤波器后输出，故其波形可以看成由很多频率接近 ω_0 的正弦波合成，即相当于一种随机调幅调相波。一般地，它可以表示为

$$n(t)=A(t)\cos[\omega_0t+\varphi(t)]\tag{3.13}$$

式中，$A(t)$ 和 $\varphi(t)$ 分别表示 $n(t)$ 的随机振幅和随机相位。

将式（3.13）展开，得

$$n(t)=A(t)\cos\varphi(t)\cos(\omega_0t)-A(t)\sin\varphi(t)\sin(\omega_0t)$$

令

$$\begin{aligned}n_c(t)&=A(t)\cos\varphi(t)\\n_s(t)&=A(t)\sin\varphi(t)\end{aligned}\tag{3.14}$$

则

$$A(t)=\sqrt{n_c(t)^2+n_s(t)^2}\tag{3.15}$$

$$\varphi(t)=\arctan\left(\frac{n_s(t)}{n_c(t)}\right)\tag{3.16}$$

$$n(t)=n_c(t)\cos(\omega_0t)-n_s(t)\sin(\omega_0t)\tag{3.17}$$

式中，$n_c(t)$ 和 $n_s(t)$ 互不相关，且均值为 0，是平稳缓变随机过程，它们的自相关函数相等，即 $E[n_c(t_1)n_c(t_2)]=0, E[n_c(t)]=0, E[n_s(t)]=0,\ R_{n_c}(\tau)=R_{n_s}(\tau)$。并且如果 $n(t)$ 是高斯分布，则 $n_c(t)$ 和 $n_s(t)$ 也为高斯分布。

$n(t)$ 的自相关函数为

$$
\begin{aligned}
R_n(\tau) &= E[n(t)n(t-\tau)] \\
&= E([n_c(t)\cos(\omega_0 t) - n_s(t)\sin(\omega_0 t)]\{n_c(t-\tau)\cos[\omega_0(t-\tau)] - n_s(t-\tau)\sin[\omega_0(t-\tau)]\}) \\
&= \cos(\omega_0 t)\cos[\omega_0(t-\tau)]E[n_c(t)n_c(t-\tau)] + \sin(\omega_0 t)\sin[\omega_0(t-\tau)]E[n_s(t)n_s(t-\tau)] \\
&= \cos(\omega_0 t)\cos[\omega_0(t-\tau)]R_{n_c}(\tau) + \sin(\omega_0 t)\sin[\omega_0(t-\tau)]R_{n_s}(\tau)
\end{aligned}
$$

根据 $n_c(t)$ 和 $n_s(t)$ 的自相关函数相等及三角函数和差公式，得

$$R_n(\tau) = R_{n_c}(\tau)\cos(\omega_0\tau) \tag{3.18}$$

$$R_n(\tau) = R_{n_s}(\tau)\sin(\omega_0\tau) \tag{3.19}$$

由此可得，$R_n(0) = R_{n_c}(0) = R_{n_s}(0)$，这说明 $n(t)$、$n_c(t)$ 和 $n_s(t)$ 的功率和方差相等。

如果 $n(t)$ 是均值为零、方差为 σ^2 的高斯噪声，则其概率密度分布函数为

$$p(n) = \frac{1}{\sqrt{2\pi}\sigma}\exp\left(-\frac{n^2}{2\sigma^2}\right)$$

则 $n_c(t)$ 和 $n_s(t)$ 也是均值为零、方差为 σ^2 的高斯分布，即

$$p(n_c) = \frac{1}{\sqrt{2\pi}\sigma}\exp\left(-\frac{n_c^2}{2\sigma^2}\right)$$

$$p(n_s) = \frac{1}{\sqrt{2\pi}\sigma}\exp\left(-\frac{n_s^2}{2\sigma^2}\right)$$

其联合概率密度函数为

$$p(n_c, n_s) = p(n_c)p(n_s) = \frac{1}{2\pi\sigma^2}\exp\left(-\frac{n_c^2 + n_s^2}{2\sigma^2}\right) \tag{3.20}$$

根据 $p(n_c, n_s)$，可以求出对应的 $A(t)$ 和 $\varphi(t)$ 的联合概率密度分布函数，即

$$p(A, \varphi) = |J|\, p(n_c, n_s) \tag{3.21}$$

式中，J 表示雅可比行列式。

$$|J| = \begin{vmatrix} \dfrac{\partial n_c}{\partial A} & \dfrac{\partial n_c}{\partial \varphi} \\ \dfrac{\partial n_s}{\partial A} & \dfrac{\partial n_s}{\partial \varphi} \end{vmatrix} = \begin{vmatrix} \dfrac{\partial A\cos\varphi}{\partial A} & \dfrac{\partial A\cos\varphi}{\partial \varphi} \\ \dfrac{\partial A\sin\varphi}{\partial A} & \dfrac{\partial A\sin\varphi}{\partial \varphi} \end{vmatrix} = A \tag{3.22}$$

故

$$p(A, \varphi) = \frac{A(t)}{2\pi\sigma^2}\exp\left(-\frac{{n_c}^2 + {n_s}^2}{2\sigma^2}\right) = \frac{A(t)}{2\pi\sigma^2}\exp\left[-\frac{A^2(t)}{2\sigma^2}\right] \tag{3.23}$$

求式（3.23）的边缘概率分布函数，可以得到窄带噪声的随机振幅和随机相位的概率分布函数，即

$$p(A)=\int_0^{2\pi} p\left(A,\varphi\right)\mathrm{d}\varphi=\frac{A(t)}{\sigma^2}\exp\left[-\frac{A^2(t)}{2\sigma^2}\right] \tag{3.24}$$

$$p(\varphi)=\int_0^{+\infty} p(A,\varphi)\mathrm{d}A=\frac{1}{2\pi} \tag{3.25}$$

振幅的均值和方差分别为 $\sqrt{\frac{\pi}{2}}\sigma$ 和 $\frac{4-\pi}{2}\sigma^2$。

振幅的分布不是高斯分布而是瑞利分布，如图 3.6 所示。

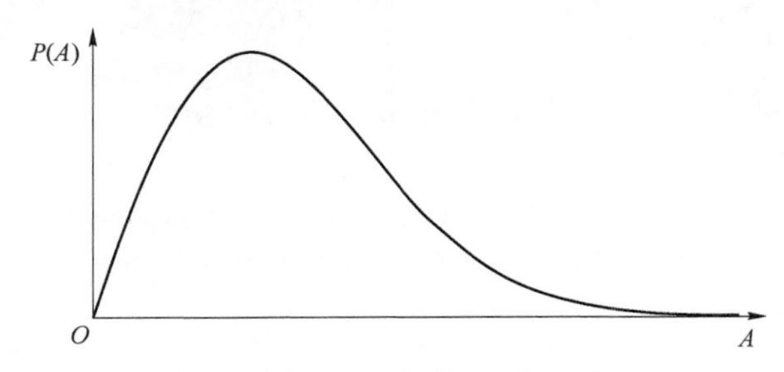

图 3.6　窄带噪声的随机振幅概率分布

3.2.5　加性噪声

加性噪声模型就是将噪声简单地加到信号上，一般指热噪声、散弹噪声等，它们与信号的关系是相加，即

$$x(t)=s(t)+n(t) \tag{3.26}$$

式中，$s(t)$ 表示原始信号；$n(t)$ 表示噪声；$x(t)$ 表示叠加噪声后的信号。

不管有没有信号，噪声都存在。该模型是在信号检测、估计、滤波和恢复等领域运用最广泛的模型之一。该模型数学上处理简单，在很多情况下能够得到非常好的结果。图 3.7 显示了加性噪声的结果，图 3.7（a）所示为高斯白噪声，图 3.7（b）所示为正弦信号，图 3.7（c）所示为采用加性噪声后得到的结果。图 3.8 所示为未混入加性噪声的图像和混入加性噪声的图像对比。

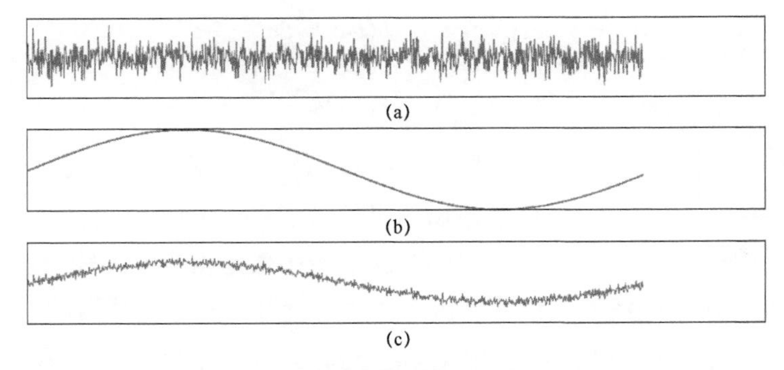

图 3.7　加性噪声的结果

（a）高斯白噪声；（b）正弦信号；（c）信号中混入加性噪声

图 3.8　未混入加性噪声的图像和混入加性噪声的图像对比
（a）未混入加性噪声的图像；（b）混入加性噪声的图像

3.3　随机噪声通过电路响应

当被测信号通过检测系统后，信号和噪声都会发生变化。信号一般是确知的，很容易计算它通过电路系统的响应。而对于一般的随机噪声，每个时间的取值是不一定的，要想计算随机噪声通过电路的输出响应，需要知道每个输入的噪声值，而这是非常困难的。

3.3.1　随机噪声通过线性电路系统的响应

平稳随机噪声一般是各态遍历的，它的频谱是一定的，所以确定随机噪声通过电路响应时，通常采用频域分析的方法，或频域、时域相结合的方法。

满足叠加原理的系统就是线性系统，不满足叠加原理的统称为非线性系统。对于一个线性系统，它的动态特性在频域可以用频率响应函数 $H(\mathrm{j}\omega)$ 表示，在时域可以用冲激响应函数 $h(t)$ 描述，它们之间具有傅里叶变换关系，即

$$H(\mathrm{j}\omega)=\int_{-\infty}^{+\infty}h(t)\mathrm{e}^{-\mathrm{j}\omega t}\mathrm{d}\omega \tag{3.27}$$

$$h(t)=\frac{1}{2\pi}\int_{-\infty}^{+\infty}H(\mathrm{j}\omega)\mathrm{e}^{\mathrm{j}\omega t}\mathrm{d}\omega \tag{3.28}$$

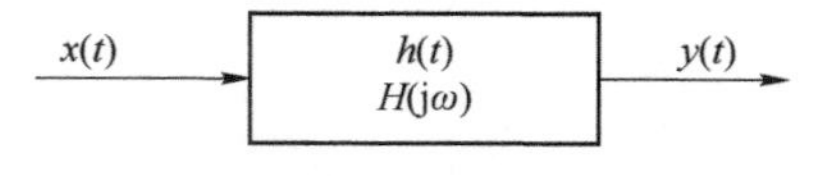

图 3.9　线性系统

如图 3.9 所示，$x(t)$ 表示输入随机信号或噪声，$y(t)$ 表示对应的输出随机信号或输出电压。

电路的冲激响应函数是指当系统输入 $\delta(t)$ 脉冲时，对应地输出电压。因此，对一个线性系统输入 $\delta(t)$ 脉冲，就可以测量其冲激响应函数。该系统对于任意的输入信号 $x(t)$，其对应的输出由输入信号和其冲激响应函数的卷积确定，即

$$y(t)=\int_{-\infty}^{+\infty}x(t-\tau)h(\tau)\mathrm{d}\tau=\int_{-\infty}^{+\infty}x(\tau)h(t-\tau)\mathrm{d}\tau \tag{3.29}$$

如果输入信号 $x(t)$ 是确知的，则输出信号 $y(t)$ 也是确知的，输出信号 $y(t)$ 对应的傅里叶变换谱 $Y(\mathrm{j}\omega)$ 等于输入信号的傅里叶变换 $X(\mathrm{j}\omega)$ 与频率响应函数 $H(\mathrm{j}\omega)$ 的乘积，即

$$Y(\mathrm{j}\omega)=X(\mathrm{j}\omega)H(\mathrm{j}\omega) \tag{3.30}$$

如果输入信号 $x(t)$ 是随机信号或噪声，则通过线性系统后的输出 $y(t)$ 也是随机信号或噪声，由于它们的幅值不确定，无法求得对应的傅里叶变换，故式（3.28）不再有效，需要采用相关分析的方法来确定它们之间的关系。

输出量的自相关函数为

$$R_y(\tau)=E[y(t)y(t-\tau)]$$

由于输出信号可以用式（3.29）求取，故

$$\begin{aligned}R_y(\tau)&=E\left[\int_{-\infty}^{+\infty}\int_{-\infty}^{+\infty}h(t-\tau_1)x(\tau_1)h(t-\tau-\tau_2)x(\tau_2)\mathrm{d}\tau_1\mathrm{d}\tau_2\right]\\&=\int_{-\infty}^{+\infty}\int_{-\infty}^{+\infty}h(t-\tau_1)h(t-\tau-\tau_2)E[x(\tau_1)x(\tau_2)]\mathrm{d}\tau_1\mathrm{d}\tau_2\end{aligned}$$

令 $t_1=t-\tau_1, t_2=t-\tau-\tau_2$，且输入信号为平稳随机过程，可得

$$\begin{aligned}R_y(\tau)&=\int_{-\infty}^{+\infty}\int_{-\infty}^{+\infty}h(t_1)h(t_2)R_x(\tau_1-\tau_2)\mathrm{d}\tau_1\mathrm{d}\tau_2\\&=\int_{-\infty}^{+\infty}\int_{-\infty}^{+\infty}h(t_1)h(t_2)R_x(t_2-t_1+\tau)\mathrm{d}t_1\mathrm{d}t_2\end{aligned}$$

设输出信号 $y(t)$ 的功率谱密度函数为 $S_y(\omega)$，对其进行傅里叶变换，可求得 $y(t)$ 的功率谱密度函数，即

$$\begin{aligned}S_y(\omega)&=\int_{-\infty}^{+\infty}R_y(\tau)\mathrm{e}^{-\mathrm{j}\omega\tau}\mathrm{d}\tau\\&=\int_{-\infty}^{+\infty}\int_{-\infty}^{+\infty}\int_{-\infty}^{+\infty}h(t_1)h(t_2)R_x(t_2-t_1+\tau)\mathrm{e}^{-\mathrm{j}\omega\tau}\mathrm{d}t_1\mathrm{d}t_2\mathrm{d}\tau\end{aligned}$$

令 $t=t_2-t_1+\tau$，得

$$\begin{aligned}S_y(\omega)&=\int_{-\infty}^{+\infty}\int_{-\infty}^{+\infty}\int_{-\infty}^{+\infty}h(t_1)h(t_2)R_x(t)\mathrm{e}^{-\mathrm{j}\omega(t+t_1-t_2)}\mathrm{d}t_1\mathrm{d}t_2\mathrm{d}\tau\\&=\int_{-\infty}^{+\infty}h(t_1)\mathrm{e}^{-\mathrm{j}\omega t_1}\mathrm{d}t_1\int_{-\infty}^{+\infty}h(t_2)\mathrm{e}^{\mathrm{j}\omega t_2}\mathrm{d}t_2\int_{-\infty}^{+\infty}R_x(t)\mathrm{e}^{-\mathrm{j}\omega t}\mathrm{d}\tau\end{aligned} \tag{3.31}$$

结合式（3.27），可得

$$S_y(\omega)=H(\mathrm{j}\omega)H(\mathrm{j}\omega)^*S_x(\omega)=\left|H(\mathrm{j}\omega)\right|^2S_x(\omega) \tag{3.32}$$

$H(\mathrm{j}\omega)^*$ 是 $H(\mathrm{j}\omega)$ 的复共轭函数，式（3.32）可以用来计算随机噪声通过线性系统后的输出功率。

例 3.1　已知图 3.10 所示为 RC 低通滤波器，输入信号是随机噪声 $x(t)$，输出信号是 $y(t)$。

（1）如果 $x(t)$ 的功率谱密度为 $S_x(\omega)=\dfrac{N_0}{2}$，求滤波器输出信号 $y(t)$ 的功率谱密度 $S_y(\omega)$、功率 P_y 和自相关函数 $R_y(\tau)$。

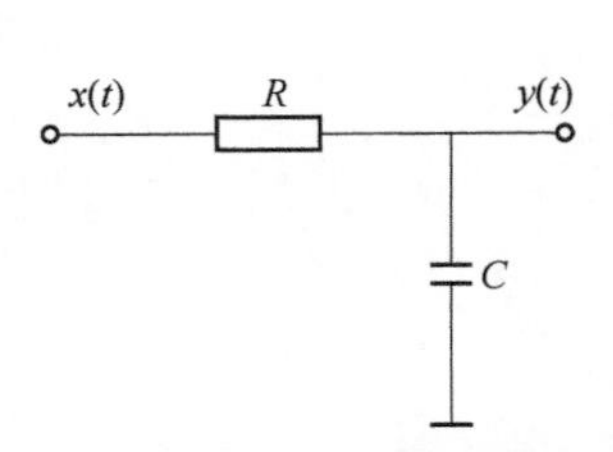

图 3.10　RC 低通滤波器

（2）如果 $x(t)$ 的自相关函数为 $R_x(\tau)=\sigma_x^2\mathrm{e}^{-\beta|\tau|}$，求滤波器输出信号 $y(t)$ 的功率谱密度 $S_y(\omega)$、自相关函数 $R_y(\tau)$。

解：（1）该电路的频率响应函数为

$$H(\mathrm{j}\omega)=\frac{1}{1+\mathrm{j}\omega RC}$$

幅频响应函数为

$$|H(\mathrm{j}\omega)|=\frac{1}{\sqrt{1+(\omega RC)^2}}$$

由式（3.32）求得滤波器输出信号 $y(t)$ 的功率谱密度为

$$S_y(\omega)=|H(\mathrm{j}\omega)|^2 S_x(\omega)=\frac{N_0/2}{1+(\omega RC)^2}$$

根据式（2.44）得

$$P_y=\frac{1}{2\pi}\int_{-\infty}^{+\infty}S_y(\omega)\,\mathrm{d}\omega=\frac{N_0}{4\pi}\int_{-\infty}^{+\infty}\frac{1}{1+(\omega RC)^2}\mathrm{d}\omega$$

令 $u=\omega RC$，则 $\mathrm{d}\omega=\dfrac{\mathrm{d}u}{RC}$，此时上式可写为

$$P_y=\frac{N_0}{4\pi RC}\int_{-\infty}^{+\infty}\frac{1}{1+u^2}\mathrm{d}u=\frac{N_0}{4\pi RC}[\arctan u]_{-\infty}^{+\infty}=\frac{N_0}{4RC}$$

该式表明低通电路的积分常数 RC 越大，对应的输出功率越小。

对滤波器的功率谱密度函数作傅里叶反变换，可求得输出的自相关函数，即

$$R_y(\tau)=\frac{1}{2\pi}\int_{-\infty}^{+\infty}S_y(\omega)\mathrm{e}^{\mathrm{j}\omega\tau}\mathrm{d}\omega=\frac{N_0}{4\pi}\int_{-\infty}^{+\infty}\frac{1}{1+(\omega RC)^2}\mathrm{e}^{\mathrm{j}\omega\tau}\mathrm{d}\omega$$
$$=\frac{N_0}{2\pi}\int_{-\infty}^{+\infty}\frac{1}{1+(\omega RC)^2}\cos(\omega\tau)\mathrm{d}\omega=\frac{N_0}{4RC}\mathrm{e}^{-|\tau|/(RC)}$$

$$\text{功率 } P_y=R_y(0)=\frac{N_0}{4RC}$$

（2）

$$S_x(\omega)=\int_{-\infty}^{+\infty}R_x(\tau)\mathrm{e}^{-\mathrm{j}\omega\tau}\mathrm{d}\tau=\int_{-\infty}^{+\infty}\sigma_x^2\mathrm{e}^{-\beta|\tau|}\mathrm{e}^{-\mathrm{j}\omega\tau}\mathrm{d}\tau$$
$$=2\int_{-\infty}^{+\infty}\sigma_x^2\mathrm{e}^{-\beta\tau}\cos(\omega\tau)\,\mathrm{d}\tau=2\sigma_x^2\frac{\beta}{\beta^2+\omega^2}$$

令 $\alpha=\dfrac{1}{RC}$，则幅频响应函数可以写成

$$|H(\mathrm{j}\omega)|=\frac{\alpha}{\sqrt{\omega^2+\alpha^2}}$$

由式（3.32）可得

$$S_y(\omega)=2\sigma_x^2\frac{\beta}{\beta^2+\omega^2}\frac{\alpha^2}{\omega^2+\alpha^2} \tag{3.33}$$

$$R_y(\tau)=\frac{1}{2\pi}\int_{-\infty}^{+\infty}S_y(\omega)\mathrm{e}^{\mathrm{j}\omega\tau}\mathrm{d}\omega=\frac{\alpha\sigma_x^2}{\alpha^2-\beta^2}(\alpha\mathrm{e}^{-\beta|\tau|}-\beta\mathrm{e}^{-\alpha|\tau|}) \tag{3.34}$$

若$\alpha\gg\beta$，则式（3.32）可以写成$R_y(\tau)\approx\sigma_x^2\mathrm{e}^{-\beta|\tau|}$，通过低通滤波器后的输出信号和输入信号的自相关函数完全相同，说明放大器对噪声没有任何作用。由于$\alpha=\dfrac{1}{RC}$，故α越大，RC越小，即低通滤波器的带宽越大。

由$S_x(\omega)$可知，只有当β和ω同时小时，才会有较大的频率响应，所以$S_x(\omega)$主要为低频部分。由于输入信号是低频噪声，而该低通滤波器的带宽较大，因此这种噪声可以完全通过滤波器，导致输入信号和输出信号的自相关函数完全相同。

若$\alpha\ll\beta$，则式（3.34）可以写成$R_y(\tau)\approx\dfrac{\alpha}{\beta}\sigma_x^2\mathrm{e}^{-\alpha|\tau|}$，此时经过低通滤波器的输出信号的相关函数和输入信号的完全不同。此时输出功率

$$R_y(0)\approx\frac{\alpha}{\beta}\sigma_x^2\ll\sigma_x^2=R_x(0)$$

这是因为α越小，低通滤波器的通频带越窄，β大，输入信号的频带越宽。这样，当具有宽频带的噪声通过频带较窄的低通滤波器以后，噪声的高频部分被过滤掉，使得输出噪声的功率大大减小。

以上分析主要针对平稳随机过程，即线性系统处于稳定状态（输入信号和输出信号也处于稳定状态）的情况。

3.3.2　非平稳随机噪声通过线性电路系统的响应

在实际应用中，会遇到系统处于非稳定状态的情况。例如电路中可能包含一些电子开关，在电子开关刚闭合的一段时间内，电路处于过渡状态，输出噪声是非平稳的，如图 3.11 所示。

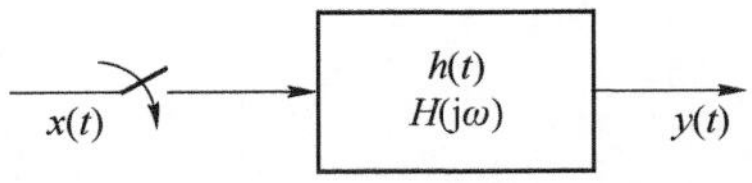

$x(t)$　$h(t)$　$H(\mathrm{j}\omega)$　$y(t)$

图 3.11　非稳定状态电路

对于非平稳随机过程，功率谱的概念不再适用，由于过渡阶段输出信号和时间有关，故相关函数的计算与时间的起点有关，因此输出信号的自相关函数为

$$\begin{aligned}R_y(t_1,t_2)&=E\left[y(t_1)y(t_2)\right]\\&=E\left[\int_{-\infty}^{+\infty}x(t_1-\tau)h(\tau)\mathrm{d}\tau\int_{-\infty}^{+\infty}x(t_2-\tau)h(\tau)\mathrm{d}\tau\right]\end{aligned}$$

考虑到输入信号在开关闭合时进入系统，此时$t=0$，时间为当前时间，则输出信号的相关函数可以写成

$$R_y(t_1,t_2)=\int_0^t\int_0^t h(u)h(v)E[x(t_1-u)x(t_2-v)]\mathrm{d}u\mathrm{d}v \\ =\int_0^t\int_0^t R_x(t_2-t_1+u-v)h(u)h(v)\mathrm{d}u\mathrm{d}v \tag{3.35}$$

式（3.35）是计算非平稳随机过程通过线性系统的输出统计特性表达式。

例 3.2 如图 3.12 所示的电路中，t=0 时开关闭合，输入随机噪声 $x(t)$，求在过渡阶段输出噪声的功率。

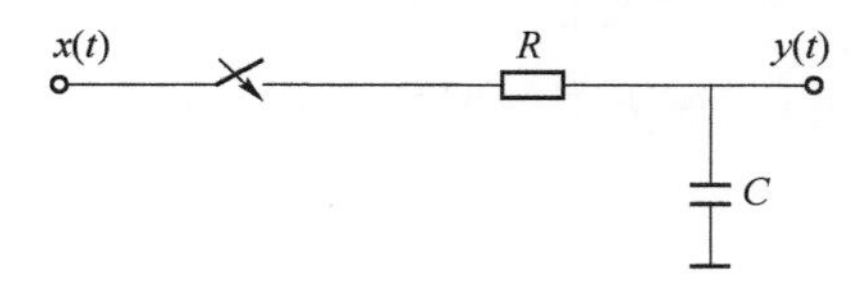

图 3.12 例 3.2 图

解：噪声的功率

$$P_y=E[y^2(0)]=R_y(0,0)=\int_0^t\int_0^t R_x(u-v)h(u)h(v)\mathrm{d}u\mathrm{d}v$$

对于 RC 电路，频率响应函数和冲激响应函数分别为

$$H(\mathrm{j}\omega)=\frac{1}{1+\mathrm{j}\omega RC}$$

$$h(t)=\frac{1}{RC}\mathrm{e}^{-t/(RC)}$$

因为输入的噪声是白噪声，所以它的功率谱密度函数和自相关函数分别为

$$S_x(\omega)=\frac{N_0}{2}$$

$$R_x(\tau)=\frac{N_0}{2}\delta(t)$$

故

$$P_y=\int_0^t\int_0^t\frac{N_0}{2R^2C^2}\exp\left(-\frac{u}{RC}-\frac{v}{RC}\right)\delta(u-v)\mathrm{d}u\mathrm{d}v \\ =\frac{N_0}{2R^2C^2}\int_0^t\exp\left(-\frac{2u}{RC}\right)\mathrm{d}u \\ =\frac{N_0}{4RC}\left[1-\exp\left(-\frac{2t}{RC}\right)\right]$$

上式说明，处于非平稳状态的电路，它的输出噪声功率也是随时间变化的。当时间 $t\to+\infty$ 时，电路达到稳定，$y(t)$ 成为平稳随机过程，此时输出噪声为

$$P_y=\frac{N_0}{4RC} \tag{3.36}$$

对于平稳随机过程，可以按照上一节的方法计算，由式（3.32），输出噪声的功率谱密度函数为

$$S_y(\omega)=\left|H(\mathrm{j}\omega)\right|^2 S_x(\omega)=\left|\frac{1}{1+\mathrm{j}\omega RC}\right|^2\frac{N_0}{2}$$

由式（2.44）得到输出噪声功率为

$$P_y=\frac{1}{2\pi}\int_{-\infty}^{+\infty}S_y(\omega)\mathrm{d}\omega=\frac{N_0}{4\pi}\int_{-\infty}^{+\infty}\frac{1}{1+(\omega RC)^2}\mathrm{d}\omega$$

令 $u=\omega RC$，得到 $\mathrm{d}\omega=\frac{1}{RC}\mathrm{d}u$

$$P_y=\frac{N_0}{4\pi RC}\int_{-\infty}^{+\infty}\frac{1}{1+u^2}\mathrm{d}u=\frac{N_0}{4RC} \tag{3.37}$$

该结果和非平稳随机过程通过线性系统在 $t\to+\infty$ 的结果（3.36）相同。

3.3.3　随机噪声通过非线性电路系统的响应

不满足叠加原理的系统称为非线性系统，即系统的多个输入量之和产生的输出量不等于对应输出量的和。非线性电路在信号检测装置中具有十分重要的作用，例如常用的电子器件二极管、三极管和运算放大器都具有非线性特点。噪声通过非线性系统后，其功率谱密度函数和相关函数的计算变得十分复杂，输出噪声与线性电路输出具有很多不同。

下面以平方律检波器为例进行说明。平方律检波器是收音机内常用的器件，其输入信号 $x(t)$ 和输出信号 $y(t)$ 之间的关系可以表示为

$$y(t)=x^2(t) \tag{3.38}$$

设输入信号 $x(t)=s(t)+n(t)$，其中，$s(t)$ 表示随机相位正弦信号，则有

$$s(t)=A\cos(\omega_0 t+\theta) \tag{3.39}$$

式中，θ 表示均匀分布；噪声 $n(t)$ 为窄带噪声，其功率谱密度函数和自相关函数如图 3.5 所示。

平方律检波器的自相关函数可以表示为

$$\begin{aligned}R_y(\tau)&=E\left[y(t)y(t-\tau)\right]=E[(s(t)+n(t))^2(s(t-\tau)+n(t-\tau))^2]\\&=E[s(t)^2s(t-\tau)^2+2s(t)^2s(t-\tau)n(t-\tau)+s(t)^2n(t-\tau)^2+\\&\quad 2s(t)n(t)s(t-\tau)^2+4s(t)n(t)s(t-\tau)n(t-\tau)+2s(t)n(t)s(t-\tau)^2+\\&\quad n(t)^2s(t-\tau)^2+2n(t)^2s(t-\tau)n(t-\tau)+n(t)^2n(t-\tau)^2]\end{aligned}$$

令

$$\begin{aligned}R_{ss}(\tau)&=E[s(t)^2s(t-\tau)^2]\\&=E\{A^2\cos^2(\omega_0 t+\theta)A^2\cos^2[\omega_0(t-\tau)+\theta]\}\\&=A^4E\left(\frac{\cos[2(\omega_0 t+\theta)]+1}{2}\frac{\cos\{2[(\omega_0 t+\theta)-\omega_0\tau]\}+1}{2}\right)\end{aligned}$$

$$= \frac{A^4}{4} E(\{\cos[2(\omega_0 t+\theta)]+1\}\{\cos[2(\omega_0 t+\theta)]\cos(2\omega_0\tau)+\sin[2(\omega_0 t+\theta)]\sin(2\omega_0\tau)+1\})$$

$$= \frac{A^4}{4} E\{\cos^2[2(\omega_0 t+\theta)]\cos(2\omega_0\tau)+\cos[2(\omega_0 t+\theta)]\sin[2(\omega_0 t+\theta)]+\cos[2(\omega_0 t+\theta)]+\cos[2(\omega_0 t+\theta)]\cdot$$

$$\cos(2\omega_0\tau)+\sin[2(\omega_0 t+\theta)]\sin(2\omega_0\tau)+1\} = \frac{A^4}{4}+\frac{A^4}{4}\cos(2\omega_0\tau)E\left\{\frac{\cos[4(\omega_0 t+\theta)]+1}{2}\right\} = \frac{A^4}{4}+\frac{A^4}{8}\cos(2\omega_0\tau) \tag{3.40}$$

$$\begin{aligned} R_{sn}(\tau) = E[&2s(t)^2 s(t-\tau)n(t-\tau)+s(t)^2 n(t-\tau)^2 + \\ &2s(t)n(t)s(t-\tau)^2+4s(t)n(t)s(t-\tau)n(t-\tau)+2s(t)n(t)s(t-\tau)^2 + \\ &n(t)^2 s(t-\tau)^2+2n(t)^2 s(t-\tau)n(t-\tau)] \end{aligned}$$

由于信号和噪声互不相关，因此有

$$E[2s(t)^2 s(t-\tau)n(t-\tau)] = E[2s(t)^2 s(t-\tau)]E[n(t-\tau)] = 0$$
$$E[s(t)^2 n(t-\tau)^2] = E[s(t)^2]E[n(t-\tau)^2] = \sigma_s^2\sigma_n^2$$

式中，σ_s^2和σ_n^2分别表示信号和噪声的方差。由

$$E[2s(t)n(t)s(t-\tau)^2] = 2E[s(t)s(t-\tau)^2]E[n(t)] = 0$$
$$E[4s(t)n(t)s(t-\tau)n(t-\tau)] = 4E[s(t)s(t-\tau)]E[n(t)n(t-\tau)] = 4R_s(\tau)R_n(\tau)$$
$$E[2s(t)n(t)s(t-\tau)^2] = 2E[s(t)s(t-\tau)^2]E[n(t)] = 0$$
$$E[n(t)^2 s(t-\tau)^2] = E[n(t)^2]E[s(t-\tau)^2] = \sigma_n^2\sigma_s^2$$
$$E[2n(t)^2 s(t-\tau)n(t-\tau)] = 2E[n(t)^2 n(t-\tau)]E[s(t-\tau)] = 0$$

得到

$$R_{sn}(\tau) = 2\sigma_s^2\sigma_n^2+4R_s(\tau)R_n(\tau) \tag{3.41}$$

对于零均值多维正态分布的4阶混合矩，可以展开为

$$E[x_1x_2x_3x_4] = E[x_1x_2]E[x_3x_4]+E[x_1x_3]E[x_2x_4]+E[x_1x_4]E[x_2x_3]$$

$$\begin{aligned} R_{sn}(\tau) &= E[n(t)^2 n(t-\tau)^2] = 2E^2[n(t)n(t-\tau)]+E[n(t)n(t)]E[n(t-\tau)n(t-\tau)] \\ &= 2R_n(\tau)+\sigma_n^4 \end{aligned} \tag{3.42}$$

由式（3.40）、式（3.41）和式（3.42）得

$$R_y(\tau) = R_{ss}(\tau)+R_{sn}(\tau)+R_{nn}(\tau) \tag{3.43}$$

式（3.43）说明，信号和噪声通过平方律检波器后，会出现信号和噪声相互作用形成的相关函数项$R_{sn}(\tau)$，导致输出信号的功率谱密度函数中也会包含信号与噪声形成的交叉功率谱项。

3.4 相关检测

相关检测是应用信号周期性和噪声随机性的特点，通过自相关或者互相关运算，达到去

除噪声、检测出信号目的的一种技术。由于信号是有规律的，能够重复，不同时刻的信号是有关联的，故其可以用一个确定的函数来描述；而噪声是没有规律的，随机的，不能够重复，不同时刻的噪声之间是没有关联的，故不能用一个确定的时间函数来描述。因此，可以利用信号自身存在的规律性来寻找被测信号，以达到去除噪声的目的。根据相关性原理实现对信号的检测称为相关检测，相关检测可以最大限度地抑制噪声，达到微弱信号检测的目的。

根据第二章的内容，对于平稳随机信号 $x(t)$ 和 $y(t)$，它们的自相关和互相关函数可以由式（2.40）和式（2.42）计算，积分时间趋于无穷大，而这在实际运用中是不可能的，通常实际使用时是在一个有限的时间内对其进行计算，即

$$R_x(\tau)=\frac{1}{2T}\int_{-T}^{T}x(t)x(t-\tau)\mathrm{d}t=\frac{1}{T}\int_{-T}^{T}x(t)x(t-\tau)\mathrm{d}t \tag{3.44}$$

$$R_{xy}(\tau)=\frac{1}{2T}\int_{-T}^{T}y(t)x(t-\tau)\mathrm{d}t=\frac{1}{T}\int_{-T}^{T}y(t)x(t-\tau)\mathrm{d}t \tag{3.45}$$

对于数字信号 $x(n)$和 $y(n)$，设有 N 个采样信号，则相应的自相关和互相关函数为

$$R_x(k)=\frac{1}{N}\sum_{n=0}^{N-1}x(n)x(n-k) \tag{3.46}$$

$$R_{xy}(k)=\frac{1}{N}\sum_{n=0}^{N-1}y(n)x(n-k) \tag{3.47}$$

式中，k=0，1，2，…，M–1 为延迟序号。

设信号 $s(t)$ 为正弦信号，混有宽带噪声 $n(t)$，则可观测到的信号为

$$x(t)=s(t)+n(t) \tag{3.48}$$

图 3.13（a）所示为混有宽带噪声的正弦信号，其函数表达式为

$$s(t)=A\sin(\omega_0 t+\varphi) \tag{3.49}$$

式中，A 表示信号幅度；ω_0 表示信号角频率；φ 表示初始相位。

对 $x(t)$ 做自相关运算，由式（3.5）得

$$\begin{aligned}R_x(\tau)&=R_s(\tau)+R_n(\tau)\\&=\lim_{T\to+\infty}\frac{1}{2T}\int_{-T}^{T}s(t)s(t-\tau)\mathrm{d}t+R_n(\tau)\\&=\lim_{T\to+\infty}\frac{1}{2T}\int_{-T}^{T}[A\sin(\omega_0 t+\varphi)]\{A\sin[\omega_0(t-\tau)+\varphi]\}\mathrm{d}t+R_n(\tau)\\&=\lim_{T\to+\infty}\frac{A^2}{2T}\int_{-T}^{T}[A\sin(\omega_0 t+\varphi)]\{A\sin[\omega_0(t-\tau)+\varphi]\}\mathrm{d}t+R_n(\tau)\\&=\frac{A^2}{2}\cos(\omega_0\tau)+R_n(\tau)\end{aligned}$$

对于宽带噪声，$R_n(\tau)$ 集中表现在 $\tau=0$ 附近，如图 3.13（c）所示。故当 τ 较大时，由 R_x 可以测量 $s(t)$ 的幅值和频率，如图 3.13（b）所示。对观测信号经过自相关处理，就可以从噪

声中提取正弦信号的幅值和频率。

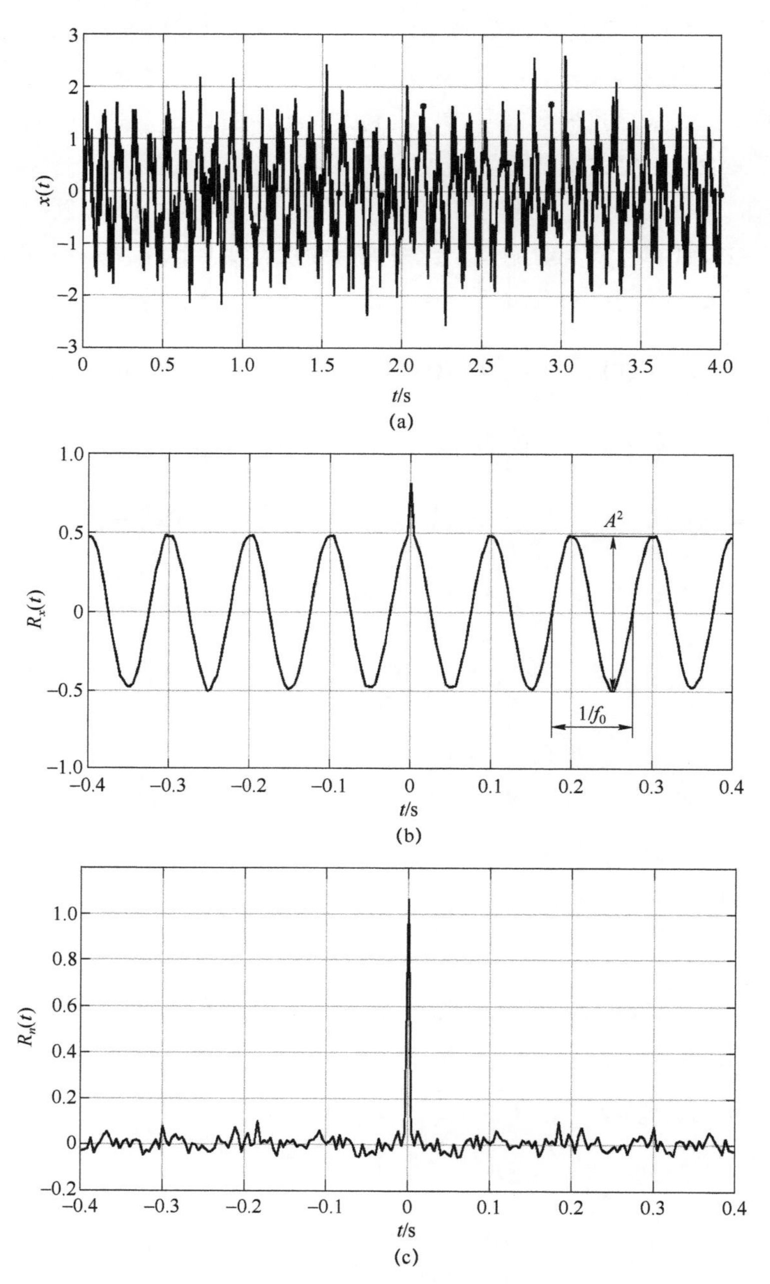

图 3.13　自相关函数图

（a）混有宽带噪声的正弦信号；（b）带有噪声信号的自相关函数；（c）噪声信号的自相关函数

另外，利用互相关函数也能有效地检测信号。例如，如图 3.14 所示，利用两个通道计算其互相关函数，以达到检测信号的目的。

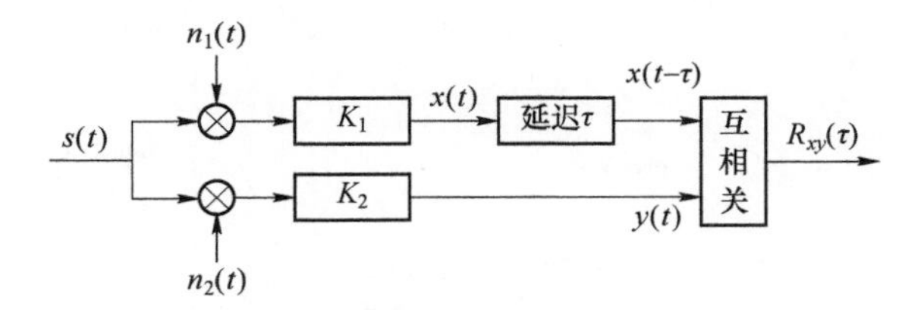

图 3.14　互相关检测

在图 3.14 中，信号经过两个通道，混入不同的噪声 $n_1(t)$ 和 $n_2(t)$，然后对这两路信号做互相关处理，得

$$
\begin{aligned}
R_{xy}(\tau) &= E[y(t)x(t-\tau)] \\
&= E\{[K_2 s(t)+n_2(t)][K_1 s(t-\tau)+n_1(t-\tau)]\} \\
&= K_1 K_2 R_s(\tau)+K_2 R_{sn_1}(\tau)+K_1 R_{sn_2}(\tau)+R_{n_1 n_2}(\tau)
\end{aligned}
$$

通常噪声和信号不相关，不同的噪声也不相关，得

$$
R_{xy}(\tau)=K_1 K_2 R_s(\tau) \tag{3.50}
$$

通过式（3.50）可以从噪声中把被测信号提取出来。因为 $R_{xy}(\tau)$ 不包含噪声的自相关项，所以可以根据不同的 τ 值对应的 $R_{xy}(\tau)$ 判断信号 $s(t)$ 的特征。例如，由 $R_{xy}(0)$ 确定信号 $s(t)$ 的功率，由较大的 τ 对应的 $R_{xy}(\tau)$ 可以确定 $s(t)$ 的周期和直流分量等。

第四章
微弱信号滤波

对于噪声中的信号检测，通常会涉及三个方面的内容：信号滤波、信号判决、信号参量估计。信号滤波是信号处理中经常采用的方法，主要是从被噪声污染的信号中恢复信号波形；信号判决主要是解决从强干扰噪声中发现或分辨微弱信号的问题，即判断噪声中有无信号的问题；信号参量估计是关于噪声中信号未知参量的测量问题，是在肯定信号存在的情况下计算信号的参数。本章首先讨论微弱信号滤波问题。

通常采用滤波器来去除信号中的噪声，恢复原信号。滤波器是一种以物理硬件或计算机软件的形式，从含有噪声的观测数据中尽量去除噪声、抽取信号的系统，可以实现滤波、平滑和预测等功能。如果滤波器的输出信号是其输入信号的线性函数，则称为线性滤波器；否则称为非线性滤波器。若滤波器的冲激响应是无穷长的，则称为无限冲激响应（Infinite Impulse Response，IIR）滤波器；而冲激响应有限长的滤波器称为有限冲激响应（Finite Impulse Response，FIR）滤波器。在进行信号处理时，如果希望滤波器能够自动适应系统或周围环境的变化，则需要滤波器的参数可以随时间做简单的变化，这类滤波器称为自适应滤波器。

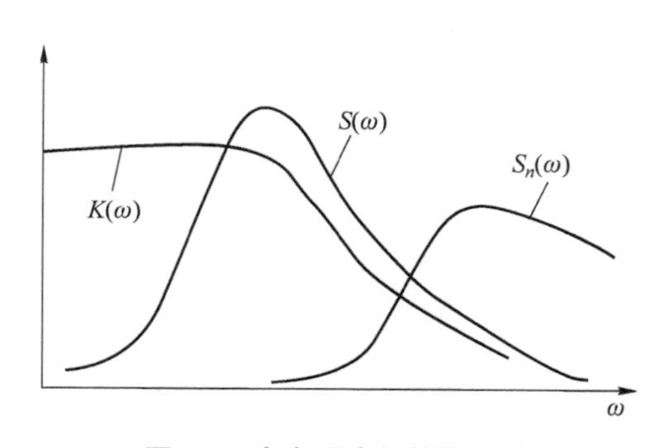

图 4.1　含有噪声的信号滤波

通常，信号的频谱和噪声的频谱会有交叠，如图 4.1 所示。所以，不论滤波器具有什么样的频率响应 $K(\mathrm{j}\omega)$，都不可能将噪声完全滤除掉。因此，在设计滤波器时，应该采用某些准则，使最终采集到的信号满足人们的需求。

通常采用两种准则：一种是使滤波器输出信号的信噪比达到最大；另一种是使滤波器输出信号的均方误差最小。采用第一种准则的称为匹配滤波器；采用第二种准则的称为维纳（Wiener）滤波器。

4.1　匹配滤波器

设匹配滤波器的输入信号为

$$y(t)=s(t)+n(t) \tag{4.1}$$

匹配滤波器的输出信号为

$$y_0(t)=s_0(t)+n_0(t) \tag{4.2}$$

令 $h(t)$ 为匹配滤波器的冲激响应函数，其结构如图 4.2 所示。

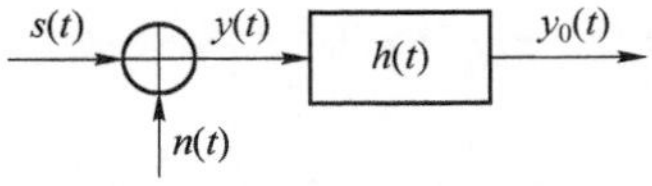

图 4.2 匹配滤波器结构

其输出信号为

$$\begin{aligned}y_0(t)&=\int_{-\infty}^{+\infty}h(t-\tau)y(\tau)\mathrm{d}\tau\\&=\int_{-\infty}^{+\infty}h(t-\tau)s(\tau)\mathrm{d}\tau+\int_{-\infty}^{+\infty}h(t-\tau)n(\tau)\mathrm{d}\tau=s_0(t)+n_0(t)\end{aligned}$$

式中，$s_0(t)=\int_{-\infty}^{+\infty}h(t-\tau)s(\tau)\mathrm{d}\tau$ 和 $n_0(t)=\int_{-\infty}^{+\infty}h(t-\tau)n(\tau)\mathrm{d}\tau$ 分别表示匹配滤波器的信号分量和噪声分量，实际上是信号和噪声分别通过滤波器之后的输出信号。

利用 Parseval 定理

$$\int_{-\infty}^{+\infty}x^*(\tau)y(\tau)\mathrm{d}\tau=\frac{1}{2\pi}\int_{-\infty}^{+\infty}X^*(\omega)Y(\omega)\mathrm{d}\omega$$

可得

$$s_0(t)=\int_{-\infty}^{+\infty}h(t-\tau)s(\tau)\mathrm{d}\tau=\frac{1}{2\pi}\int_{-\infty}^{+\infty}H(\omega)S(\omega)\mathrm{e}^{\mathrm{j}\omega t}\mathrm{d}\omega$$

式中，$H(\omega)=\int_{-\infty}^{+\infty}h(t)\mathrm{e}^{-\mathrm{j}\omega t}\mathrm{d}t$ 和 $S(\omega)=\int_{-\infty}^{+\infty}s(t)\mathrm{e}^{-\mathrm{j}\omega t}\mathrm{d}t$ 分别表示滤波器和输入信号的频谱。

在时刻 $t=T_0$ 时，输出信号的瞬时功率为

$$s_0^2(T_0)=\left|\frac{1}{2\pi}\int_{-\infty}^{+\infty}H(\omega)S(\omega)\mathrm{e}^{\mathrm{j}\omega t}\mathrm{d}\omega\right|^2 \tag{4.3}$$

令噪声 $n(t)$ 的功率谱密度函数为 $S_n(\omega)$，则输出噪声的功率谱密度为

$$S_{n_0}(\omega)=|H(\omega)|^2S_n(\omega)$$

因此，可以得到输出噪声的平均功率为

$$E[n_0^2(t)]=\frac{1}{2\pi}\int_{-\infty}^{+\infty}S_{n_0}(\omega)\mathrm{d}\omega=\frac{1}{2\pi}\int_{-\infty}^{+\infty}|H(\omega)|^2S_n(\omega)\mathrm{d}\omega$$

在时刻 $t=T_0$ 时，滤波器输出信噪比定义为

$$\begin{aligned}SNR_0&=\frac{\text{时刻}t=T_0\text{时的瞬时信号功率}}{\text{输出噪声的平均功率}}=\frac{s_0^2(T_0)}{E[n_0^2(t)]}\\&=\frac{\left|\frac{1}{2\pi}\int_{-\infty}^{+\infty}H(\omega)S(\omega)\mathrm{e}^{\mathrm{j}\omega T_0}\mathrm{d}\omega\right|^2}{\frac{1}{2\pi}\int_{-\infty}^{+\infty}|H(\omega)|^2S_n(\omega)\mathrm{d}\omega}\\&=\frac{1}{2\pi}\frac{\left|\frac{1}{2\pi}\int_{-\infty}^{+\infty}H(\omega)\sqrt{S_n(\omega)}\frac{S(\omega)}{\sqrt{S_n(\omega)}}\mathrm{e}^{\mathrm{j}\omega T_0}\mathrm{d}\omega\right|^2}{\int_{-\infty}^{+\infty}|H(\omega)|^2S_n(\omega)\mathrm{d}\omega}\end{aligned}$$

由 Cauchy–Schwartz 不等式$\left|\int_{-\infty}^{+\infty} f(x)g(x)\mathrm{d}x\right|^2 \leqslant \left(\int_{-\infty}^{+\infty}|f(x)|^2\,\mathrm{d}x\right)\left(\int_{-\infty}^{+\infty}|g(x)|^2\,\mathrm{d}x\right)$知，当且仅当 $f(x)=cg^*(x)$ 时，等号成立，其中 c 取任意复常数。

令 $f(x)=H(\omega)\sqrt{S_n(\omega)}$ 和 $g(x)=\dfrac{S(\omega)}{\sqrt{S_n(\omega)}}\mathrm{e}^{\mathrm{j}\omega T_0}$，得

$$SNR_0 \leqslant \frac{1}{2\pi}\frac{\int_{-\infty}^{+\infty}|H(\omega)|^2 S_n(\omega)\mathrm{d}\omega\int_{-\infty}^{+\infty}\frac{|S(\omega)|^2}{S_n(\omega)}\mathrm{d}\omega}{\int_{-\infty}^{+\infty}|H(\omega)|^2 S_n(\omega)\mathrm{d}\omega}=\frac{1}{2\pi}\int_{-\infty}^{+\infty}\frac{|S(\omega)|^2}{S_n(\omega)}\mathrm{d}\omega \tag{4.4}$$

当等号成立时，输出信号的信噪比达到最大，此时的匹配滤波器可以看作一种最优滤波器，设此滤波器为 $H_{\mathrm{opt}}(\omega)$，由

$$H_{\mathrm{opt}}(\omega)\sqrt{S_n(\omega)}=c\left[\frac{S(\omega)}{\sqrt{S_n(\omega)}}\mathrm{e}^{\mathrm{j}\omega T_0}\right]^*$$

可得
$$H_{\mathrm{opt}}(\omega)=c\frac{S(-\omega)}{S_n(\omega)}\mathrm{e}^{-\mathrm{j}\omega T_0} \tag{4.5}$$

式中，$S(-\omega)=S(\omega)^*$。此时，输出信号的信噪比达到最大，为

$$SNR_{0\max}=\frac{1}{2\pi}\int_{-\infty}^{+\infty}\frac{|S(\omega)|^2}{S_n(\omega)}\mathrm{d}\omega \tag{4.6}$$

4.1.1 白噪声输入

若输入的噪声是白噪声，即 $S_n(\omega)=\dfrac{N_0}{2}$，而 $\dfrac{N_0}{2}$ 是常数，并不影响 $H_{\mathrm{opt}}(\omega)$ 的形状，可以合并到常数 c 中，则有

$$H_{\mathrm{opt}}(\omega)=cS(-\omega)\mathrm{e}^{-\mathrm{j}\omega T_0} \tag{4.7}$$

从而可得 $|H_{\mathrm{opt}}(\omega)|=c|S(\omega)^*|=c|S(\omega)|$，即滤波器的输出达到最大时，滤波器的幅频特性 $|H_{\mathrm{opt}}(\omega)|$ 和信号的幅频特性 $|S(\omega)|$ 具有同样的形状，即二者“匹配”。因此，在输入噪声为白噪声的情况下，将输出最大信噪比的线性滤波器称为匹配滤波器。

此时的信噪比为

$$SNR_{0\max}=\frac{1}{2\pi}\int_{-\infty}^{+\infty}\frac{|S(\omega)|^2}{S_n(\omega)}\mathrm{d}\omega=\frac{2E_s}{N_0} \tag{4.8}$$

式中，E_s 为信号 $s(t)$ 的能量，$E_s=\int_{-\infty}^{+\infty}|x(\tau)|^2\,\mathrm{d}\tau=\dfrac{1}{2\pi}\int_{-\infty}^{\infty}\int_{-\infty}^{+\infty}|X(\omega)|^2\,\mathrm{d}\omega$

对式（4.7）作傅里叶反变换，以 $h_\Delta(t)$ 表示匹配滤波器的冲激响应函数，得匹配滤波器的冲激响应为

$$h_{\Delta}(t)=c\int_{-\infty}^{+\infty}S(-\omega)\mathrm{e}^{-\mathrm{j}\omega T_0}\mathrm{e}^{\mathrm{j}\omega t}\mathrm{d}\omega$$

作变量代换 $\omega=-\omega$，得

$$h_{\Delta}(t)=c\int_{-\infty}^{+\infty}S(\omega)\mathrm{e}^{\mathrm{j}\omega(T_0-t)}\mathrm{d}\omega=cs(T_0-t) \tag{4.9}$$

匹配滤波器的冲激响应 $h_{\Delta}(t)$ 是信号 $s(t)$ 的一镜像信号，如图 4.3 所示。

s(t)
h_opt(t)
O
T0
t

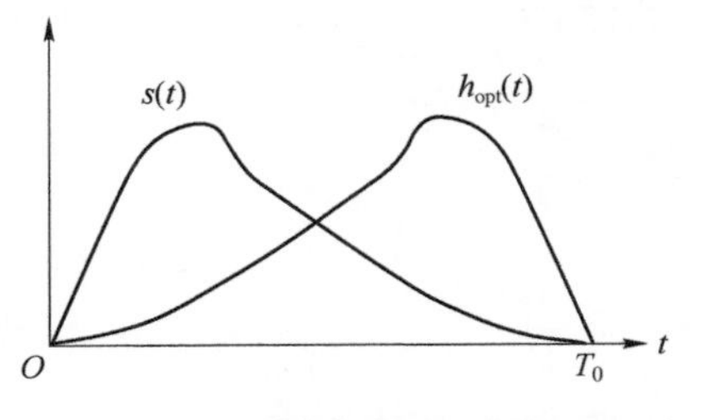

图 4.3　匹配滤波器的冲激响应

4.1.2　匹配滤波器的性质

匹配滤波器在很多工程问题中运用广泛，应该对其性质进行了解。

（1）在所有线性滤波器中，匹配滤波器输出信号的信噪比最大。

（2）常数 c 表示匹配滤波器的相对放大量，不影响输出信号的信噪比，故取值是任意的。

（3）匹配滤波器输出信号在 $t=T_0$ 时刻的瞬时功率达到最大，该时刻 T_0 应该选取等于原信号的持续时间。

4.1.3　广义匹配滤波器

当输入信号中噪声为有色噪声时，按照式（4.5）实现的匹配滤波器称为广义匹配滤波器，也称有色噪声匹配滤波器。为了采用匹配滤波器进行计算，引入白化滤波器 $W(\omega)$，它的作用是把平稳有色噪声转化为白噪声，其组成如图 4.4 所示。

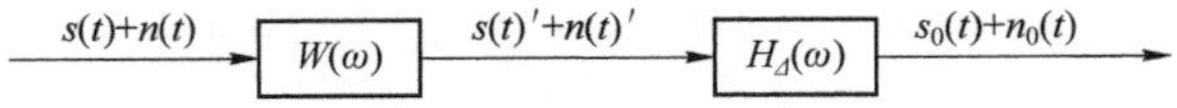

s(t)+n(t)
W(ω)
s(t)′+n(t)′
HΔ(ω)
s0(t)+n0(t)

图 4.4　广义匹配滤波器的组成

它由白化滤波器 $W(\omega)$ 和匹配滤波器 $H_{\Delta}(\omega)$ 组成。

输入噪声经白化滤波器输出为白噪声，其功率谱密度为 1，即

$$S_n(\omega)\left|W(\omega)\right|^2=1$$

故白化滤波器幅频响应为

$$\left|W(\omega)\right|^2=W(\omega)W^*(\omega)=\frac{1}{S_n(\omega)} \tag{4.10}$$

由式（4.5）得

$$H_{\mathrm{opt}}(\omega)=c\frac{S(-\omega)}{S_n(\omega)}\mathrm{e}^{-\mathrm{j}\omega T_0}=cW(\omega)\left[W^*(\omega)S^*(\omega)\mathrm{e}^{-\mathrm{j}\omega T_0}\right]$$

考虑 $W^*(\omega)S^*(\omega)=[S(\omega)W(\omega)]^*$，$S(\omega)W(\omega)$ 是信号通过白化滤波器后的频谱，和式（4.7）

比较可知，$[W^*(\omega)S^*(\omega)\mathrm{e}^{-\mathrm{j}\omega T_0}]$和匹配滤波器对应，故$H_{\mathrm{opt}}(\omega)$是由白化滤波器和匹配滤波器构成的。

例 4.1 已知原信号为$s(t)=A\cos(2\pi f_0 t)$，$f_0=\dfrac{1}{T}$，噪声为有色噪声，功率谱密度函数为$S_n(f)=\dfrac{1}{1+4\pi^2 f_0^{\ 2}}$，求使信噪比最大的线性最优滤波器的冲激响应。

解：

$$s(t)=A\cos(2\pi f_0 t)=\frac{A}{2}(\mathrm{e}^{\mathrm{j}2\pi f_0 t}+\mathrm{e}^{-\mathrm{j}2\pi f_0 t})$$

其对应的频谱为

$$\begin{aligned}S(f)&=\frac{A}{2}\int_{-\infty}^{+\infty}[\mathrm{e}^{-\mathrm{j}2\pi(f-f_0)t}+\mathrm{e}^{-\mathrm{j}2\pi(f+f_0)t}]\mathrm{d}t\\&=\frac{A}{2}[\delta(f-f_0)+\delta(f+f_0)]\end{aligned}$$

$$S(-f)=\frac{A}{2}[\delta(-f-f_0)+\delta(-f+f_0)]=\frac{A}{2}[\delta(f+f_0)+\delta(f-f_0)]$$

由式（4.5）得

$$\begin{aligned}H_{\mathrm{opt}}(\omega)&=c\frac{S(-\omega)}{S_n(\omega)}\mathrm{e}^{-\mathrm{j}\omega T_0}\\&=c\frac{A}{2}[\delta(f+f_0)+\delta(f-f_0)](1+4\pi^2 f_0^{\ 2})\,\mathrm{e}^{-\mathrm{j}\omega T_0}\end{aligned}$$

其对应的冲激响应为

$$\begin{aligned}h_{\mathrm{opt}}(t)&=\frac{1}{2\pi}\int_{-\infty}^{+\infty}H_{\mathrm{opt}}(\omega)\mathrm{e}^{\mathrm{j}\omega t}\mathrm{d}\omega=\int_{-\infty}^{+\infty}H_{\mathrm{opt}}(f)\mathrm{e}^{\mathrm{j}2\pi ft}\mathrm{d}f\\&=c\frac{A(1+4\pi^2 f_0^{\ 2})}{2}\int_{-\infty}^{+\infty}[\delta(f+f_0)+\delta(f-f_0)]\mathrm{e}^{-\mathrm{j}2\pi f(T_0-t)}\mathrm{d}f\\&=cA(1+4\pi^2 f_0^{\ 2})\cos[2\pi f_0(T_0-t)]\end{aligned}$$

4.2 维纳滤波器

在很多情况下，很难获得信号的波形或功率谱，使用匹配滤波器很难获得满意的结果，这时需要考虑其他的滤波准则。

维纳滤波是一种在最小均方误差准则下的最佳线性滤波，它可用于平滑、滤波和预测。

4.2.1 最小均方误差准则

用一个滤波器 $K(\mathrm{j}\omega)$ 或 $h(t)$ 对随机观测数据 $x(t)=s(t)+n(t)$ 进行滤波，以实现对信号 $s(t)$ 的恢复或估计 $y(t)$，如图 4.5 所示。

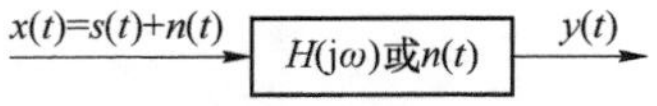

图 4.5 线性滤波器

设 $y_0(t)$ 为希望输出的信号，也称为期望输出，通常令

$$y_0(t)=s(t+\eta) \tag{4.11}$$

当 $\eta=0$ 时，称为信号复现，是利用直到当前时刻的随机过程的观察值来得到当前信号值的估计。

当 $\eta<0$ 时，称为信号平滑，是利用直到当前时刻的随机过程的观察值来得到过去某个时刻信号的估值。

当 $\eta>0$ 时，称为信号预测，是利用直到当前时刻的随机过程的观察值来得到将来某个时刻信号的估值。

期望输出 $y_0(t)$ 不会等于滤波器的实际输出信号 $y(t)$，存在误差 $e(t)=y_0(t)-y(t)$，该误差为随机变量，不适合作为滤波器的性能评价标准，而均方误差是确定值，是滤波器性能的主要测度之一。对于平稳随机过程，并具有各态历经性，其均方误差表示为

$$\overline{e^2(t)}=\overline{[y(t)-y_0(t)]^2}=\lim_{T\to+\infty}\frac{1}{2T}\int_{-T}^{+T}[y(t)-y_0(t)]^2\mathrm{d}t \tag{4.12}$$

最小均方误差准则就是对于滤波器 $K(\mathrm{j}\omega)$ 或 $h(t)$，使得均方误差达到最小，这种最优滤波器又称为维纳滤波器。

4.2.2 维纳滤波器积分解

对于图 4.5 所示的线性滤波器，其输出信号 $y(t)=\int_{-\infty}^{+\infty}x(t-\tau)h(\tau)\mathrm{d}\tau$，相应的均方误差为

$$\begin{aligned}\overline{e^2(t)}&=\overline{[y(t)-y_0(t)]^2}=\overline{\left[\int_{-\infty}^{+\infty}x(t-\tau)h(\tau)\mathrm{d}t-y_0(t)\right]^2}\\&=\overline{y_0(t)^2}-2\int_{-\infty}^{+\infty}\overline{y_0(t)x(t-\tau)}h(\tau)\mathrm{d}\tau+\int_{-\infty}^{+\infty}\overline{x(t-\tau)x(t-\xi)}h(\tau)h(\xi)\mathrm{d}\tau\mathrm{d}\xi\end{aligned} \tag{4.13}$$

式中，$\overline{y_0(t)^2}=R_{y_0}(0)$ 表示期望输出信号 $y_0(t)$ 的均方值；$\overline{y_0(t)x(t-\tau)}=R_{y_0x}(\tau)$ 表示期望输出 $y_0(t)$ 与输入信号 $x(t)$ 的互相关函数；$\overline{x(t-\tau)x(t-\xi)}=R_x(\tau-\xi)$ 表示输入信号 $x(t)$ 的自相关函数。

求出使 $\overline{e^2(t)}$ 最小的冲激响应 $h(\tau)$，就求得维纳滤波器的冲激响应 $h_{\mathrm{opt}}(\tau)$，对式（4.12）采用变分法，可以得到维纳—霍夫方程为

$$\int_{-\infty}^{+\infty}h_{\mathrm{opt}}(\tau)R_x(\tau-\xi)\mathrm{d}\tau=R_{y_0x}(\xi) \tag{4.14}$$

维纳—霍夫方程是一个积分方程，求解比较困难，不一定有解析解。

满足式（4.14）的 $h_{\mathrm{opt}}(\tau)$ 可以使均方误差达到最小，即

$$\overline{e_{\min}^2}=R_{y_0}(0)-\int_{-\infty}^{+\infty}h_{\mathrm{opt}}(\tau)R_{y_0x}(\tau)\mathrm{d}\tau \tag{4.15}$$

式（4.14）说明，维纳滤波器的冲激响应，由输入信号自相关函数以及输入与期望信号的互相关函数决定。

4.2.3 维纳滤波器正交解

经过维纳滤波器的输出信号为

$$y(t)=\int_{-\infty}^{+\infty}h_{\mathrm{opt}}(\tau)x(t-\tau)\mathrm{d}\tau$$

故

$$\begin{aligned}E[e(t)x(t_1)]&=E\left[y_0(t)x(t_1)-y(t)x(t_1)\right]\\&=R_{xy_0}(t_1-t)-\int_{-\infty}^{+\infty}h_{\mathrm{opt}}(\tau)R_x(t_1-t+\tau)\mathrm{d}\tau\end{aligned}$$

令 $\xi=t-t_1$，得

$$E[e(t)x(t_1)]=R_{xy_0}(-\xi)-\int_{-\infty}^{+\infty}h_{\mathrm{opt}}(\tau)R_x(\tau-\xi)\mathrm{d}\tau$$

由于维纳滤波器 $h_{\mathrm{opt}}(\tau)$ 满足式（4.15），故

$$E[e(t)x(t_1)]=0,0\leqslant t_1\leqslant t \tag{4.16}$$

式（4.16）为维纳滤波器正交解，表示维纳滤波器的误差信号与输入信号正交。

而

$$\begin{aligned}E[e(t)y_0(t)]&=E[(y_0(t)-y(t))y_0(t)]\\&=R_{y_0}(0)-\int_{-\infty}^{+\infty}h_{\mathrm{opt}}(\tau)x(t-\tau)y_0(t)\mathrm{d}\tau\\&=R_{y_0}(0)-\int_{-\infty}^{+\infty}h_{\mathrm{opt}}(\tau)R_{y_0x}(\tau)\mathrm{d}\tau\end{aligned}$$

和式（4.15）相同，故最小均方差可以由式（4.17）计算，即

$$\overline{e_{\min}^2}=E[e(t)y_0(t)] \tag{4.17}$$

例 4.2 已知 $x(t)=s(t)$，$s(t)$ 为被估计信号，待估计量是 $d(t)=s(t+a), a>0$，设只用 t 时刻的观察值 $x(t)$ 对 $d(t)$ 作线性估计：$\hat{d}(t)=\mu x(t)$。利用最小均方误差准则，求 $\mu,\overline{e_{\min}^2}$。

解：由 $\hat{d}(t)=\mu x(t)$ 得

$$\hat{s}(t+a)=\mu x(t)$$

由式（4.16）$E\{[s(t+a)-\mu x(t)]x(t)\}=0$ 得

$$\mu=\frac{R_{sx}(a)}{R_x(0)}=\frac{R_s(a)}{R_s(0)}$$

$$\overline{e_{\min}^2}=E\{[s(t+a)-\mu s(t)]s(t+a)\}=R_s(0)-\frac{R_s^2(a)}{R_s(0)}$$

4.2.4 非因果的维纳滤波器

如果滤波器是非因果的，即 $h_{\text{opt}}(t)$ 是非因果的，就不要求 $h_{\text{opt}}(t)$ 是物理上可实现的解。此时，观察信号的时间 $t\in(-\infty,+\infty)$，即利用观察信号在全时间轴上的值来进行计算。所以 $h_{\text{opt}}(t)$ 的非因果解可以由式（4.14）得到，即

$$\int_{-\infty}^{+\infty}h_{\text{opt}}(\tau)R_x(\tau-\xi)\mathrm{d}\tau=R_{y_0x}(\xi),-\infty\leqslant\tau\leqslant+\infty \tag{4.18}$$

根据式（4.14），有

$$R_{y_0x}(\xi)=E[y_0(t)x(t-\xi)]=E[s(t+\eta)x(t-\xi)]=R_{sx}(\eta+\xi)$$

得到

$$\int_{-\infty}^{+\infty}h_{\text{opt}}(\tau)R_x(\tau-\xi)\mathrm{d}\tau=R_{sx}(\eta+\xi)$$

对上式作傅里叶变换，则有

$$H_{\text{opt}}(\mathrm{j}\omega)S_x(\omega)=\mathrm{e}^{\mathrm{j}\omega\eta}S_{sx}(\omega) \tag{4.19}$$

从而可得非因果的维纳滤波器的解

$$H_{\text{opt}}(\mathrm{j}\omega)=\frac{S_{sx}(\omega)}{S_x(\omega)}\mathrm{e}^{\mathrm{j}\omega\eta} \tag{4.20}$$

考虑到观察信号由信号和噪声组成，$x(t)=s(t)+n(t)$，且噪声和信号不相关，有

$$R_x(\tau)=R_s(\tau)+R_n(\tau)\text{ 和 }R_{sx}(\tau)=E[s(t)x(t-\tau)]=R_s(\tau)$$

其对应的功率谱密度函数为

$$S_x(\omega)=S(\omega)+S_n(\omega)\text{ 和 }S_{sx}(\omega)=S(\omega)$$

将其代入式（4.20），可知非因果的维纳滤波器的解也可以表示为

$$H_{\text{opt}}(\mathrm{j}\omega)=\frac{S(\omega)}{S(\omega)+S_n(\omega)}\mathrm{e}^{\mathrm{j}\omega\eta} \tag{4.21}$$

根据式（4.15），可得

$$\overline{e_{\min}^2}=R_{y_0}(0)-\int_{-\infty}^{+\infty}h_{\text{opt}}(\tau)R_{y_0x}(\tau)\mathrm{d}\tau$$

写出对应函数形式，有

$$Z(\eta)=R_{y_0}(\eta)-\int_{-\infty}^{+\infty}h_{\text{opt}}(\tau)R_{xy_0}(\eta-\tau)\mathrm{d}\tau$$

对上式作傅里叶变换，可得

$$Z(\omega)=S_{y_0}(\omega)-H_{\text{opt}}(\mathrm{j}\omega)S_{xy_0}(\omega)$$

由于$Z(\eta)=\frac{1}{2\pi}\int_{-\infty}^{+\infty}Z(\omega)\mathrm{e}^{\mathrm{j}\omega\eta}\mathrm{d}\omega$，故令$\eta=0$，可得

$$\begin{aligned}\overline{e_{\min}^{2}}&=Z(0)=\frac{1}{2\pi}\int_{-\infty}^{+\infty}[S_{y_0}(\omega)-H_{\mathrm{opt}}(\mathrm{j}\omega)S_{xy_0}(\omega)]\mathrm{d}\omega\\&=\frac{1}{2\pi}\int_{-\infty}^{+\infty}\left[\frac{S_x(\omega)S_{y_0}(\omega)-\left|S_{xy_0}(\omega)\right|^2}{S_x(\omega)}\right]\mathrm{d}\omega\end{aligned}\tag{4.22}$$

若$y_0(t)=s(t)$，则在信号复现的情况下，最小均方误差为

$$\overline{e_{\min}^{2}}=\frac{1}{2\pi}\int_{-\infty}^{+\infty}\frac{S(\omega)S_n(\omega)}{S(\omega)+S_n(\omega)}\mathrm{d}\omega\tag{4.23}$$

4.2.5 维纳滤波器的因果解

维纳滤波器的因果解即可实现解，其对应的冲激响应要满足因果关系，其对应的维纳—霍夫方程和最小均方误差为

$$\int_{-\infty}^{+\infty}h_{\mathrm{opt}}(\tau)R_x(\tau-\xi)\mathrm{d}\tau=R_{y_0x}(\xi),\xi\geqslant 0\tag{4.24}$$

$$\overline{e_{\min}^{2}}=R_{y_0}(0)-\int_{-\infty}^{+\infty}h_{\mathrm{opt}}(\tau)R_{y_0x}(\tau)\mathrm{d}\tau\tag{4.25}$$

要得到维纳滤波器的物理可实现解，需要去掉$H_{\mathrm{opt}}(\mathrm{j}\omega)$在右半平面的零极点，采用拉普拉斯变换，令$P=\mathrm{j}\omega$，则由式（4.21）得

$$H_{\mathrm{opt}}(P)=\frac{S(P)}{S_x(P)}\mathrm{e}^{P\eta}$$

因为$S_x(P)$是功率谱密度函数，故一定为正实数，从而其可以分解为

$$S_x(P)=\varPhi(P)\varPhi^*(P)$$

式中，$\varPhi(P)$和$\varPhi^*(P)$分别表示零极点在左、右半平面的因式，故

$$H_{\mathrm{opt}}(P)\varPhi(P)=\frac{S(P)}{\varPhi^*(P)}\mathrm{e}^{P\eta}$$

要想得到$H_{\mathrm{opt}}(P)$的物理可实现解，要求$H_{\mathrm{opt}}(P)\varPhi(P)$不包含右半平面的极点，即$\frac{S(P)}{\varPhi^*(P)}\mathrm{e}^{P\eta}$不包含右半平面的极点，若有，则要去掉，用$\left[\frac{S(P)}{\varPhi^*(P)}\mathrm{e}^{P\eta}\right]^+$表示，并去掉右半平面极点的$\frac{S(P)}{\varPhi^*(P)}\mathrm{e}^{P\eta}$，从而得到维纳滤波器的物理可实现解为

$$H_{\mathrm{opt}}(P)=\frac{1}{\varPhi(P)}\left[\frac{S(P)}{\varPhi^*(P)}\mathrm{e}^{P\eta}\right]^+\tag{4.26}$$

4.2.6 具有确定结构的维纳滤波解

虽然式（4.26）的维纳滤波解是物理可实现的，但是涉及很复杂的结构，因此，从实用的角度出发，希望先限定滤波器的结构，然后通过最小均方误差准则来确定滤波器中的参数。这样的滤波器并不是真正的维纳滤波器，只是接近维纳滤波器，但是它简单、实用。对于这样的滤波器，其均方误差表示为两部分：一部分是噪声通过滤波器产生的误差，即 $\left|H_{\mathrm{opt}}(\mathrm{j}\omega)\right|^2 S_n(\omega)$；另外一部分是输出信号和期望信号的差异引起的误差，对于信号复现的情况，其差异为 $\left|1-H_{\mathrm{opt}}(\mathrm{j}\omega)\right|^2 S(\omega)$。故总误差为

$$\overline{e^2}=\frac{1}{2\pi}\left[\int_{-\infty}^{+\infty}\left|H_{\mathrm{opt}}(\mathrm{j}\omega)\right|^2 S_n(\omega)\mathrm{d}\omega+\int_{-\infty}^{+\infty}\left|1-H_{\mathrm{opt}}(\mathrm{j}\omega)\right|^2 S(\omega)\mathrm{d}\omega\right] \tag{4.27}$$

对式（4.27）求最小值，可得到维纳滤波解。

例 4.3 信号 $s(t)$ 的功率谱密度函数为 $S(\omega)=\dfrac{2}{1+\omega^2}$，观察噪声 $n(t)$ 为白噪声，且 $S_n(\omega)=1$，对于信号恢复情况，求：

（1）非因果维纳滤波解。

（2）维纳滤波可实现解。

（3）若限定滤波器结构为 RC 滤波电路，求对应的参数 R、C。

解：（1）

$$S_x(\omega)=S(\omega)+S_n(\omega)=\frac{3+\omega^2}{1+\omega^2}$$

$$H_{\mathrm{opt}}(\mathrm{j}\omega)=\frac{S(\omega)}{S(\omega)+S_n(\omega)}=\frac{2}{3+\omega^2}$$

最小均方误差由式（4.23）可得

$$\overline{e_1^2}=\frac{1}{2\pi}\int_{-\infty}^{+\infty}\frac{S(\omega)S_n(\omega)}{S(\omega)+S_n(\omega)}\mathrm{d}\omega=\frac{1}{2\pi}\int_{-\infty}^{+\infty}\frac{2}{3+\omega^2}\mathrm{d}\omega=\frac{1}{\sqrt{3}}=0.577$$

由傅里叶变换关系得

$$\frac{2a}{a^2+\omega^2}\leftrightarrow \mathrm{e}^{-a|t|},\ \frac{2}{3+\omega^2}=\frac{1}{\sqrt{3}}\frac{2\times\sqrt{3}}{(\sqrt{3})^2+\omega^2}\leftrightarrow\frac{1}{\sqrt{3}}\mathrm{e}^{-\sqrt{3}|t|}$$

对 $H_{\mathrm{opt}}(\mathrm{j}\omega)$ 作傅里叶反变换，得

$$h_{\mathrm{opt}}(\mathrm{j}\omega)=\begin{cases}\dfrac{1}{\sqrt{3}}\mathrm{e}^{-\sqrt{3}t},\ t\geqslant 0\\[2ex] -\dfrac{1}{\sqrt{3}}\mathrm{e}^{\sqrt{3}t},\ t<0\end{cases}$$

由于 $t<0$ 时 $h_{\mathrm{opt}}(\mathrm{j}\omega)$ 存在，故不符合因果关系，即该解是不可实现的。

（2）由于 $S_x(\omega)=S(\omega)+S_n(\omega)=\dfrac{3+\omega^2}{1+\omega^2}=\left(\dfrac{\sqrt{3}+\mathrm{j}\omega}{1+\mathrm{j}\omega}\right)\left(\dfrac{\sqrt{3}-\mathrm{j}\omega}{1-\mathrm{j}\omega}\right)$，令 $P=\mathrm{j}\omega$，得

$$S_x(P)=\left(\frac{P+\sqrt{3}}{P+1}\right)\left(\frac{-P+\sqrt{3}}{-P+1}\right)=\Phi(P)\Phi^*(P)$$

根据

$$S(\omega)=\frac{2}{1+\omega^2}=\frac{2}{(1+\mathrm{j}\omega)(1-\mathrm{j}\omega)}$$

$$S(P)=\frac{2}{1+\omega^2}=\frac{2}{(1+P)(1-P)}$$

故

$$H_{\text{opt}}(P)=\frac{1}{\dfrac{P+\sqrt{3}}{P+1}}\left[\frac{\dfrac{2}{(1+P)(1-P)}}{\dfrac{-P+\sqrt{3}}{-P+1}}\right]^+=\frac{P+1}{P+\sqrt{3}}\left[\frac{\sqrt{3}-1}{P+1}+\frac{\sqrt{3}-1}{-P+\sqrt{3}}\right]^+$$

去掉右半平面的极点，则有

$$H_{\text{opt}}(P)=\frac{P+1}{P+\sqrt{3}}\frac{\sqrt{3}-1}{P+1}=\frac{\sqrt{3}-1}{P+\sqrt{3}}$$

$H_{\text{opt}}(\mathrm{j}\omega)=\dfrac{\sqrt{3}-1}{\mathrm{j}\omega+\sqrt{3}}$，使用傅里叶反变换

$$h_{\text{opt}}(\mathrm{j}\omega)=\begin{cases}(\sqrt{3}-1)\mathrm{e}^{-\sqrt{3}t}, & t\geqslant 0\\ 0, & t<0\end{cases}$$

由傅里叶变换关系，可得

$$\frac{2a}{a^2+w^2}\leftrightarrow \mathrm{e}^{-a|t|}, S(\omega)=\frac{2}{1+\omega^2}\leftrightarrow R_s(\tau)=R_{y_0}(\tau)=R_{y_0x}(\tau)=\mathrm{e}^{-|\tau|}$$

对应的最小均方误差为

$$\overline{e_2^2}=R_{y_0}(0)-\int_0^{+\infty}h_{\text{opt}}(\mathrm{j}\omega)R_{y_0x}(\tau)\mathrm{d}\tau=1-\int_0^{+\infty}(\sqrt{3}-1)\mathrm{e}^{-\sqrt{3}t}\mathrm{e}^{-\tau}\mathrm{d}\tau=0.732>\overline{e_1^2}$$

（3）RC 积分电路的频率响应函数为

$$K(\mathrm{j}\omega)=\frac{1}{1+\mathrm{j}\omega T}$$

式中，$T=RC$ 为时间常数。

$$S(\omega)\left|1-K(\mathrm{j}\omega)\right|^2=\frac{2}{1+\omega^2}\frac{\omega^2T^2}{1+\omega^2T^2}$$

$$S_n(\omega)\left|K(\mathrm{j}\omega)\right|^2=\frac{1}{1+\omega^2T^2}$$

由式（4.27）得

$$\overline{e^2}=\frac{T}{1+T}+\frac{1}{2T}$$

对 T 求导，并令导数为 0，得到具有最小均方误差的滤波器时间常数 $T=1+\sqrt{2}=2.414$，从而得到最小均方误差：$\overline{e_3^2}=0.914$。

从上述结果可以发现，$\overline{e_1^2}<\overline{e_2^2}<\overline{e_3^2}$，即非因果维纳滤波器具有最小的均方误差，因果维纳滤波器次之，具有确定结构的维纳滤波器的均方误差最大。

4.2.7　维纳滤波器的离散形式

当维纳滤波器的输入观察信号是由一组离散时刻 t_n 的值组成，并且属于广义平稳遍历的随机序列时，考虑实数信号情况，对于因果滤波情况，经过线性滤波器后的输出信号为

$$y(n)=\sum_{m=0}^{+\infty}h(n-k)x(k)=\sum_{m=0}^{+\infty}h(k)x(n-k) \tag{4.28}$$

误差信号和其均方值分别为

$$e(n)=y_0(n)-y(n)$$
$$E[e(n)^2]=E\{[y_0(n)-y(n)]^2\}$$

维纳滤波器使 $E[e^2(k)]$ 有最小值，且满足正交性原理，即维纳滤波器的输入信号与相应的误差信号正交，从而有

$$E[x(n-k)e_{\text{opt}}(n)]=0,k=0,1,2,\cdots \tag{4.29}$$

通过正交性原理，可以引出

$$E[y_{\text{opt}}(n)e_{\text{opt}}(n)]=0 \tag{4.30}$$

式（4.30）表示维纳滤波器的最优输出与相应的误差正交。

对应的维纳—霍夫（差分）方程为

$$\sum_{i=0}^{+\infty}h_{\text{opt}}(i)R_x(i-k)=R_{xy_0}(-k),k=1,2,\cdots \tag{4.31}$$

式中，$R_x(i-k)=E[x(n-k)x(n-i)]$ 表示输入在滞后 $i-k$ 的自相关函数；$R_{x,y_0}(-k)=E[x(n-k)\bullet y_0(n)]$ 表示输入与期望输出滞后 $-k$ 的互相关函数。

若 $R_x(\tau)$ 与 $R_{x,y_0}(\tau)$ 已知或可以估计，则求维纳—霍夫（差分）方程可以得到维纳滤波解的系数。对于 IIR 滤波器，由于滤波器系数有无穷多个，需要求解无穷个方程，因此这是不现实的。但是对于 FIR 滤波器（也称为横向滤波器），其冲激响应系数是有限的，通常容易求解。

若滤波器的冲激响应包含 M 个系数，则对应的维纳—霍夫（差分）方程简化为 M 个方程，即

$$\sum_{i=0}^{M}h_{\text{opt}}(i)R_x(i-k)=R_{x,y_0}(-k),k=1,2,\cdots,M-1 \tag{4.32}$$

定义 $M\times1$ 输入向量

$$\boldsymbol{x}(n)=[x(n),x(n-1),\cdots,x(n-M+1)]^{\mathrm{T}} \tag{4.33}$$

其自相关矩阵为

$$\boldsymbol{R}_x = E[\boldsymbol{x}(n)\boldsymbol{x}^H(n)] = \begin{bmatrix} R_x(0) & R_x(1) & \cdots & R_x(M-1) \\ R_x(1) & R_x(0) & \cdots & R_x(M-2) \\ \vdots & \vdots & & \vdots \\ R_x(M-1) & R_x(M-2) & \cdots & R_x(0) \end{bmatrix} \tag{4.34}$$

输入信号与期望响应的互相关向量为

$$\boldsymbol{r} = E[\boldsymbol{x}(n)y_0(n)] = [R_{x,y_0}(0), R_{x,y_0}(-1), \cdots, R_{x,y_0}(-M+1)]^{\mathrm{T}} \tag{4.35}$$

维纳滤波器的系数向量

$$\boldsymbol{h}_{\mathrm{opt}} = [h(0), h(1), \cdots, h(M-1)]^{\mathrm{T}} \tag{4.36}$$

则维纳—霍夫方程可以写为

$$\boldsymbol{R}_x \boldsymbol{h}_{\mathrm{opt}} = \boldsymbol{r} \tag{4.37}$$

从而可得最优解为

$$\boldsymbol{h}_{\mathrm{opt}} = \boldsymbol{R}_x^{-1}\boldsymbol{r} \tag{4.38}$$

例 4.4 已知信号的自相关函数为$R_s(l) = 0.6^{|l|}$,噪声的均值为 0，方差为 1，设计 M=1 的 FIR 滤波器。

解： $R_{x,y_0}(l) = R_{ss}(l) = 0.6^{|l|}$ $R_x(l) = R_s(l) + R_n(l) = 0.6^{|l|} + \sigma_n^2\delta(l) = 0.6^{|l|} + \delta(l)$

式中，l=0, 1。

$$\boldsymbol{R}_x = \begin{bmatrix} 2 & 0.6 \\ 0.6 & 2 \end{bmatrix}$$

$$\boldsymbol{r} = [1, 0.6]^{\mathrm{T}}$$

$$\boldsymbol{h}_{\mathrm{opt}} = [h(0), h(1)]^{\mathrm{T}}$$

$$\boldsymbol{h}_{\mathrm{opt}} = \boldsymbol{R}_x^{-1}\boldsymbol{r} = \begin{bmatrix} 2 & 0.6 \\ 0.6 & 2 \end{bmatrix}^{-1} \begin{bmatrix} 1 \\ 0.6 \end{bmatrix} = \begin{bmatrix} 0.5495 & -0.1648 \\ -0.1648 & 0.5495 \end{bmatrix} \begin{bmatrix} 1 \\ 0.6 \end{bmatrix}$$

$$= \begin{bmatrix} 0.451 \\ 0.165 \end{bmatrix}$$

4.3 卡尔曼滤波

维纳滤波针对平稳随机过程，具有最小均方误差输出信号。在知道信号与噪声的相关函数或功率谱密度函数的情况下，通过求解维纳—霍夫方程，求出被噪声污染的信号的最优滤波值或预测值。该方法求解困难，并且不容易实现要求的滤波网络。目前主要采用卡尔曼滤波方法，该方法针对时间序列，以最小均方误差作为准则，使用递推估计算法，采用信号与噪声的状态空间模型，利用前一时刻的估计值和当前时刻的测量值来更新状态变量，从而求出现在时刻的估计值，它适合计算机实时处理。其实质是由观测值重构系统状态向量，以“预测、实测和修正”的顺序递推，根据测量值来消除干扰，或恢复信号。

4.3.1　时间序列信号模型

对于一个平稳随机过程 $x(t)$ ，如果时间变量 t 取离散值 $t_1,t_2,\cdots,t_N$ ，则该随机过程称为离散随机过程；如果 $t_1,t_2,\cdots,t_N$ 具有等时间间隔，则该随机离散序列称为时间序列。

平稳随机序列的信号模型如图 4.6 所示。该模型表示平稳随机序列 $s(n)$，可以看成由白噪声序列源 $u(n)$ 激励一个线性系统 $H(z)$ 产生的。

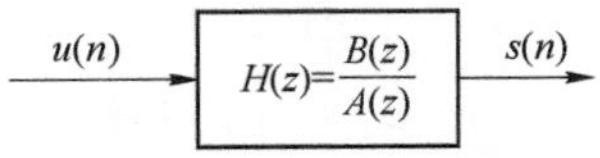

$u(n) \rightarrow \boxed{H(z)=\frac{B(z)}{A(z)}} \rightarrow s(n)$

图 4.6　平稳随机序列的信号模型

这个信号模型的输入—输出关系满足下列 p 阶差分方程，即

$$s(n)+a_1s(n-1)+\cdots+a_ps(n-p)=u(n)+b_1u(n-1)+\cdots+b_qu(n-q)$$

或

$$\sum_{k=0}^{p}a_ks(n-k)=\sum_{k=0}^{q}b_ku(n-k) \tag{4.39}$$

式中，$a_0=b_0=1$； $u(n)$ 是均值为零、方差为 σ_u^2 的白噪声序列； $s(n)$ 是平稳随机信号序列。

对式（4.39）作 z 变换，得

$$S(z)[1+a_1z^{-1}+\cdots+a_pz^{-p}]=U(z)[1+b_1z^{-1}+\cdots+b_qz^{-q}]$$

令

$$A(z)=1+\sum_{k=1}^{p}a_kz^{-k},\ B(z)=\sum_{k=0}^{q}b_kz^{-k}$$

则有

$$H(z)=\frac{B(z)}{A(z)} \tag{4.40}$$

根据方程中系数取值情况，信号模型分为以下三种类型：

（1）滑动平均模型（Moving Average，MA）。

若

$$a_0=\begin{cases}1, & k=0\\0, & k\neq 0\end{cases}$$

则有

$$s(n)=\sum_{k=0}^{q}b_ku(n-k) \tag{4.41}$$

$$H_{MA}(z)=B(z)=\sum_{k=0}^{q}b_kz^{-k} \tag{4.42}$$

该模型只有零点，没有除原点以外的极点。只有所有零点在单位元内时，该系统为最小相位系统，且模型可逆。如果一个系统被称为最小相位系统，则当且仅当这个系统因果稳定时，有一个有理形式的系统函数，并且存在一个因果稳定的逆函数。

（2）自回归模型（Auto–Regressive，AR）。

若 $a_0=b_0=1$，其他 $b_k=0$，则有

$$s(n)+\sum_{k=1}^{p}a_k s(n-k)=u(n) \tag{4.43}$$

$$H_{AR}(z)=\frac{1}{A(z)}=\frac{1}{1+\sum_{k=1}^{p}a_k z^{-k}} \tag{4.44}$$

因为该模型只有极点，没有除原点以外的零点，所以只有所有的极点都在单位圆内时模型才稳定。

（3）自回归—滑动模型（Auto-Regressive Moving Average Model，ARMA）。

若 $a_0=b_0=1$，其他 a_k 和 b_k 都不为零，则有

$$H(z)=\frac{1+\sum_{k=1}^{q}b_k z^{-k}}{1+\sum_{k=1}^{p}a_k z^{-k}} \tag{4.45}$$

该模型为极点—零点模型，分子部分为 MA，分母部分为 AR。

任意的 MA 序列，可以用无限阶或足够大阶 AR 信号模型表示。

4.3.2 信号模型与观测模型

卡尔曼滤波和预测是针对时间序列的一种模型化的参数估计方法，采用信号产生的自回归（AR）模型进行计算。通常采用一阶 AR 模型，由白噪声激励的一阶 AR 信号模型如图 4.7 所示，该模型可表示为

$$s(k)=as(k-1)+u(k) \tag{4.46}$$

式中，$u(k)$ 表示零均值白噪声，其方差为 σ_u^2，即

$$E[u(k)]=0 \tag{4.47}$$

$$E[u(k)u(j)]=\begin{cases}0, & k\neq j\\ \sigma_u^2, & k=j\end{cases} \tag{4.48}$$

设信号的方差为 σ_s^2，则信号的自相关函数

$$R_s(j)=E[s(k)s(k-j)]$$

因为

$$R_s(0)=\sigma_s^2=E[s(k)s(k)]=E\{[as(k-1)+u(k)]^2\}=a^2R_s(0)+R_u(0)$$

而 $R_u(0)=\sigma_u^2$，故可得

$$R_s(0)=\frac{\sigma_u^2}{1-a^2}\sigma_s^2$$

同理可得

$$R_s(1)=E[s(k+1)s(k)]=E\{[as(k)+u(k+1)]s(k)\}=a\sigma_s^2$$

$$R_s(2)=a^2\sigma_s^2$$

以此类推，得到信号的自相关函数

$$R_s(j)=a^{|j|}\sigma_s^2=\frac{a^{|j|}}{1-a^2}\sigma_u^2 \tag{4.49}$$

由式（4.49）可知，已知离散随机过程的时间序列的信号模型，可求出它的自相关函数以及功率谱密度函数；反之，已知自相关函数或功率谱密度函数，可求出对应的时间序列信号模型。因此，自相关函数、功率谱密度函数和时间序列信号模型是平稳离散随机信号的三种不同表示方式，它们是等价的。

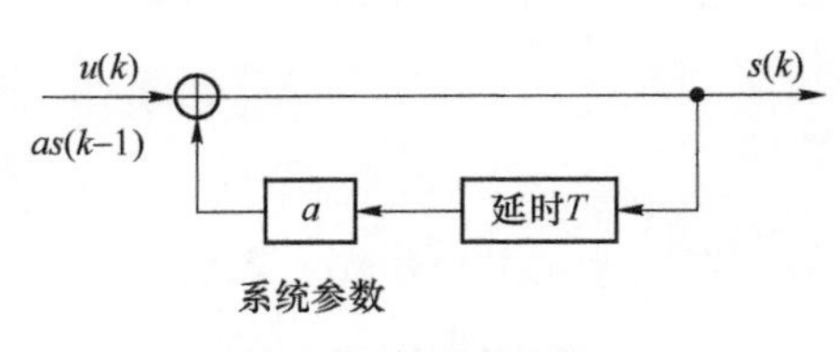

图 4.7　信号产生模型

数据观测模型如图 4.8 所示，可以表示为

$$x(k)=cs(k)+n(k) \tag{4.50}$$

式中，$x(k)$ 表示测量值；c 表示测量增益；$n(k)$ 表示测量噪声，也是白噪声，其方差为 σ_n^2，且 $n(k)$ 与 $u(k)$ 互不相关，即

$$E[n(k)]=0$$

$$E[n(k)n(j)]=\begin{cases}0, & k\neq j\\ \sigma_n^2, & k=j\end{cases}$$

$$E[u(k)n(j)]=0 \tag{4.51}$$

4.3.3　标量信号的卡尔曼滤波

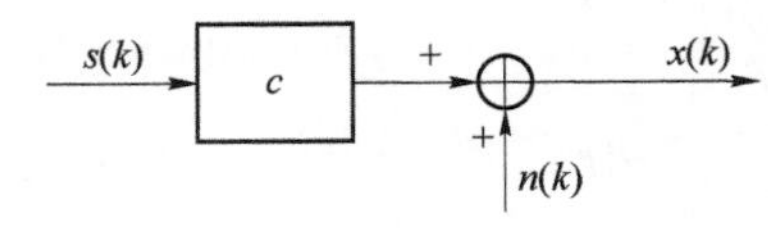

图 4.8　数据观测模型

基于上述的信号模型和观测模型，对 $s(k)$ 进行估算的线性滤波递推输出 $\hat{s}(k)$ 具有以下形式：

$$\hat{s}(k)=a(k)\hat{s}(k-1)+b(k)x(k) \tag{4.52}$$

式中，$\hat{s}(k)$ 表示当前时刻对信号的估计值；$\hat{s}(k-1)$ 表示上一个时刻信号的估计值；$a(k)$ 表示对上一次估计值的加权系数；$x(k)$ 表示当前时刻信号的观测值；$b(k)$ 表示对当前观测值的加权系数。现在的目标是确定具有均方误差最小的权值系数 $a(k)$ 和 $b(k)$，信号的估计值和真实值的误差可以表示为

$$e(k)=s(k)-\hat{s}(k) \tag{4.53}$$

其均方误差是 $a(k)$ 和 $b(k)$ 的函数，则有

$$E[e^2(k)]=E[s(k)-a(k)\hat{s}(k-1)-b(k)x(k)]^2$$

为了求得使均方误差最小的 $a(k)$ 和 $b(k)$，令 $\dfrac{\partial E[e^2(k)]}{\partial a(k)}=0, \dfrac{\partial E[e^2(k)]}{\partial b(k)}=0$，可得

$$E\{[s(k)-a(k)\hat{s}(k-1)-b(k)x(k)][-\hat{s}(k-1)]\}=0 \tag{4.54}$$

$$E\{[s(k)-a(k)\hat{s}(k-1)-b(k)x(k)][-x(k)]\}=0 \tag{4.55}$$

由式（4.54）得

$$E[a(k)\hat{s}(k-1)\hat{s}(k-1)]=E\{[s(k)-b(k)x(k)]\hat{s}(k-1)\}$$

上式左边加减 $E[a(k)s(k-1)\hat{s}(k-1)]$，得

$$\begin{aligned}&E(\{a(k)[\hat{s}(k-1)-s(k-1)]+a(k)s(k-1)\}\hat{s}(k-1))\\&=E\{[s(k)-b(k)x(k)]\hat{s}(k-1)\}\end{aligned}$$

考虑观察式（4.50）和式（4.53），上式变为

$$a(k)E\left[e(k-1)\hat{s}(k-1)+s(k-1)\hat{s}(k-1)\right]=E(\{s(k)[1-cb(k)]-b(k)n(k)\}\hat{s}(k-1))$$

对于均方误差最小的最优滤波器满足正交关系，即输入信号和最优输出信号与相应的误差正交，则有

$$E[e(k-1)\hat{s}(k-1)]=0$$

另外，信号与噪声不相关，即

$$E[n(k)\hat{s}(k-1)]=0$$

可得

$$a(k)E[s(k-1)\hat{s}(k-1)]=[1-cb(k)]E[s(k)\hat{s}(k-1)]$$

将信号模型（4.46）代入上式，得

$$a(k)E[s(k-1)\hat{s}(k-1)]=[1-cb(k)]E\{[as(k-1)+u(k)]\hat{s}(k-1)\}$$

噪声 $u(k)$ 和信号 $\hat{s}(k-1)$ 不相关，得

$$a(k)E[s(k-1)\hat{s}(k-1)]=a[1-cb(k)]E[s(k-1)\hat{s}(k-1)] \tag{4.56}$$

比较等式两边，得到使均方误差最小的 $a(k)$ 和 $b(k)$ 的关系

$$a(k)=a[1-cb(k)] \tag{4.57}$$

将式（4.57）代入式（4.52），得

$$\hat{s}(k)=a\hat{s}(k-1)+b(k)[x(k)-ac\hat{s}(k-1)] \tag{4.58}$$

式（4.58）表示标量的卡尔曼滤波递推算法，不仅减少了加权系数 $a(k)$，而且物理意义十分明显；右边第一项表示依据过去 k–1 个数据对当前信号 $s(k)$ 进行估计，第二项是修正项，由当前时刻的观测数据 $x(k)$ 和原预测之差决定；$b(k)$ 称为卡尔曼增益，其对应的卡尔曼滤波框图如图 4.9 所示。

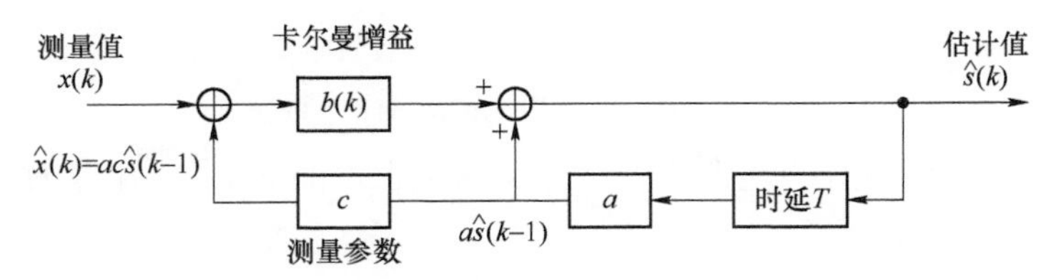

图 4.9 标量卡尔曼滤波框图

为了计算式（4.58）中的$b(k)$，由均方误差以及式（4.52）得

$$\begin{aligned} p(k) &= E[e^2(k)] = E[s(k)-\hat{s}(k)]^2 = E\{e(k)[s(k)-\hat{s}(k)]\} \\ &= E\{e(k)[s(k)-a(k)\hat{s}(k-1)+b(k)x(k)]\} \end{aligned}$$

考虑最优系统的正交形式（4.29）有

$$E[e(k)x(k)]=0 \text{ 和 } E[e(k)\hat{s}(k-1)]=0$$

故

$$\begin{aligned} p(k) &= E[e(k)s(k)] = \frac{1}{c}E\{e(k)[x(k)-n(k)]\} = -\frac{1}{c}E[e(k)n(k)] \\ &= -\frac{1}{c}E\{[s(k)-\hat{s}(k)]n(k)\} \\ &= -\frac{1}{c}E[s(k)n(k)-a(k)\hat{s}(k-1)n(k)-b(k)x(k)n(k)] \end{aligned}$$

由$E[s(k)n(k)]=0$，$E[\hat{s}(k-1)n(k)]=0$，得

$$p(k) = \frac{1}{c}b(k)E[x(k)n(k)] = \frac{1}{c}b(k)\sigma_n^2 \tag{4.59}$$

σ_n^2是观测噪声的方差，故

$$b(k) = \frac{cp(k)}{\sigma_n^2} \tag{4.60}$$

考虑均方误差和卡尔曼递推公式，得

$$\begin{aligned} p(k) &= E[e^2(k)] = E[s(k)-\hat{s}(k)]^2 \\ &= E\{as(k-1)+u(k)-a\hat{s}(k-1)-b(k)[x(k)-ac\hat{s}(k-1)]\}^2 \\ &= E\{ae(k-1)+u(k)-b(k)[cs(k)+n(k)-ac\hat{s}(k-1)]\}^2 \\ &= E\{ae(k-1)+u(k)-b(k)[acs(k-1)+cu(k)+n(k)-ac\hat{s}(k-1)]\}^2 \\ &= E\{a[1-cb(k)]e(k-1)+[1-cb(k)]u(k)-b(k)n(k)\}^2 \end{aligned}$$

由于$e(k-1)$，$u(k)$和$n(k)$互不相关，因此上式中交叉项的期望为零，故

$$p(k) = a^2[1-cb(k)]^2p(k-1)+[1-cb(k)]^2\sigma_u^2+b^2(k)\sigma_n^2$$

式中，σ_u^2表示激励噪声方差。

将式（4.60）代入上式，得

$$b(k)=\frac{c[a^2p(k-1)+\sigma_u^2]}{\sigma_n^2+c^2\sigma_u^2+c^2a^2p(k-1)} \tag{4.61}$$

式（4.61）为卡尔曼增益的递推公式，该式利用求得的 $p(k-1)$ 计算 $b(k)$，然后利用式（4.60）计算均方误差，则有

$$p(k)=\frac{1}{c}b(k)\sigma_n^2 \tag{4.62}$$

卡尔曼滤波开始工作时，需要一个初始估计值 $\hat{s}(0)$，可以是第一个观测值，也可以由经验确定。

为了便于计算，定义

$$p_1(k)=a^2p(k-1)+\sigma_u^2 \tag{4.63}$$

得

$$b(k)=\frac{cp_1(k)}{\sigma_n^2+c^2p_1(k)} \tag{4.64}$$

$$p(k)=p_1(k)[1-cb(k)] \tag{4.65}$$

4.3.4 矢量信号的卡尔曼滤波

在实际应用中，常常需要对多个信号进行滤波或预测，多个信号构成一个矢量，这时需要使用矢量形式的卡尔曼滤波，它通过采用状态空间建立矢量的信号模型和观测模型，并得到矢量形式的递推公式。例如，在雷达跟踪目标的问题中，在每一时间间隔 T 提供关于目标的距离 $r(k)$ 和方位 $\theta(k)$ 的含有噪声的测量数据，通过这些测量数据可以建立测量方程，即

$$x_1(k)=r(k)+n_1(k) \tag{4.66}$$

$$x_2(k)=\theta(k)+n_2(k) \tag{4.67}$$

设在时刻 k 目标的径向速度为 $\dot{r}(k)$，方位角的变化率（角速度）为 $\dot{\theta}(k)$，已知它们的关系为

$$r(k)=r(k-1)+T\dot{r}(k-1) \tag{4.68}$$

$$\dot{r}(k)=\dot{r}(k-1)+u_1(k-1) \tag{4.69}$$

$$\theta(k)=\theta(k-1)+T\dot{\theta}(k-1) \tag{4.70}$$

$$\dot{\theta}(k)=\dot{\theta}(k-1)+u_2(k-1) \tag{4.71}$$

式（4.68）～式（4.71）可以用矩阵形式表示，即

$$\begin{bmatrix} r(k) \\ \dot{r}(k) \\ \theta(k) \\ \dot{\theta}(k) \end{bmatrix}=\begin{bmatrix} 1 & T & 0 & 0 \\ 0 & 1 & 0 & 0 \\ 0 & 0 & 1 & T \\ 0 & 0 & 0 & 1 \end{bmatrix}\begin{bmatrix} r(k-1) \\ \dot{r}(k-1) \\ \theta(k-1) \\ \dot{\theta}(k-1) \end{bmatrix}+\begin{bmatrix} 0 \\ u_1(k-1) \\ 0 \\ u_2(k-1) \end{bmatrix}$$

令 $s_1(k)=r(k),s_2(k)=\dot{r}(k),s_3(k)=\theta(k),s_4(k)=\dot{\theta}(k)$，得其矢量形式为

$$\boldsymbol{S}(k)=[s_1(k),\ s_2(k),\ s_3(k),\ s_4(k)]^{\mathrm{T}}=[r(k),\ \dot{r}(k),\ \theta(k),\ \dot{\theta}(k)]^{\mathrm{T}}$$

令

$$\boldsymbol{A}=\begin{bmatrix}1 & T & 0 & 0\\ 0 & 1 & 0 & 0\\ 0 & 0 & 1 & T\\ 0 & 0 & 0 & 1\end{bmatrix},\quad \boldsymbol{U}(k)=\begin{bmatrix}0\\ u_1(k-1)\\ 0\\ u_2(k-1)\end{bmatrix}$$

则矢量形式的信号模型为

$$\boldsymbol{S}(k)=\boldsymbol{A}\boldsymbol{S}(k-1)+\boldsymbol{U}(k) \tag{4.72}$$

式中，$\boldsymbol{S}(k)$表示状态矢量；$\boldsymbol{A}$表示状态转移矩阵，是一个方阵；$\boldsymbol{U}(k)$表示过程噪声矢量。

由方程（4.66）和方程（4.67），得

$$\begin{bmatrix}x_1(k)\\ x_2(k)\end{bmatrix}=\begin{bmatrix}1 & 0 & 0 & 0\\ 0 & 0 & 1 & 0\end{bmatrix}\begin{bmatrix}r(k)\\ \dot{r}(k)\\ \theta(k)\\ \dot{\theta}(k)\end{bmatrix}+\begin{bmatrix}n_1(k)\\ n_2(k)\end{bmatrix} \tag{4.73}$$

令$\boldsymbol{X}(k)=[x_1(k),\ x_2(k)]^{\mathrm{T}}$，$\boldsymbol{C}=\begin{bmatrix}1 & 0 & 0 & 0\\ 0 & 0 & 1 & 0\end{bmatrix}$，$\boldsymbol{N}(k)=[n_1(k),\ n_2(k)]^{\mathrm{T}}$，得到矢量形式的测量方程为

$$\boldsymbol{X}(k)=\boldsymbol{C}\boldsymbol{S}(k)+\boldsymbol{N}(k) \tag{4.74}$$

方程（4.72）和方程（4.74）是卡尔曼滤波的矢量信号模型和矢量观测模型，它们采用状态空间模型进行表示。在状态空间模型中，状态变量一般是内部变量，系统的外部变量一般可以由这些内部变量重构出来，它很容易推广到非平稳的非线性系统。

在矢量信号模型和矢量观测模型中，一般假定$\boldsymbol{U}(k)$和$\boldsymbol{N}(k)$为均值为零的白噪声序列，且它们互不相关，即

$$E[\boldsymbol{U}(k)]=0,E[\boldsymbol{N}(k)]=0,E[\boldsymbol{U}(k)\boldsymbol{N}^{\mathrm{T}}(k)]=0$$

$$E[\boldsymbol{U}(k)\boldsymbol{U}^{\mathrm{T}}(j)]=\boldsymbol{Q}(k)\delta_{kj} \tag{4.75}$$

$$E[\boldsymbol{N}(k)\boldsymbol{N}^{\mathrm{T}}(j)]=\boldsymbol{R}(k)\delta_{kj} \tag{4.76}$$

式中，$\boldsymbol{Q}(k)$和$\boldsymbol{R}(k)$与时间k有关，$\boldsymbol{Q}(k)$表示激励噪声协方差，为非负定阵；$\boldsymbol{R}(k)$表示观测噪声协方差，为正定阵，可以认为是白噪声在非平稳随机过程中的推广。同样，$\boldsymbol{C}$、$\boldsymbol{A}$也可以认为和时间k有关。在平稳随机过程情况下，$\boldsymbol{C}$、$\boldsymbol{A}$和k无关。

类似标量卡尔曼滤波的情况，其对应的矢量卡尔曼滤波框图如图 4.10 所示。

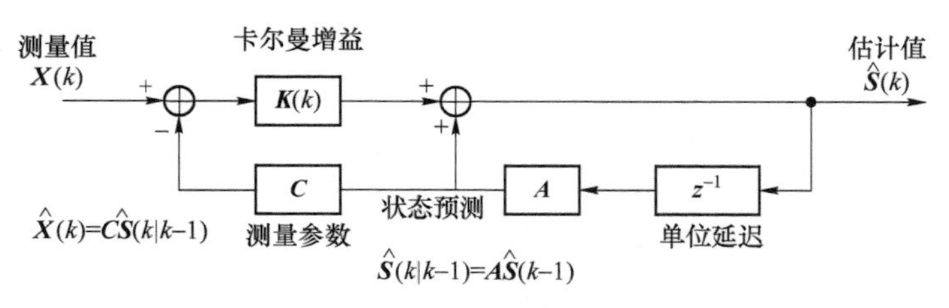

图 4.10　矢量卡尔曼滤波框图

设时刻 k 的误差为 $\boldsymbol{e}(k)=\boldsymbol{S}(k)-\hat{\boldsymbol{S}}(k)$，利用均方误差最小的准则可得

$$\boldsymbol{P}(k)=E[\boldsymbol{e}(k)\boldsymbol{e}^{\mathrm{T}}(k)]=\min$$

从而可以推导矢量信号的卡尔曼滤波公式，即

卡尔曼增益：

$$\boldsymbol{K}(k)=\boldsymbol{P}_1(k)\boldsymbol{C}^{\mathrm{T}}[\boldsymbol{C}\boldsymbol{P}_1(k)\boldsymbol{C}^{\mathrm{T}}+\boldsymbol{R}(k)]^{-1} \tag{4.77}$$

式中

$$\boldsymbol{P}_1(k)=\boldsymbol{A}\boldsymbol{P}_1(k-1)\boldsymbol{A}^{\mathrm{T}}+\boldsymbol{Q}(k-1) \tag{4.78}$$

估计值：

$$\hat{\boldsymbol{S}}(k)=\boldsymbol{A}\hat{\boldsymbol{S}}(k-1)+\boldsymbol{K}(k)[\hat{\boldsymbol{X}}(k)-\boldsymbol{C}\boldsymbol{A}\hat{\boldsymbol{S}}(k-1)] \tag{4.79}$$

误差协方差矩阵：

$$\boldsymbol{P}(k)=[\boldsymbol{I}-\boldsymbol{K}(k)\boldsymbol{C}]\boldsymbol{P}_1(k) \tag{4.80}$$

人们常用 $\boldsymbol{P}(k\,|\,k-1)$ 代替 $\boldsymbol{P}_1(k)$（称为预测协方差矩阵），用 $\hat{\boldsymbol{S}}(k\,|\,k-1)$ 表示对 $\boldsymbol{S}(k)$ 的一步预测值，即

$$\boldsymbol{P}(k\,|\,k-1)=\boldsymbol{A}\boldsymbol{P}(k-1)\boldsymbol{A}^{\mathrm{T}}+\boldsymbol{Q}(k-1) \tag{4.81}$$

$$\hat{\boldsymbol{S}}(k\,|\,k-1)=\boldsymbol{A}\hat{\boldsymbol{S}}(k-1) \tag{4.82}$$

卡尔曼滤波主要利用的是递推的特点，即每得到一个新的测量值，结合原来的估计值得到新的估计值，适合数据的实时处理。

卡尔曼滤波主要计算两个部分：时间更新方程和测量更新方程。时间更新方程（4.81）和方程（4.82）推算当前状态变量和误差协方差矩阵的预测值，为下一个时间的状态估计提供先验估计；测量更新方程（4.77）、方程（4.79）和方程（4.80），结合先验估计和新的测量变量，构造状态变量和误差协方差的后验估计。时间更新方程可视为预估方程，而测量更新方程可视为校正方程。

矢量的卡尔曼滤波算法流程如图 4.11 所示。

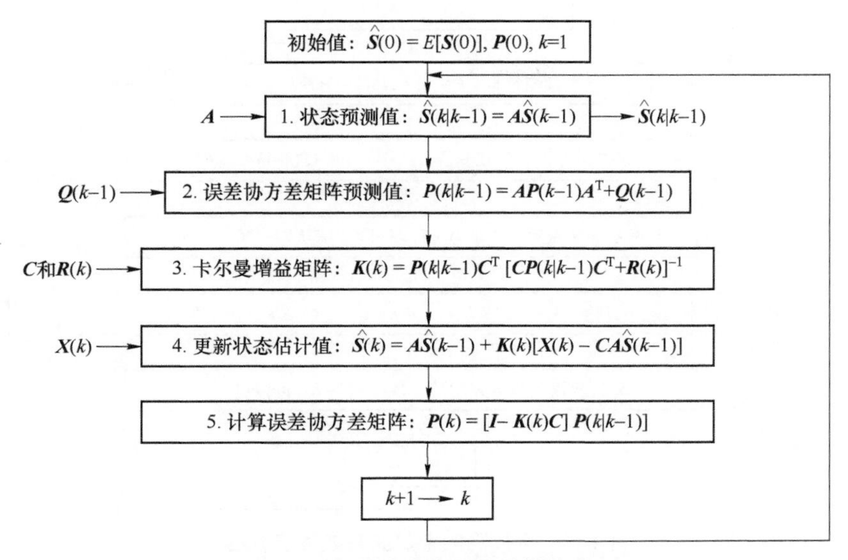

图 4.11　矢量的卡尔曼滤波算法流程

卡尔曼滤波的初始值最好取 $E[\boldsymbol{S}(0)]$，如果没有关于 $E[\boldsymbol{S}(0)]$ 的先验知识，则可以取 $\hat{\boldsymbol{S}}(0)=0$。另外，系统噪声协方差矩阵 $\boldsymbol{Q}(k)$ 和观测噪声协方差矩阵 $\boldsymbol{N}(k)$ 必须是已知的。在实际运用中，这些矩阵不能确切知道，而根据不确切模型进行滤波，有可能引起滤波发散，导致失败。近年来，利用发展的自适应卡尔曼滤波来解决这类问题，该系统可以对未知的或不确定的模型参数与噪声统计参数进行估计和修正。

4.3.5　带控制的卡尔曼滤波

带控制的卡尔曼滤波对应的信号模型和观测模型分别为

$$\boldsymbol{S}(k)=\boldsymbol{A}\boldsymbol{S}(k-1)+\boldsymbol{B}(k-1)\boldsymbol{W}(k-1)+\boldsymbol{U}(k)$$

$$\boldsymbol{X}(k)=\boldsymbol{C}\boldsymbol{S}(k)+\boldsymbol{N}(k)$$

$$E[\boldsymbol{U}(k)]=0, E[\boldsymbol{N}(k)]=0, E[\boldsymbol{U}(k)\boldsymbol{N}^{\mathrm{T}}(k)]=0$$

$$E[\boldsymbol{U}(k)\boldsymbol{U}^{\mathrm{T}}(j)]=\boldsymbol{Q}(k)\delta_{kj}$$

$$E[\boldsymbol{N}(k)\boldsymbol{N}^{\mathrm{T}}(j)]=\boldsymbol{R}(k)\delta_{kj}$$

式中，$\boldsymbol{B}(k-1)$ 和 $\boldsymbol{W}(k-1)$ 分别表示时刻 k–1 的控制系数和控制量，其计算流程如图 4.12 所示。

例 4.5　用卡尔曼滤波分析汽车运动。设汽车在 k 时的速度为 $v(k)$，位置为 $p(k)$，加速度为 $a(k)$，观测量为汽车的位置,观测时间间隔为 T。

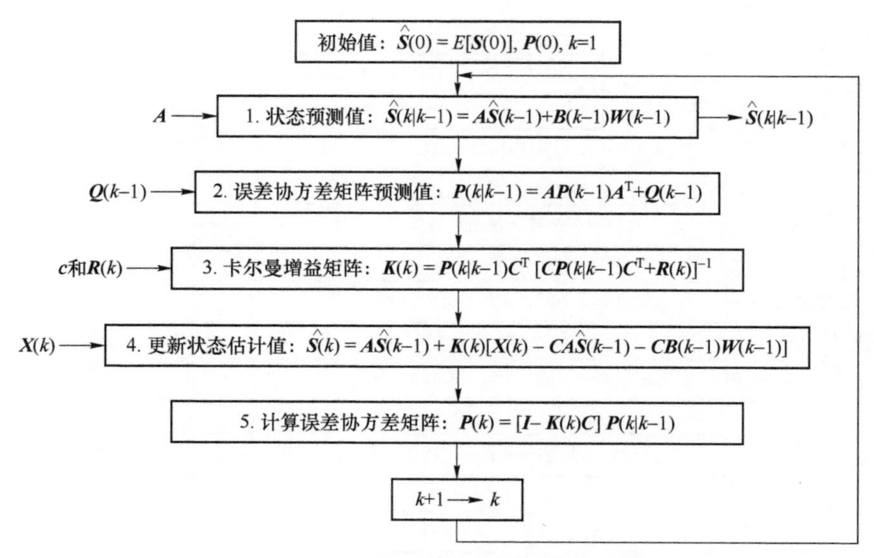

图 4.12　带控制的卡尔曼滤波算法流程

解：设状态变量

$$\boldsymbol{S}(k)=\begin{bmatrix}p(k)\\v(k)\end{bmatrix}$$

由运动学方程

$$p(k)=p(k-1)+v(k-1)T+\frac{1}{2}a(k-1)T^2$$

$$v(k)=v(k-1)+a(k-1)T$$

可得

$$\begin{bmatrix}p(k)\\v(k)\end{bmatrix}=\begin{bmatrix}1&T\\0&1\end{bmatrix}\begin{bmatrix}p(k-1)\\v(k-1)\end{bmatrix}+\begin{bmatrix}\frac{T^2}{2}\\T\end{bmatrix}a$$

$$\boldsymbol{A}=\begin{bmatrix}1&T\\0&1\end{bmatrix},\boldsymbol{B}=\begin{bmatrix}\frac{T^2}{2}\\T\end{bmatrix},\boldsymbol{W}(k)=a$$

观测量为位置：$\boldsymbol{C}=[1\quad 0]$

$$\boldsymbol{X}(k)=\boldsymbol{CS}(k)+\boldsymbol{N}(k)$$

$$\boldsymbol{P}(k\,|\,k-1)=\boldsymbol{AP}(k-1)\boldsymbol{A}^{\mathrm{T}}+\boldsymbol{Q}(k-1)$$

设初始值为$\boldsymbol{S}(0)=\begin{bmatrix}p(0)\\v(0)\end{bmatrix}$，观测噪声是方差为 1 的高斯噪声，则 $\boldsymbol{R}=1$，并设

$$Q=\begin{bmatrix}0.0001 & 0\\ 0 & 0.0001\end{bmatrix},\quad P=\begin{bmatrix}1 & 0\\ 0 & 1\end{bmatrix}$$

设测量值为[149.36，150.06，151.44，152.81，154.19，157.72]，递推到第五个数据 154.19，预测结果为 155.75，跟实际结果 157.72 十分接近。由此可见，卡尔曼滤波器对于少量数据的预测也不错。

4.4　自适应噪声抵消滤波器

自适应滤波器是指根据环境的改变，使用自适应算法来改变滤波器的参数和结构的滤波器。通常情况下，为方便解决问题，不改变自适应滤波器的结构。而自适应滤波器的系数是自适应算法更新的时变系数。即其系数自动连续地适应于给定信号，以获得期望响应，从而实现最优滤波。

自适应滤波器最重要的特征是：它能够在未知环境中有效工作，并能够跟踪输入信号的时变特征。

4.4.1　基本噪声抵消系统

该系统是一种借助噪声的相关性，从噪声中提取有用信号的自适应方法。例如，有两个同样特性的传感器，如果使用传感器 1 测量含有噪声的信号，使用传感器 2 测量噪声的信号，将两个传感器的输出信号相减就会得到被测信号，显然这里的传感器 2 是一个参考输入信号，即噪声抵消系统需要一个参考通道。

图 4.13 所示为最基本的噪声抵消系统框图。参考输入通道噪声 $n(t)$ 与信号输入通道的噪声具有相关性，因此可以认为混入信号中的观测噪声 $n'(t)$ 是公共噪声源 $n(t)$ 经过传输通道 $F(\mathrm{j}\omega)$ 混入的，所以该系统的输入信号为

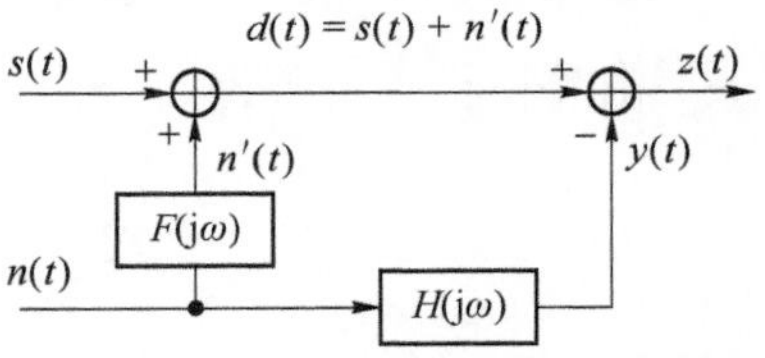

图 4.13　噪声抵消系统框图

$$d(t)=s(t)+n'(t) \tag{4.83}$$

经过噪声抵消后，该系统的输出信号为

$$z(t)=d(t)-y(t)=s(t)+n'(t)-y(t) \tag{4.84}$$

噪声抵消系统需要求得最优滤波器 $H(\mathrm{j}\omega)$，使 $y(t)$ 抵消 $n'(t)$，从而使系统输出 $z(t)$ 达到对噪声的最佳抑制效果。

输出信号的均方值

$$E[z^2(t)]=E[s^2(t)]+E\{[n'(t)-y(t)]^2\}+2E\{s(t)[n'(t)-y(t)]\}$$

因为信号和噪声不相关，而 $y(t)$ 是通过参考通道的噪声，$n'(t)$ 是信号中的噪声，故 $E\{s(t)[n'(t)-y(t)]\}=0$，则有

$$E[z^2(t)]=E[s^2(t)]+E\{[n'(t)-y(t)]^2\}$$

式中包含两部分功率，其中信号的功率$E[s^2(t)]$是一定的；$E\{[n'(t)-y(t)]^2\}$最小时，表明噪声功率最小，此时$E[z^2(t)]$最小。显然，$y(t)=n'(t)$时，$E[z^2(t)]$最小，最优滤波器

$$H_{\text{opt}}(\mathrm{j}\omega)=F(\mathrm{j}\omega) \tag{4.85}$$

实际上，具有式（4.85）的滤波器是一个维纳滤波器，对于图 4.13 所示系统，维纳滤波器的频率响应函数为$H(\mathrm{j}\omega)$，其输入信号为$n(t)$，输出信号为$y(t)$，期望输出为$d(t)$。维纳滤波器满足维纳—霍夫方程，即

$$\int_{-\infty}^{+\infty} h_{\text{opt}}(\tau)R_x(\tau-\xi)\mathrm{d}\tau=R_{y_0x}(\xi)$$

这里y_0是期望信号，x是观测信号，由此可得

$$H_{\text{opt}}(\mathrm{j}\omega)=\frac{S_{y_0x}(\mathrm{j}\omega)}{S_x(\mathrm{j}\omega)} \tag{4.86}$$

而

$$S_x(\omega)=S_n(\omega)$$

$$R_{y_0x}(\tau)=R_{dn}(\tau)=R_{sn}(\tau)+R_{n'n}(\tau)$$

由于噪声信号不相关，因此有

$$\begin{aligned}R_{y_0x}(\tau)=R_{nn'}(\tau)=E[n'(t)n(t-\tau)]&=E\left[\int_{-\infty}^{+\infty} f(\xi)n(t-\xi)\mathrm{d}\xi n(t-\tau)\right]\\&=\int_{-\infty}^{+\infty} f(\xi)E[n(t-\xi)n(t-\tau)]\mathrm{d}\xi=\int_{-\infty}^{+\infty} f(\xi)R_n(\tau-\xi)\mathrm{d}\xi\end{aligned}$$

由卷积相关定理得

$$S_{y_0x}(\omega)=F(\mathrm{j}\omega)S_n(\omega)$$

$$H_{\text{opt}}(\mathrm{j}\omega)=\frac{F(\omega)S_n(\omega)}{S_n(\omega)}=F(\mathrm{j}\omega)$$

上式和式（4.85）一致，说明噪声抵消系统中参考通道滤波器的最佳频率响应是维纳滤波器。

4.4.2 实际噪声抵消系统

实际上，噪声抵消系统要比图 4.13 所示系统复杂得多，这是因为输入通道的信号也会混入参考通道，另外还有一些其他的噪声源，导致系统性能下降。实际噪声抵消系统框图如图 4.14 所示。式（4.87）和式（4.88）中，$s(t)$表示输入信号，$s'(t)$表示由输入通道混入参考通道的信号，$n(t)$表示公共噪声源，$n'(t)$表示由公共噪声源混入输入通道的噪声，$m(t)$和$m'(t)$分别为混入输入通道和参考通道的独立噪声源，故噪声抵消系统输入通道和参考通道的输入信号分别为

$$u(t)=s(t)+n'(t)+m'(t) \tag{4.87}$$

$$v(t)=n(t)+s'(t)+m(t) \tag{4.88}$$

从而得

$$R_{y_0x}(\tau)=R_{uv}(\tau)=E\{[s(t)+n'(t)+m'(t)][n(t-\tau)+s'(t-\tau)+m(t-\tau)]\}$$

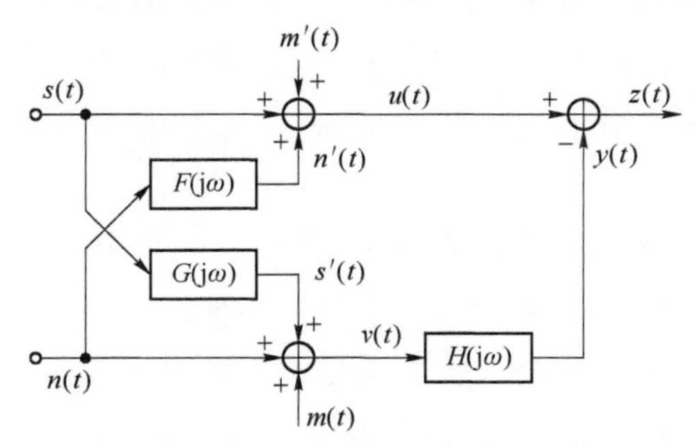

图 4.14　实际噪声抵消系统框图

由于信号和噪声不相关，$m(t)$ 和 $m'(t)$ 独立，因此有

$$\begin{aligned}R_{uv}(\tau)&=E[s(t)s'(t-\tau)]+E[n'(t)n(t-\tau)]\\&=E\{s(t)\int_{-\infty}^{+\infty}[g(\xi)s(t-\tau-\xi)]\mathrm{d}\xi\}+\int_{-\infty}^{+\infty}f(\xi)E[n(t-\xi)n(t-\tau)]\mathrm{d}\xi\\&=\int_{-\infty}^{+\infty}g(-\xi)E[s(t)s(t-\tau+\xi)]\mathrm{d}\xi+\int_{-\infty}^{+\infty}f(\xi)R_n(\tau-\xi)\mathrm{d}\xi\\&=\int_{-\infty}^{+\infty}g(-\xi)R_s(\tau-\xi)\mathrm{d}\xi+\int_{-\infty}^{+\infty}f(\xi)R_n(\tau-\xi)\mathrm{d}\xi\end{aligned}$$

得

$$S_{y_0x}(\omega)=S_{uv}(\omega)=G(\mathrm{j}\omega)^*S_s(\omega)+F(\mathrm{j}\omega)S_n(\omega)$$

同理可得

$$\begin{aligned}R_x(\tau)=R_v(\tau)&=E\{[n(t)+s'(t)+m(t)][n(t-\tau)+s'(t-\tau)+m(t-\tau)]\}\\&=E[s'(t)s'(t-\tau)]+E[n(t)n(t-\tau)]+E[m(t)m(t-\tau)]\\&=R_{s'}(\tau)+R_n(\tau)+R_m(\tau)\end{aligned}$$

$$S_x(\omega)=S_v(\omega)=S_s(\omega)|G(\mathrm{j}\omega)|^2+S_m(\omega)+S_n(\omega)$$

由式（4.86）得到维纳最优滤波器的频率响应函数为

$$H_{\mathrm{opt}}(\mathrm{j}\omega)=\frac{G(\mathrm{j}\omega)^*S_s(\omega)+F(\mathrm{j}\omega)S_n(\omega)}{S_s(\omega)|G(\mathrm{j}\omega)|^2+S_m(\omega)+S_n(\omega)} \tag{4.89}$$

该系统输出信号的噪声功率谱密度函数为

$$S_z(\omega)=S_{s_0}(\omega)+S_{n_0}(\omega) \tag{4.90}$$

若 $s_0(t)$ 表示输出信号，则其功率谱密度函数为

$$S_{s_0}(\omega)=S_s(\omega)\,|1-G(\mathrm{j}\omega)H_{\mathrm{opt}}(\mathrm{j}\omega)|^2$$

若 $n_0(t)$ 表示输出噪声，则其功率谱密度函数为

$$S_{n_0}(\omega)=S_n(\omega)\,|F(\mathrm{j}\omega)-H_{\mathrm{opt}}(\mathrm{j}\omega)|^2+S_{m'}(\omega)+S_m(\omega)\,|H_{\mathrm{opt}}(\mathrm{j}\omega)|^2$$

上式表明，即使是最优的噪声抵消系统也不可能完全消除噪声。

（1）若信号没有混入参考通道，同时没有独立的噪声源，即 $G(\mathrm{j}\omega)=0$, 则 $S_{m'}(\omega)=0$, $S_m(\omega)=0$，此时 $H_{\mathrm{opt}}(\mathrm{j}\omega)=F(\mathrm{j}\omega)$，$S_{s_0}(\omega)=S_s(\omega)$，$S_{n_0}(\omega)=0$，输出信号不失真，噪声完全被抑制，是理想系统。

（2）若信号没有混入参考通道，但是有独立的噪声源，即 $G(\mathrm{j}\omega)=0$, 则 $S_{m'}(\omega)\neq 0$, $S_m(\omega)\neq 0$，此时 $S_{n_0}(\omega)$ 不等于零，输出信号中包含噪声。

（3）若没有独立噪声，但信号混入噪声通道，即 $G(\mathrm{j}\omega)\neq 0$, 则 $S_{m'}(\omega)=0$, 则 $S_m(\omega)=0$, 此时 $H_{\mathrm{opt}}(\mathrm{j}\omega)\neq F(\mathrm{j}\omega)$，$S_{s_0}(\omega)<S_s$，输出信号发生失真，$S_{n_0}(\omega)$ 不等于零，输出信号中包含噪声。

4.4.3 自适应噪声抵消系统

对于噪声抵消系统，关键是要计算参考通道的最优频率响应函数，但是由于不能精确知道 $G(\mathrm{j}\omega)$ 和 $F(\mathrm{j}\omega)$，以及噪声功率密度函数，因此不能根据式（4.86）计算相应的 $H_{\mathrm{opt}}(\mathrm{j}\omega)$。这时可以采用自适应滤波的方式自动调节 $H(\mathrm{j}\omega)$ 中的参数，自适应噪声抵消系统的原理如图 4.15 所示。图中自适应滤波过程采用自适应算法调整滤波器的参数，使滤波器的输出 $y(t)$ 逼近传感器 1 输出信号中混入的噪声 $n'(t)$，使输出的信号 $z(t)$ 逼近被测信号 $s(t)$，常用最小均方误差准则优化滤波器，其误差为 $e(t)=s(t)+n'(t)-y(t)=z(t)$。自适应滤波器包含模拟式和数字式两种，下面分别对其进行介绍。

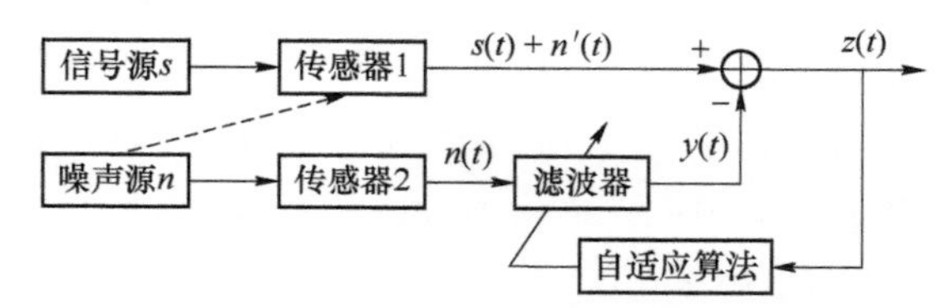

图 4.15　自适应噪声抵消系统的原理

（1）模拟式自适应滤波器。模拟式自适应滤波器主要用于单频干扰噪声的抑制，其基本电路为横向滤波器，如图 4.16 所示，它由等间隔抽头延迟线、可调增益电路和加法器构成，实际上是一种可变增益放大器，其输入为 $n(t)$，输出为 $y(t)$。对于物理可实现的横向滤波器，有

$$\begin{aligned}y(t)&=\int_0^t h(\tau)n(t-\tau)\mathrm{d}\tau\approx\sum_{k=1}^{l}h(k\Delta t)n(t-k\Delta t)\Delta t\\&=\sum_{k=1}^{l}\sigma_k n_k=\boldsymbol{n}^{\mathrm{T}}\boldsymbol{\sigma}\end{aligned}\tag{4.91}$$

式中，$h(\tau)$ 表示系统的冲激响应函数；$\sigma_k = h(k\Delta t)\Delta t$ 表示权系数；n_k 表示各个延迟的值，它们的矢量表示分别为 $\boldsymbol{n}^{\mathrm{T}} = [n_1(t), n_2(t), \cdots, n_l(t)]$ 和 $\boldsymbol{\sigma}^{\mathrm{T}} = [\sigma_1, \sigma_2, \cdots, \sigma_l]$。

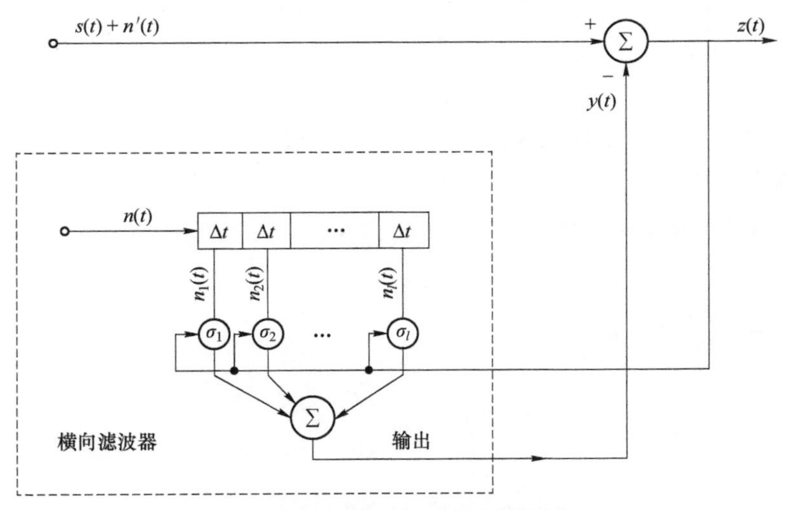

图 4.16　模拟式自适应滤波器框图

模拟式自适应滤波器的输出信号

$$z(t) = \mathrm{s}(t) + n'(t) - y(t) = s(t) + n'(t) - \boldsymbol{n}^{\mathrm{T}}\boldsymbol{\sigma}$$

其均方值

$$E[z^2(t)] = E[s^2(t)] + E[n'(t)] - 2E[n'(t)\boldsymbol{n}^{\mathrm{T}}\boldsymbol{\sigma}] + \boldsymbol{\sigma}^{\mathrm{T}}\boldsymbol{n}\boldsymbol{n}^{\mathrm{T}}\boldsymbol{\sigma}$$

令 $\boldsymbol{P} = E[n'(t)\boldsymbol{n}]$ 为观测噪声与参考通道噪声的互相关函数，$\boldsymbol{G} = E[\boldsymbol{n}\boldsymbol{n}^{\mathrm{T}}]$ 为参考通道的自相关函数，则

$$E[z^2(t)] = E[s^2(t)] + E[n'^2(t)] - 2\boldsymbol{P}^{\mathrm{T}}\boldsymbol{\sigma} + \boldsymbol{\sigma}^{\mathrm{T}}\boldsymbol{G}\boldsymbol{\sigma} \tag{4.92}$$

式（4.92）是权系数的二次函数，是上凹的超抛物形曲面，具有唯一最小值。调节权系数，当上式达到最小值时，得到最佳权系数。

令
$$\frac{\partial E[z^2(t)]}{\partial \sigma_k} = 0, k = 1, 2, \cdots, l$$

得

$$-2\boldsymbol{P} + 2\boldsymbol{G}\boldsymbol{\sigma}_{\mathrm{opt}} = 0$$

从而，得到最优权值

$$\boldsymbol{\sigma}_{\mathrm{opt}} = \boldsymbol{G}^{-1}\boldsymbol{P} \tag{4.93}$$

因此，该滤波器可以根据输出值 $z(t)$ 自动调节权系数，直到达到 $\boldsymbol{\sigma}_{\mathrm{opt}}$。

由于

$$E[z(t)\boldsymbol{n}]=E\{[s(t)+n'(t)-y(t)]\boldsymbol{n}\}=E[n'(t)\boldsymbol{n}-y(t)\boldsymbol{n}]$$
$$=E[\boldsymbol{G}\boldsymbol{\sigma}_{\text{opt}}-y(t)\boldsymbol{n}]=E[\boldsymbol{n}\boldsymbol{n}^{\text{T}}\boldsymbol{\sigma}_{\text{opt}}-y(t)\boldsymbol{n}]$$

考虑式（4.91），可得

$$E[z(t)\boldsymbol{n}]=0 \tag{4.94}$$

所以，模拟式自适应滤波器是采用互相关电路来实现的，只要式（4.94）互相关运算不为零，就可以通过调节互相关电路中放大器的增益来改变权系数，直到式（4.94）成立。

例 4.6 已知观测噪声与干扰噪声存在以下关系：

$$n'(t)=n(t-l\tau_0)$$

而干扰噪声的自相关函数满足

$$E[n(t)n(t-\tau)]=\begin{cases}E(n^2),\tau=0\\0, \quad \tau=0\end{cases}$$

试求各个权系数。

解：

$$\boldsymbol{P}=E[n'(t)\boldsymbol{n}]=\begin{bmatrix}E\{n[t-l\tau_0]n(t-\tau_0)\}\\E\{n[t-l\tau_0]n(t-2\tau_0)\}\\\vdots\\E\{n[t-l\tau_0]n(t-l\tau_0)\}\end{bmatrix}=\begin{bmatrix}0\\0\\\vdots\\E[n^2]\end{bmatrix}$$

$$\boldsymbol{G}=\begin{bmatrix}E[n(t-\tau_0)n(t-\tau_0)] & E[n(t-\tau_0)n(t-2\tau_0)] & \cdots & E[n(t-\tau_0)n(t-l\tau_0)]\\E[n(t-2\tau_0)n(t-\tau_0)] & \vdots & \cdots & \vdots\\\vdots & \vdots & \cdots & \vdots\\E[n(t-l\tau_0)n(t-\tau_0)] & E[n(t-l\tau_0)n(t-2\tau_0)] & \cdots & E[n(t-l\tau_0)n(t-l\tau_0)]\end{bmatrix}$$
$$=\begin{bmatrix}E(n^2) & 0 & 0 & 0\\0 & \cdots & \cdots & \cdots\\0 & \cdots & \cdots & \cdots\\0 & 0 & \cdots & E(n^2)\end{bmatrix}$$

$$\boldsymbol{\sigma}_{\text{opt}}=\begin{bmatrix}\sigma_1\\\sigma_2\\\vdots\\\sigma_l\end{bmatrix}=\boldsymbol{G}^{-1}\boldsymbol{P}=\begin{bmatrix}1/E(n^2) & 0 & & 0\\0 & & \ddots & \vdots\\0 & & & \\0 & 0 & \cdots & 1/E(n^2)\end{bmatrix}\begin{bmatrix}0\\0\\\vdots\\E(n^2)\end{bmatrix}=\begin{bmatrix}0\\0\\\vdots\\1\end{bmatrix}$$

（2）数字式自适应滤波器。模拟式自适应滤波器过于复杂，实现起来比较困难，目前自适应滤波器主要是数字式的，采用计算机编程来实现，其框图如图 4.17 所示。在求最优权函数时，依据最小均方准则（Least Mean Square，LMS），通常采用梯度最速下降法求得最佳权系数，该方法计算简单，不需要计算相应的相关函数。

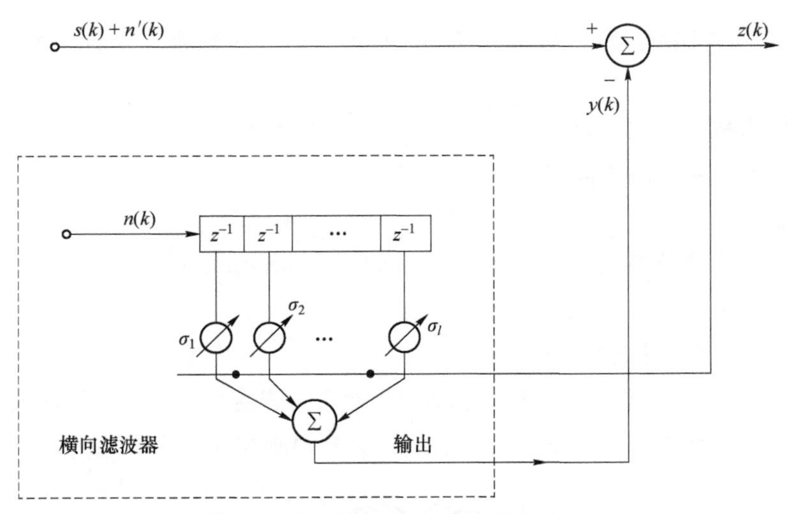

图 4.17　数字式自适应滤波器框图

和模拟式自适应滤波器类似，可得

$$y(k)=\sum_{i=1}^{l}\sigma_i(k)n_i(k)=\boldsymbol{n}^{\mathrm{T}}\boldsymbol{\sigma}$$

$$z(k)=s(k)+n'(k)-y(k)=s(k)+n'(k)-\boldsymbol{n}^{\mathrm{T}}\boldsymbol{\sigma}$$

$$E[z^2(k)]=E[s^2(k)]+E[n'^2(k)]-2\boldsymbol{P}^{\mathrm{T}}\boldsymbol{\sigma}+\boldsymbol{\sigma}^{\mathrm{T}}\boldsymbol{G}\boldsymbol{\sigma}$$

式中，$\boldsymbol{n}^{\mathrm{T}}=[n_1(k),n_2(k),\cdots,n_l(k)]$；$\boldsymbol{P}=E[n'(k)\boldsymbol{n}]$。

根据梯度最速下降法，下一时刻权系数$\boldsymbol{\sigma}(k+1)$等于现在时刻权系数$\boldsymbol{\sigma}(k)$加上一个变量，该变量与均方值$E[z^2(k)]$成负比例，即

$$\sigma(k+1)=\sigma(k)-\mu\nabla\{E[z^2(k)]\} \tag{4.95}$$

式中，$\nabla\{E[z^2(k)]\}=2\boldsymbol{G}\boldsymbol{\sigma}-2\boldsymbol{P}$；$\mu$表示收敛因子或自适应常数，用来控制收敛速度与稳定性的常数。

在采用式（4.95）计算时，需要采用所有的样本数据来计算 z 的均方值，故要用到统计量 $\boldsymbol{G}$ 和 $\boldsymbol{P}$，这会导致计算困难。为了规避困难，通常采用一种简化的方法，采用$\nabla[z^2(k)]$来代替$\nabla\{E[z^2(k)]\}$，即

$$\nabla[z^2(k)]=\begin{bmatrix}\dfrac{\partial z^2}{\partial\sigma_1}\\ \vdots\\ \dfrac{\partial z^2}{\partial\sigma_l}\end{bmatrix}=2z\begin{bmatrix}\dfrac{\partial z}{\partial\sigma_1}\\ \vdots\\ \dfrac{\partial z}{\partial\sigma_l}\end{bmatrix}=-2z\begin{bmatrix}-n_1\\ \vdots\\ -n_l\end{bmatrix}=-2z(k)\boldsymbol{n}(k) \tag{4.96}$$

式（4.96）采用单个样本，即瞬时值来计算 z 的均方值，从而使得计算大为简化。故

$$\boldsymbol{\sigma}(k+1)=\boldsymbol{\sigma}(k)+2\mu z(k)\boldsymbol{n}(k) \tag{4.97}$$

LMS 算法是一种递推过程，经过足够的迭代次数后，权系数才会渐渐逼近最佳权系数，其计算步骤如下：

（1）选定权系数初始值，$\boldsymbol{\sigma}(0)$，k=0（一般选$\boldsymbol{\sigma}(0)=0$）。

（2）计算当前时刻 k 的横向滤波器输出 $y(k)=\boldsymbol{n}^{\mathrm{T}}\boldsymbol{\sigma}$。

（3）获得 $z(k)$。

（4）计算下一次滤波器权函数，$\boldsymbol{\sigma}(k+1)=\boldsymbol{\sigma}(k)+2\mu z(k)\boldsymbol{n}(k)$。

（5）K=k+1，跳转到步骤（2）。

重复上述过程，直到算法收敛。

要让 LMS 算法收敛，自适应常数的选取十分重要。若由公共噪声源构成的输入样本间不相关，则求得最佳权系数的唯一条件是自适应常数要限制在某一个界限内，即

$$0<\mu<\frac{1}{\lambda_{\max}}$$

式中，$\lambda_{\max}$是自相关矩阵$\boldsymbol{G}=E[\boldsymbol{n}\boldsymbol{n}^{\mathrm{T}}]$的最大特征值。

第五章

微弱信号判决

微弱信号判决主要是解决从干扰噪声中发现或分辨微弱信号的问题。信号检测理论已经应用在许多领域。例如雷达技术，通过发射电磁波和接收回波，对目标进行探测。然而接收器的电子噪声，大气干扰，地面、云层和其他物体的干扰，以及其他信号引发的畸变，导致不能从接收的信号中直接进行相关判定，这时人们需要从包含许多噪声的信号中进行推断，以判定是否有目标信号。目前主要采用假设检验的方法，即希望对于给定的数据以及数据采样时所依据的一些可能的概率分布，能最佳地确定出哪一种分布影响当前数据的择取。该方法主要依赖于决策论，工程上称为检测理论。

数字通信也存在检测理论的问题，以二元数字通信为例，信源每隔一定时间产生二进制数字 1 或 0，为了通过信道将其传输，编码器将其生成相应的信号 $s_1(t)$ 和 $s_0(t)$，这些信号在传输过程中会产生失真，并且会被信道和接收机中的噪声污染。检测理论的任务是设计信号处理器，使其尽可能以最佳准则来确定传送的信息究竟是 0 还是 1。这里涉及三个问题：系统模型；最佳准则；性能评价（统计意义）。

5.1　假设检验

决策论是概率论用于处理以下问题的一个分支。假定获得了某些数据，由于生成数据的某些要素不能以确定性的方式进行描述，因此将其视为随机过程。此时，需要在许多情形中确定哪一种情况才是当前数据所反映的真实情形。因此，指定一些假设：$H_i(i=0,1,\cdots,m-1)$，它们当中有一个假设代表了数据产生时的真实状态。令这些假设为 m 元概率模型，通过处理现有数据 x，希望尽可能准确地在这些假设模型 H_i 中确定哪一个是数据产生的根源，这样处理的结果可以描述为判决 D_i，它将数据与假设联系起来。

如果只涉及两个假设，则通常记为 H_0 和 H_1，传统上将 H_0 称为零假设，将 H_1 称为备择假设，数据 x 可能是标量或多维矢量，一般情况下总是试图将数据空间划分为两个区域—— R_0 和 R_1，分别称为接受域和临界域。如果数据 x 处于区域 R_0 内，则认为假设 H_0 为真，此时做出判决 D_0；同理，可做出判决 D_1。

通常采用参数决策论进行分析，即假定对应于假设 H_i 的概率分布是形式已知的确定函数，但其中可能包含未知参数，若假设中的所有参数值都是确定的，则称该假设为简单假设；若假设中含有未知参数，则称该假设为复合假设。

在两个以上假设中进行判别，是多元假设检验问题，此时引入假设 $H_i(i=0,1,\cdots,m-1)$，称为 m 元假设检验问题。

在解决上述问题时，需要将数据进行处理并对做出的判决进行评价。例如在二元系统中，如果假设 H_0 是产生数据的来源，但是做出了判决 D_1（即认为 H_1 为真），就犯了第一类错误。犯此类错误的概率为

$$P_f = P(D_1 | H_0) \tag{5.1}$$

如果 H_1 是产生数据的来源，而做出了判决 D_0（即认为 H_0 为真），就犯了第二类错误。犯此类错误的概率为

$$P_f = P(D_0 | H_1) \tag{5.2}$$

在二元系统中，对于任何事件都必须做出判决 D_0 或 D_1，即有

$$P_d = P(D_1 | H_1) = 1 - P(D_0 | H_1) \tag{5.3}$$

对于雷达系统，通常用零假设 H_0 代表“无目标存在”，将 $P(D_1 | H_0)$ 称为虚警概率，将 $P(D_0 | H_1)$ 称为漏报概率，将 $P(D_1 | H_1)$ 称为检测概率。

根据虚警概率和检测概率，可以有很多方式描述“最佳”判断策略，奈曼—皮尔逊策略是非常实用的一种方法，它适用两个假设都是简单假设的情形，使虚警概率不大于某一个指定上限，同时在此约束下使检测概率最大。

贝叶斯准则也被用于最佳检测，该准则对检测系统可能给出的各种响应都赋予了相应的代价，然后在各个假设的概率上进行平均给出总代价，并且根据最小平均代价进行选择。该方法对于简单假设和复合假设都适用，可以对一些未知参数的概率密度做出假设，而这些参数在计算平均代价的过程中可以平均掉。

由上述内容可知，建立检测系统时，需要知道各个假设的概率密度，然而很多时候这些概率密度函数并不知道，这时可以针对最坏的情况进行设计，从而使系统能够工作。显然，这样设计的系统性能不是最好的。通常可以将未知概率密度函数参数化，然后对其进行估计，这样设计的系统性能更好。

5.2 单次取样的信号判决

对混有观察噪声的信号进行单次取样，即根据时刻 t_0 的观测值 $x(t_0)$，对信号属于哪个假设（H_i）进行判决，称为单次取样的信号判决。这种判决结果准确性很低，错误概率很高。

5.2.1 最大后验概率准则

假设观测信号 $x(t)$ 由 N 种可能的信号 $s_1(t), s_2(t), \cdots, s_N(t)$ 及观测噪声 $n(t)$ 构成，即构成 N

个事件，则有

$$H_1 : x(t) = s_1(t) + n(t)$$
$$H_2 : x(t) = s_2(t) + n(t)$$
$$\vdots$$
$$H_N : x(t) = s_N(t) + n(t)$$

为了对信号进行判决，采用后验概率作为检测量。后验概率是指在时刻 t_0 观测到在 $x(t_0)$ 的条件下，属于 H 事件的概率 $P(H|x)$。对于 N 个事件，存在 N 个条件概率 $P(H_1|x)$，$P(H_2|x)$, …, $P(H_N|x)$，后验概率最大的信号最有可能是观测信号，故后验概率最大可以作为判决准则，即

$$P(\hat{H}|x) = \max \tag{5.4}$$

式中，$\hat{H}$ 表示判决的事件；$P(\hat{H}|x)$ 称为检验统计量。最大后验概率准则判决示意如图 5.1 所示。

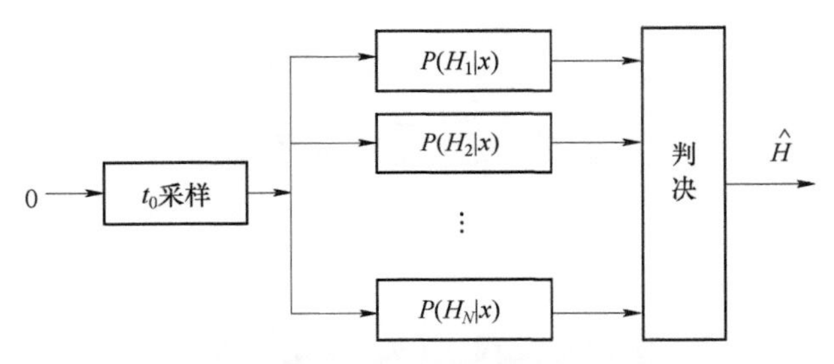

图 5.1 最大后验概率准则判决示意

对于二元信号的判决，有

$$H_0 : x(t) = s_0(t) + n(t)$$
$$H_1 : x(t) = s_1(t) + n(t)$$

根据 $P(H_1|x)$和$P(H_2|x)$ 的大小进行判断，最大后验准则可以表示为

$$\frac{P(H_1|x)}{P(H_0|x)} \underset{H_0}{\overset{H_1}{\gtrless}} 1 \tag{5.5}$$

由于后验概率不容易计算，故通常会采用乘法公式，将其转换为先验概率和对应随机变量的概率密度的乘积。乘法公式为

$$P(H_i|x) = \frac{p(x|H_i)P(H_i)}{P(x)} \tag{5.6}$$

式中，$p(x|H_i)$ 是在事件 H_i 情况下，信号 $x(t)$ 的概率密度函数，称为 H_i 的似然概率密度，或似然函数；$P(H_i)$ 为事件 H_i 的先验概率，即事件 H_i 的概率。由此得

$$\frac{P(H_1|x)}{P(H_0|x)}=\frac{p(x|H_1)P(H_1)/P(x)}{p(x|H_0)P(H_0)/P(x)}\underset{H_0}{\overset{H_1}{\gtrless}}1$$

最大后验概率准则可以表示为

$$l(x)=\frac{p(x|H_1)}{p(x|H_0)}\underset{H_0}{\overset{H_1}{\gtrless}}\frac{P(H_0)}{P(H_1)}=l_0 \tag{5.7}$$

式中，$l(x)$表示似然比；l_0表示似然比的门限值（判决门限）。

由此可知，二元信号检验是根据信号及噪声的概率密度来计算似然函数$P(x|H_i)$的。求出似然比，并与似然比的门限值比较，超过似然比的门限值时判决H_1成立，判决为$s_1(t)$信号；低于似然比的门限值时判决H_0成立，判决为$s_0(t)$信号。若$P(H_0)=P(H_1)$，$l_0=1$，则有

$$l(x)=\frac{p(x|H_1)}{p(x|H_0)}\underset{H_0}{\overset{H_1}{\gtrless}}=1 \tag{5.8}$$

该式称为最大似然概率准则。

根据式（5.7），观测值的门限值η由式（5.9）确定，即

$$\frac{p(\eta|H_1)}{p(\eta|H_0)}=l_0 \tag{5.9}$$

设观测数据沿x轴分布，门限值η将x轴分成X_0和X_1两个判决域，如图5.2所示。若观测数据x在区域X_0内，则判决H_0成立；若观测数据x在区域X_1内，则判决H_1成立。显然，上述判决存在四种情况，即当观测数据x处于区域X_0内时，判决H_0成立，若实际信号是H_0，则属于正确判决；若实际信号是H_1，则属于错误判决。这类错误的概率也称为漏报概率β，表示有信号的条件下判决为无信号，即

$$\beta=P(D_0|H_1)=\int_{-\infty}^{\eta}p(x|H_1)\mathrm{d}x \tag{5.10}$$

当观测数据x处于区域X_1内时，判决H_1成立，若实际信号是H_1，则属于正确判决；若实际信号是H_0，则属于错误判决。这类错误的概率也称为虚警概率α，表示无信号的条件下判决为有信号，即

$$\alpha=P(D_1|H_0)=\int_{\eta}^{+\infty}p(x|H_0)\mathrm{d}x \tag{5.11}$$

故正确判决概率为

$$P(D_1|H_1)=1-\beta，P(D_0|H_0)=1-\alpha$$

二元系统判决的总错误率为

$$P_e=P(H_0)P(D_1|H_0)+P(H_1)P(D_0|H_1) \tag{5.12}$$

二元系统判决的总正确率为

$$P_c=P(H_0)P(D_0|H_0)+P(H_1)P(D_1|H_1) \tag{5.13}$$

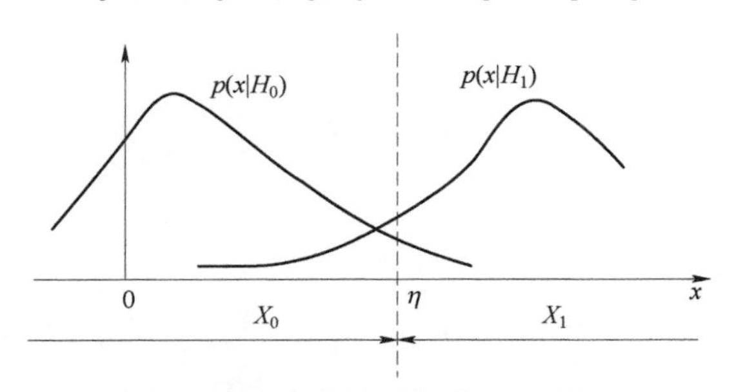

图 5.2　二元信号检验假设情况下的似然函数及判决域

例 5.1　设被判决信号的取值分别为s_0和s_1，且$s_1>s_0$，相应的概率密度分别为P_0和P_1，混入的噪声是零均值的高斯随机噪声，方差为σ_n^2，试分析其判决过程。

解： 该信号可以看成取值为s_0和s_1的随机变量s，则观测到的信号为$x=s+n$，判决为

$$H_0:x(t)=s_0+n(t)$$

$$H_1:x(t)=s_1+n(t)$$

而噪声的概率密度函数是均值为零、方差为σ_n^2的高斯随机噪声，在H_0情况下，$x(t)$的概率密度函数是均值为s_0、方差为σ_n^2的高斯随机噪声，即

$$p(x|H_0)=\frac{1}{\sqrt{2\pi}\sigma_n}\exp\left[-\frac{(x-s_0)^2}{2\sigma_n^2}\right]$$

同理，在H_1情况下，$x(t)$的概率密度函数为

$$p(x|H_1)=\frac{1}{\sqrt{2\pi}\sigma_n}\exp\left[-\frac{(x-s_1)^2}{2\sigma_n^2}\right]$$

其似然比门限值为

$$l_0=\frac{P(H_0)}{P(H_1)}=\frac{P_0}{P_1}$$

其似然比为

$$l(x)=\frac{p(x|H_1)}{p(x|H_0)}=\exp\left[-\frac{(x-s_1)^2}{2\sigma_n^2}+\frac{(x-s_0)^2}{2\sigma_n^2}\right]$$

由式（5.9）可知，其判决门限满足

$$\exp\left[-\frac{(\eta-s_1)^2}{2\sigma_n^2}+\frac{(\eta-s_0)^2}{2\sigma_n^2}\right]=\frac{P_0}{P_1}=l_0$$

从而可得

$$\eta=\frac{\sigma_n^2}{s_1-s_0}\ln l_0+\frac{s_1+s_0}{2}$$

虚警概率为

$$\alpha=P(D_1\,|\,H_0)=\int_{\eta}^{+\infty}p(x\,|\,H_0)\mathrm{d}x=\int_{\eta}^{+\infty}\frac{1}{\sqrt{2\pi}\sigma_n}\exp\left[-\frac{(x-s_0)^2}{2\sigma_n^2}\right]\mathrm{d}x$$

漏报概率为

$$\beta=P(D_0\,|\,H_1)=\int_{-\infty}^{\eta}p(x\,|\,H_1)\mathrm{d}x=\int_{-\infty}^{\eta}\frac{1}{\sqrt{2\pi}\sigma_n}\exp\left[-\frac{(x-s_1)^2}{2\sigma_n^2}\right]\mathrm{d}x$$

对于$s_0=0$，$s_1=1$和$\sigma_n^2=1$的特例，$\eta=0.5$，$\alpha=\beta=0.309$。

5.2.2 最小错误率贝叶斯准则

在对信号进行判决时，人们通常希望尽量减小判决错误，即目标是求最小错误率。从最小错误率的要求出发，利用概率论中的贝叶斯公式，就能得出使错误率最小的信号判决，该方法即最小错误率贝叶斯准则，即

$$\min P_e=\sum_{i=1}^{N}P(e\,|\,H_i)P(H_i) \tag{5.14}$$

式中，$P(e|H_i)$表示各类假设的判决错误概率；$P(H_i)$表示对应的先验概率。因为它们都大于零，所以式（5.14）等价于对所有的H_i，最小化$P(e|H_i)$，也等价于后验概率最大准则。对于二元系统，如果$P(H_0|x)>P(H_1|x)$，则判定为H_0；反之，判定为H_1。且有

$$P(H_i|x)=\frac{p(x\,|\,H_i)P(H_i)}{p(x)}$$

此时，最小错误率贝叶斯准可以写为

$$l(x)=\frac{p(x\,|\,H_1)}{p(x\,|\,H_0)}\overset{H_1}{\underset{H_0}{\gtrless}}\frac{P(H_0)}{P(H_1)}=l_0 \tag{5.15}$$

该准则也是最大后验概率准则。

5.2.3 最小代价贝叶斯准则

在进行判决时，我们不仅关心所做的判决是否错误，而且关心判决错误所带来的损失或

代价。例如无敌机来袭判断为有敌机来袭，会给人们带来精神上的负担和不必要的防备，这是一种损失；反之，如果把敌机来袭判断为无敌机来袭，则会对很多人的生命造成威胁，可能会产生严重的后果。显然，这两种损失和代价是不同的，不能等同对待。贝叶斯准则就是考虑各种错误造成的损失不同时的一种最优判决。

设在判决过程中做出的判决是 D_i，即认为此时的观测信号满足 H_i 假设，而实际上 H_j 才是正确的决策。若 $i=j$，则做出了正确的判决；若 $i\neq j$，则做出了错误的判决。令 C_{ij} 为 H_j 是真时选择 H_i 判决的代价，它可以是正值也可以是负值或零，显然负值或零代价对应正确的判决，错误判决的代价大于正确判决的代价。

对于二元系统，每个判决的平均代价为

$$C=P(H_0)[C_{10}P(D_1|H_0)+C_{00}P(D_0|H_0)]+P(H_1)[C_{11}P(D_1|H_1)+C_{01}P(D_0|H_1)] \tag{5.16}$$

式中，$P(H_0)$ 和 $P(H_1)$ 表示两个假设的先验概率；C_{10} 和 C_{01} 表示错误判决的代价；C_{00} 和 C_{11} 表示正确判决的代价，取值应该为零或很小的值。

根据 $P(D_1|H_0)=1-P(D_0|H_0)$，$P(D_1|H_1)=1-P(D_0|H_1)$，式（5.16）可以写成

$$C=P(H_0)C_{10}+P(H_1)C_{11}-P(H_0)(C_{10}-C_{00})P(D_0|H_0)+P(H_1)(C_{01}-C_{11})P(D_0|H_1)$$

式中，$C_{10}-C_{00}>0, C_{01}-C_{11}>0$，若门限值为 η，则有 $P(D_0\,|\,H_0)=\int_{-\infty}^{\eta}p(x\,|\,H_0)\mathrm{d}x$ 和 $P(D_0|H_1)=\int_{-\infty}^{\eta}p(x\,|\,H_1)\mathrm{d}x$，此时平均代价可以写成

$$C=P(H_0)C_{10}+P(H_1)C_{11}+\int_{-\infty}^{\eta}[P(H_1)(C_{01}-C_{11})p(x\,|\,H_1)-P(H_0)(C_{10}-C_{00})p(x\,|\,H_0)]\mathrm{d}x$$

为了求出使平均代价最小的判决门限 η，令 $\frac{\partial C}{\partial x}|_{x=\eta}=0$，得到

$$P(H_1)(C_{01}-C_{11})p(\eta\,|\,H_1)-P(H_0)(C_{10}-C_{00})p(\eta\,|\,H_0)=0$$

由此得到门限值满足的关系式为

$$\frac{p(\eta\,|\,H_1)}{p(\eta\,|\,H_0)}=\frac{P(H_0)}{P(H_1)}\times\frac{C_{10}-C_{00}}{C_{01}-C_{11}} \tag{5.17}$$

从而得到最小代价贝叶斯准则为

$$l(x)=\frac{p(x\,|\,H_1)}{p(x\,|\,H_0)}\mathop{\gtrless}_{H_0}^{H_1}\frac{P(H_0)}{P(H_1)}\times\frac{C_{10}-C_{00}}{C_{01}-C_{11}}=l_0 \tag{5.18}$$

由式（5.18）可知，最小代价贝叶斯准则也可以归为似然比检验，其差别仅是门限值的不同，即可以写成

$$x \underset{H_0}{\overset{H_1}{\gtrless}} \eta \tag{5.19}$$

如果令 $C_{10}=C_{01}=1$，$C_{00}=C_{11}=1$，则有$l(x)=\dfrac{p(x|H_1)}{p(x|H_0)} \underset{H_0}{\overset{H_1}{\gtrless}} \dfrac{P(H_0)}{P(H_1)}=l_0$，此时和最小错误贝叶斯准则等价。

例 5.2 假设在某地区，正常细胞和异常细胞的先验概率分别为$P(H_0)=0.9$，$P(H_1)=0.1$，现有一待识别的细胞，其观察值为x，从类条件概率密度曲线上分别查到$p(x|H_0)=0.2$，$p(x|H_1)=0.4$，现做如下要求：

（1）按最小错误贝叶斯准则对该细胞分类；

（2）如果通过专家指导，得到如下决策表，则按最小代价贝叶斯准则判决。

决策	状态	
	H_0	H_1
H_0	0	6
H_1	1	0

解：（1） 由$l(x)=\dfrac{p(x|H_1)}{p(x|H_0)} \underset{H_0}{\overset{H_1}{\gtrless}} \dfrac{P(H_0)}{P(H_1)}=l_0$，得

$$l_0=\frac{P(H_0)}{P(H_1)}=\frac{P(H_0)}{P(H_1)}=9, l(x)=\frac{p(x|H_1)}{p(x|H_0)}=2$$

因为$l(x)<l_0$，所以该细胞判决为H_0，即属于正常细胞。

（2）由决策表得

$$C_{00}=0，\ C_{11}=0，\ C_{01}=6，\ C_{10}=1$$

由贝叶斯最小代价判决准则，得

$$l_0=\frac{P(H_0)}{P(H_1)}\times\frac{C_{10}-C_{00}}{C_{01}-C_{11}}=1.5$$

因为 $l(x)>l_0$，所以该细胞判决为H_1，即属于异常细胞。

可以看到，同样的数据，会因对两类错误带来的风险认识不同而得到相反的结论。另外需要注意的是，决策表是人为指定的，不同的决策表会导致不同的结果。

5.2.4 奈曼—皮尔逊准则

在实际应用中，很多情形不能得到信号的先验概率或决策表，为了使检测系统更为有效，

常采用奈曼—皮尔逊准则。按此方法，人为地选择一个容许的最大虚警概率，在此条件下，设法使漏检概率最小，或正确检测率 P_d 达到最大，该准则可以表示为

$$\max P(D_1|H_1) \tag{5.20}$$

$$\text{s.t.}\ P(D_1 | H_0) - c = 0 \tag{5.21}$$

式中，c 为指定常数。

二元信号的门限值可以由式（5.22）确定，即

$$c = \int_{\eta}^{+\infty} p(x | H_0)\mathrm{d}x \tag{5.22}$$

奈曼—皮尔逊准则为

$$x \underset{H_0}{\overset{H_1}{\gtrless}} \eta \tag{5.23}$$

奈曼—皮尔逊准则适用于两个假设的情况，且是简单假设，即条件概率 $p(x | H_0)$ 和 $p(x | H_1)$ 不含未知参数，其计算过程不需要任何先验概率。

例 5.3　设被判决信号取值分别为 0 和 1，混入的噪声是零均值的高斯随机噪声，方差为 1，取容许的虚警概率为 0.1，求判决门限及错误检测概率。

解：已知 $c = 0.1$，故

$$p(x | H_0) = \frac{1}{\sqrt{2\pi}\sigma_n}\exp\left[-\frac{(x - s_0)^2}{2\sigma_n^2}\right] = \frac{1}{\sqrt{2\pi}}\exp\left(-\frac{x^2}{2}\right)$$

由奈曼—皮尔逊准则，可得

$$\int_{\eta}^{+\infty}\frac{1}{\sqrt{2\pi}}\exp\left(-\frac{x^2}{2}\right)\mathrm{d}x = 0.1$$

求得 $\eta = 1.29$，得到判决式为

$$x \underset{H_0}{\overset{H_1}{\gtrless}} 1.29$$

漏报概率为

$$\beta = P(D_0 | H_1) = \int_{-\infty}^{\eta} p(x | H_1)\mathrm{d}x = \int_{-\infty}^{1.29}\frac{1}{\sqrt{2\pi}}\exp\left[-\frac{(x-1)^2}{2}\right]\mathrm{d}x = 0.386$$

5.2.5 极大极小化准则

前面讨论过的方法中，使用最大后验准则或贝叶斯准则进行判决，需要知道判决的先验概率，实际上很多情况下无法得到该先验概率，在这种情况下，需避免可能产生的极大代价，使最大可能的代价极小化（即使用极大极小化准则）。该准则仍会用到贝叶斯准则，但是需要指定先验概率，指定的原则是：使错误指定的先验概率带来的不利影响最小，即在不知道先验概率的情况下，使其潜在的不利后果减小到最低程度。

考虑二元判决情形，设先验概率$P(H_0)=P_0$，$P(H_1)=P_1=1-P_0$，被判决信号取值分别为s_0和s_1，且$s_1>s_0$，相应的概率密度分别为p_0和p_1，混入的噪声是零均值的高斯随机噪声，方差为σ_n^2。选择正确判决代价$C_{00}=C_{11}=0$，错误判决代价$C_{01}=c$，$C_{10}=1$。由最小代价贝叶斯判决，得

$$l_0=\frac{P(H_0)}{P(H_1)}\times\frac{C_{10}-C_{00}}{C_{01}-C_{11}}=\frac{P_0}{cP_1}$$

$$l(x)=\frac{P(x\,|\,H_1)}{P(x\,|\,H_0)}=\exp\left(s-\frac{1}{2}\right)$$

得到判决式的门限值为

$$\eta=\frac{1}{2}+\ln\frac{P_0}{cP_1}$$

由此可得最小平均代价为

$$C_{\min}=P_0P(D_1\,|\,H_0)+cP_1P(D_0\,|\,H_1)=P_0P(D_1\,|\,H_0)+c(1-P_0)P(D_0\,|\,H_1) \tag{5.24}$$

式中

$$P(D_1\,|\,H_0)=\int_{\eta}^{+\infty}\frac{1}{\sqrt{2\pi}}\exp\left(-\frac{x^2}{2}\right)$$

$$P(D_0\,|\,H_1)=\int_{-\infty}^{\eta}\frac{1}{\sqrt{2\pi}}\exp\left[-\frac{(x-1)^2}{2}\right]$$

最小平均代价只包含参数c和P_0。

设$c=2$，由式（5.17）求得门限值$\eta=\dfrac{1}{2}+\ln\dfrac{P_0}{2(1-P_0)}$，不同的$P_0$确定不同的$\eta$。图 5.3 中，曲线$a$显示了最小平均代价随$P_0$的变化情况，它是凸曲线，越接近确定性的情况，即$P_0=0$或$P_0=1$，最小代价越小。令最小代价对$P_0$的导数为零，得$P_0=0.6$，此时相应的最小代价取最大值 0.42。即在最差的情况$P_0=0.6$出现时，最小代价取最大值，而对其他情况，得到的最小代价都比较小。是否可以说只要不选$P_0=0.6$，就能得到较小的最小代价呢？我们看如下情形，假设任取$P_0\neq0.6$，而实际上$P_0=P_a$，此时最小代价表示为

$$C_{\min}=P_aP(D_1|H_0,P_0)+c(1-P_a)P(D_0|H_1,\ P_0) \tag{5.25}$$

式（5.25）中的错误概率由 P_0 确定，与实际的先验概率无关。故 $C_{\min}$ 是 P_a 的线性函数，是一条直线。假设我们任意选取 $P_0=0.3$，则由式（5.24）知，只有 $P_0=0.3$ 对应最佳代价，故式（5.25）表示的直线一定会比式（5.24）的曲线对应的值要大，除此点外，该直线在 $C_{\min}$ 曲线的上方，所以它们在 $P_0=0.3$ 相切，如图 5.3 中直线 b 所示。显然在 P_0 较小的时候，$C_{\min}$ 的值也比较小，但是 P_0 较大时，$C_{\min}$ 会变得相当大，这会给应用带来困难。我们希望在真实信息未知的情况下避免造成较大可能的损失。极大极小化准则就是这样一种策略，它将由于采用不正确的 P_0 导致的损失的最大值减少到极小值。这可以通过下面的方法实现，即将式（5.25）与式（5.24）曲线的相切点选在 $C_{\min}$ 曲线最大值的位置，如图 5.3 中直线 c 所示，此时式（5.25）是一条水平直线，即不论实际 P_0 是多少，其最小代价是一个常数，这样就可以避免出现较大损失的情况。

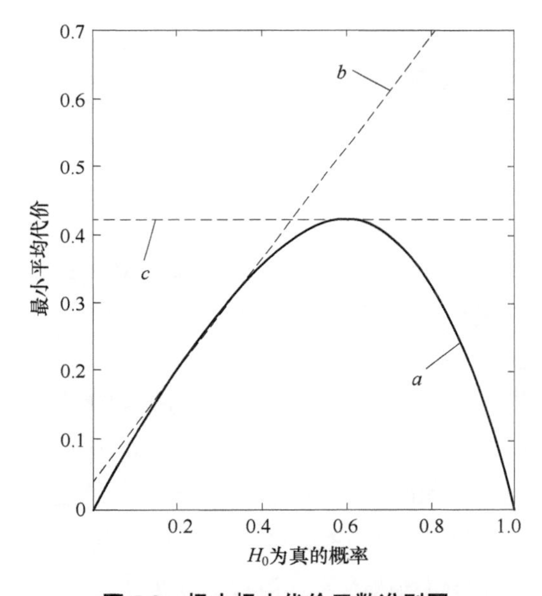

图 5.3　极大极小代价函数准则图

a—贝叶斯最小代价；b—特定判决门限代价；c—极大极小化代价

由此可见，不同的方法，其判决阈值不同，表 5.1 列出了二元判决的有关情况。

表 5.1　二元判决各个准则的异同

准则	先验概率	已知条件	判决准则
最大后验概率	已知	$C_{10}-C_{00}=C_{01}-C_{11}$	$\dfrac{P(x\mid H_1)}{P(x\mid H_0)}\underset{H_0}{\overset{H_1}{\gtrless}}\dfrac{P(H_0)}{P(H_1)}$

续表

准则	先验概率	已知条件	判决准则
最小错误	已知	$C_{00}=C_{11}=0, C_{10}=C_{01}=1$	$\dfrac{P(x\|H_1)}{P(x\|H_0)} \underset{H_0}{\overset{H_1}{\gtrless}} \dfrac{P(H_0)}{P(H_1)}$
贝叶斯	已知	$C_{00},C_{01},C_{10},C_{11},$	$\dfrac{P(x\|H_1)}{P(x\|H_0)} \underset{H_0}{\overset{H_1}{\gtrless}} \dfrac{P(H_0)}{P(H_1)}\times\dfrac{C_{10}-C_{00}}{C_{01}-C_{11}}$
奈曼—皮尔逊	不需要	指定虚警概率容许值	$\max P(D_1\|H_1)$ $\text{s.t.}P(D_1\|H_0)-c=0$
极大极小化	未知	虚警概率、漏报概率	$C_{\min}=P_0P(D_1\|H_0)+c(1-P_0)P(D_0\|H_1)$

5.2.6　ROC 曲线

ROC 曲线（Receiver Operating Characteristic Graph），是在第二次世界大战期间创造出来用于表示雷达检测特性的，现在该方法广泛用于信号检测。该方法可以确定似然比阈值，也可以用来比较判别方法的性能。

对于一个二元问题，将检测信号分为正类（Positive）和负类（Negative）。这时会出现四种情况：一个正类信号样本，如果被判定为正类，则为真正类（True Positive, TP），若被判定为负类，则为假正类（False Negative，FN）；反之，一个负类信号样本，若被判定为负类，则为真负类（True Negative，TN），若被判定为正类，则为假负类（False Negative）。常用 1 表示正类，0 表示负类，其状态和判决的关系如表 5.2 所示。

表 5.2　检测信号状态和判决的关系

	判决	
状态	1	0
1	True Positive (TP)	False Negative(FN)
0	False Positive (FP)	True Negative(TN)

灵敏度（Sensitivity，Sn）和特异度（Specificity，Sp）被用来评价检测方法的效果，其定义如下：

$$\mathrm{Sn}=\frac{\mathrm{TP}}{\mathrm{TP}+\mathrm{FN}} \tag{5.26}$$

$$\mathrm{Sp}=\frac{\mathrm{TN}}{\mathrm{TN}+\mathrm{FP}} \tag{5.27}$$

Sn 表示在真正的正类信号中有多少比例能被正确检测出来，Sp 表示在真正的负类信号中信号没有被误判，它们分别表示所采用的方法能够把正类信号和负类信号正确判断出来的能力。

观察最小误差式（5.15）、最小代价式（5.18）以及奈曼—皮尔逊判决准则式（5.23），不难发现，三者的区别只是在于判决的阈值不同，采用不同的阈值，就能达到错误率不同的情况。式（5.15）采用先验概率比作阈值，得到的总错误率最小；式（5.18）在阈值中考虑对不同的错误率采用不同的加权值，实现风险最小判决；式（5.23）通过调整阈值，使一类错误率为指定值，而另一类错误率最小。实际上，通过采用连续变化的阈值，可以使错误率连续变化。而真阳性率 Sn 和假阳性率 $1-\mathrm{Sp}=\dfrac{\mathrm{FP}}{\mathrm{TN}+\mathrm{FP}}$ 也随阈值连续变化。以 Sn 为纵轴，1－Sp 为横轴，可作出如图 5.4 所示的曲线。

从图 5.4 可以看出，随着阈值的调整，极端情况下可以把所有信号都判决为负类，此时 Sn 和 1–Sp 都为零，即坐标原点；若所有信号都判决为正类，即 Sn 和 1–Sp 都为 1，则对应 ROC 曲线右上角点；每一个阈值都对应曲线上的一个点。

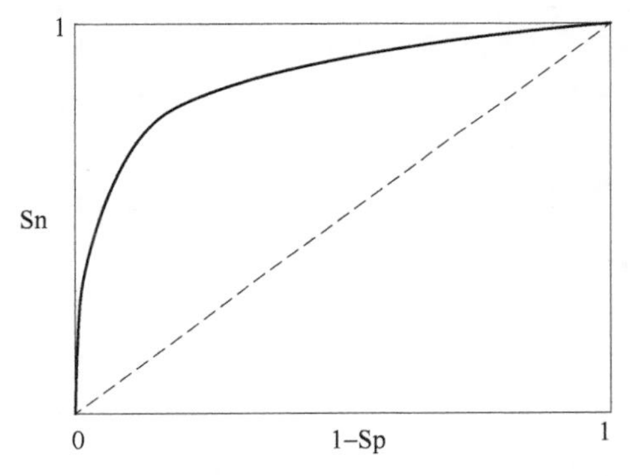

图 5.4　ROC 曲线

在类条件概率已知的情况下，可以求得不同似然比阈值下的错误率，画出 ROC 曲线，然后根据对错误率的要求，或对灵敏度和特异性的要求来确定曲线上某一点为工作点，以此来确定似然比值。

对于一个决策方法，真正类率越高，假正类率越低越好。如果某种决策方法的真正类率总等于假正类率，则应用价值很小，此时对应 ROC 的对角线。任何判决方法的 ROC 曲线都必须在对角线的左上方才有实际应用价值，ROC 曲线越靠近左上角，说明方法的性能越好。

另外，ROC 曲线能够用于比较不同判决方法的性能，其下方的面积（Area Under ROC Curves）可以衡量方法的性能。该面积越大，越接近 1，说明方法的性能越好。

5.3　多次取样的信号判决

前面讨论的一次采样信号判决，即根据在 t_0 时刻的信号采样值进行判断，是一个标量，可靠性和准确性都不高，实用价值不大。为了提高噪声中信号判决的准确性，可以采取对信号多次采样的方法，或者在一个时间段内对信号进行检测判决来提高判决的准确性。对于多次取样，即在时刻$t_1,t_2,\cdots,t_n$时刻取值，其对应的值分别为$x_1=x(t_1),x_2=x(t_2),\cdots,x_n=x(t_n)$，它们构成一个向量$\boldsymbol{x}=[x_1,x_2,\cdots,x_n]$，只要将前面涉及$x$的标量用向量$\boldsymbol{x}$替换即可。为了进行判决，还需要知道向量$\boldsymbol{x}$中各个元素的联合概率密度函数。例如，如果$\boldsymbol{x}$的元素来自同一实验的多次测量结果，则可假定$\boldsymbol{x}$中的元素$x_i$是相互独立的。

例 5.4 假设信号s取值为0和m，叠加的是一个零均值平稳低通带限高斯白噪声，得到信号$x(t)$，判决是哪种信号。

解：设对数据采样后得到N个数$[x_1,x_2,\cdots,x_N]$，噪声功率为低通带限白噪声，即当$|f|\leqslant B$时，$S_n(f)=\dfrac{N_0}{2}$；当$|f|>B$时，$S_n(f)=0$，采样时间间隔为$\dfrac{1}{2B}$，此时噪声的相关函数为

$$R_n(\tau)=F^{-1}[S_n(f)]=(N_0B)[\sin(2\pi B\tau)]/(2\pi B\tau)$$

故n个噪声样本$n_i=n(t_i)$都是零均值高斯随机变量，其相关函数为

$$E[n_in_j]=R_n(|i-j|)=(N_0B)\delta_{ij}$$

即它们不相关，且有恒定的方差$\sigma_{n_i}^2=N_0B$。

由$x(t)=s(t)+n(t)$得知，数据样本也为不相关的随机变量，其均值为0（假设H_0）或m（假设H_1），且在两种假设下方差都为N_0B，所有x_i相互独立，所以

$$p(\boldsymbol{x}|H_0)=\frac{1}{(2\pi)^{\frac{N}{2}}\sigma_n^N}\exp\left(-\sum_{i=1}^{N}\frac{x_i^2}{2\sigma_n^2}\right)$$

$$p(\boldsymbol{x}|H_1)=\frac{1}{(2\pi)^{\frac{N}{2}}\sigma_n^N}\exp\left[-\sum_{i=1}^{N}\frac{(x_i-m)^2}{2\sigma_n^2}\right]$$

其似然比

$$l(x)=\frac{p(\boldsymbol{x}|H_1)}{p(\boldsymbol{x}|H_0)}=\exp\left[-\sum_{i=1}^{N}\frac{(x_i-m)^2}{2\sigma_n^2}+\sum_{i=1}^{N}\frac{x_i^2}{2\sigma_n^2}\right]\underset{H_0}{\overset{H_1}{\gtrless}} l_0$$

式中，l_0为似然比门限值，由所有的判决方法决定。整理上式，得

$$s=\frac{1}{N}\sum_{i=1}^{N}x_i\underset{H_0}{\overset{H_1}{\gtrless}}\frac{\sigma_n^2\ln l_0}{Nm}+\frac{m}{2}=\eta$$

可以将信号样本的均值作为检验统计量。由于检验统计量是高斯变量x_i的和，故它也服从高斯分布，其均值为0或m，即$E[s|H_0]=0$，$E[s|H_1]=m$，统计量的方差$\sigma_s^2=\sigma_n^2/N$，对

应的虚警概率和检测概率为

$$\alpha = P(D_1 | H_0) = \int_{\eta}^{+\infty} \frac{1}{\sqrt{2\pi\sigma_n^2 / N}} \exp\left(-\frac{s^2}{\frac{2\sigma_n^2}{N}}\right) \mathrm{d}s = \int_{\eta/\sigma_s}^{+\infty} \frac{1}{\sqrt{2\pi}} \exp\left(-\frac{u^2}{2}\right) \mathrm{d}u$$

$$P_D = P(D_1 | H_1) = \int_{\eta}^{+\infty} \frac{1}{\sqrt{2\pi\sigma_n^2 / N}} \exp\left[-\frac{(s-m)^2}{\frac{2\sigma_n^2}{N}}\right] \mathrm{d}s = \int_{(\eta-m)/\sigma_s}^{+\infty} \frac{1}{\sqrt{2\pi}} \exp\left(-\frac{u^2}{2}\right) \mathrm{d}u$$

这样可以画出相应的 ROC 曲线，并通过该曲线确定最佳门限值。

例 5.5 假设信号 s 的取值为 1，2，3 或 4，且有相同的先验概率 $P(H_j) = 1/4$，叠加的是一个零均值平稳的高斯噪声，得到信号 $x(t)$，判决是哪种信号。

解： 后验概率

$$P(H_j | x) = \frac{P(H_j) P(x | H_j)}{P(x)} = \frac{P(H_j)}{P(x)} \frac{1}{(2\pi)^{\frac{N}{2}} \sigma_n^n} \exp\left[-\sum_{i=1}^{N} \frac{(x_i - s_j)^2}{2\sigma_n^2}\right]$$

为了使得后验概率最大，做出的判决应该使得统计检验量 $S = 2s_j / N \sum_{i=1}^{N} x_i - s_j^2$ 取最大值，样本均值 $\bar{x} = 1/N \sum_{i=1}^{N} x_i$，$s_j = 0, 1, 2, 3$，判决量分别为 $2\bar{x} - 1$，$4\bar{x} - 4$，$26 - 9$，$8\bar{x} - 16$，从中选极大值即可。

下面讨论采样数量非常大的情况。

假设观测到的信号由 N 种可能信号 $s_1(t), s_2(t), \cdots, s_N(t)$ 和观察噪声 $n(t)$ 组成，分别对应 N 个事件，即

$$\begin{gathered} H_1 : x(t) = s_1(t) + n(t) \\ H_2 : x(t) = s_2(t) + n(t) \\ \vdots \\ H_N : x(t) = s_N(t) + n(t) \end{gathered}$$

现在对信号 $x(t)$ 在时刻 t_1，t_2，$\cdots$，t_n 采样，其对应的值分别为 $x_1 = x(t_1)$，$x_2 = x(t_2)$，$\cdots$，$x_n = x(t_n)$，构成向量 $\boldsymbol{x} = [x_1, x_2, \cdots, x_n]$。

其对应的后验概率 $P_k(H_k | \boldsymbol{x})$ 是指在观测到 $\boldsymbol{x}$ 的条件下，属于 H_k 事件的概率。对于最大后验概率判决，最佳判决的事件 $\hat{H}$ 为后验概率最大对应的事件，即

$$P(\hat{H} | \boldsymbol{x}) = \max \tag{5.28}$$

最大后验概率可以表示为

$$P(H_k | \boldsymbol{x}) = \frac{p(\boldsymbol{x} | H_k)}{P(\boldsymbol{x})} P(H_k)$$

式中，$P(H_k)$ 表示 H_k 事件的先验概率；$p(\boldsymbol{x} | H_k)$ 表示 H_k 事件下的向量似然概率密度；$P(\boldsymbol{x})$

表示向量概率密度，是一常数，因此最大后验概率准则可以表示为

$$KP(\hat{H})p(\boldsymbol{x}\mid\hat{H})=\max \tag{5.29}$$

当叠加在信号中的噪声为白噪声$n(t)$时，在各采样时刻t_1, t_2, $\cdots$, t_n ,白噪声的采样值$n(t_1)$, $n(t_2)$, $\cdots$, $n(t_n)$互不相关，因而对应的采样值$x(t_1)$, $x(t_2)$, $\cdots$, $x(t_n)$也统计独立，且服从高斯分布，即

$$p(\boldsymbol{x}\mid H_k)=p(x_1\mid H_k)p(x_2\mid H_k)\cdots p(x_n\mid H_k) \tag{5.30}$$

由事件的表达式，得

$$p(x_i\mid H_k)=\frac{1}{(2\pi\sigma_n^2)^{\frac{1}{2}}}\exp\left\{-\frac{[(x_i(t)-s_i(t))]^2}{2\sigma_n^2}\right\}$$

从而得到

$$p(\boldsymbol{x}\mid H_k)=\frac{1}{(2\pi\sigma_n^2)^{\frac{n}{2}}}\exp\left\{-\frac{1}{2\sigma_n^2}\sum_{i=1}^{n}[(x(t_i)-s_k(t_i))^2]\right\} \tag{5.31}$$

若在时间段（0，T）对信号进行采样，根据奈奎斯特采样定理，采样间隔为

$$\Delta t=\frac{1}{2f_{\max}}$$

式中，$f_{\max}$为被测信号的最高频率。对于带宽为$f_{\max}$、功率谱密度为$N_0/2$的限带白噪声，其功率为

$$P_n=\int_{-f_{\max}}^{f_{\max}}S_n(f)\,\mathrm{d}f=N_0f_{\max}$$

而$P_n=R_n(0)=\sigma_n^2$，故可得到$\frac{1}{2\sigma_n^2\Delta t}=\frac{1}{\sigma_n^2/f_{\max}}=\frac{1}{N_0}$，将其代入式（5.31），得

$$p(\boldsymbol{x}\mid H_k)=\frac{1}{(2\pi\sigma_n^2)^{\frac{n}{2}}}\exp\left\{-\frac{1}{N_0}\sum_{i=1}^{n}[x(t_i)-s_k(t_i)]^2\Delta t\right\}$$

当n很大时，上式可以用积分表示为

$$p(\boldsymbol{x}\mid H_k)=\frac{1}{(2\pi\sigma_n^2)^{\frac{n}{2}}}\exp\left\{-\frac{1}{N_0}\int_0^T[x(t)-s_k(t)]^2\,\mathrm{d}t\right\} \tag{5.32}$$

因为$\frac{1}{(2\pi\sigma_n^2)^{\frac{n}{2}}}$的值对判决结果无影响，所以最大后验准则可以表示为

$$KP(\hat{H})\exp\left\{-\frac{1}{N_0}\int_0^T[x(t)-\hat{s}(t)]^2\,\mathrm{d}t\right\}=\max \tag{5.33}$$

对于先验概率相等的情况，式（5.33）等效为

$$\int_0^T [x(t)-\hat{s}(t)]^2 \mathrm{d}t = \min \tag{5.34}$$

该式为最大似然概率准则。因为误差为$e = x(t)-\hat{s}(t)$，所以式（5.34）也表示均方误差最小。因此，最大似然概率准则和最小均方误差准则等价。

若被判决的信号是正交的，即

$$\int_0^T s_i(t)s_j(t) = \begin{cases} 1, & i = j \\ 0, & i \neq j \end{cases}$$

而$\int_0^T [x(t)-s_k(t)]^2 \mathrm{d}t = \int_0^T x^2(t)\mathrm{d}t + \int_0^T {s_k}^2(t)\mathrm{d}t - 2\int_0^T x(t)s_k(t)\mathrm{d}t$，式（5.34）可以等效为

$$\int_0^T x(t)\hat{s}(t)\mathrm{d}t = \max \tag{5.35}$$

式（5.35）即观测信号和信号的互相关运算，可以用互相关器实现，也可以用匹配滤波器实现。

5.4　多次采样二元确知信号的判决

假设在时间段$[0, T)$内观测到的$x(t)$由信号$s_0(t)$或$s_1(t)$与零均值高斯噪声$n(t)$相加构成，信号和噪声的频带限制为$|f| \leqslant B$，采样频率为 $2B$，得到 $N=2BT$ 个样本$x(t_k) = x_k, 0 \leqslant k \leqslant N-1$，将这些采样值排列成$N$维列向量。

考虑如下假设：

$$H_1 : x(t) = s_1(t) + n(t)$$
$$H_0 : x(t) = s_0(t) + n(t)$$

若以样本向量表示，其等价为

$$\begin{aligned} H_1 &: \boldsymbol{x} = \boldsymbol{s}_1 + \boldsymbol{n} \\ H_0 &: \boldsymbol{x} = \boldsymbol{s}_0 + \boldsymbol{n} \end{aligned} \tag{5.36}$$

由于$\boldsymbol{n}$是零均值高斯向量，因此得

$$E(\boldsymbol{x} | H_i) = \boldsymbol{s}_i$$

对于N维数据向量，其概率密度为

$$p_i(\boldsymbol{x}) = (2\pi)^{-\frac{N}{2}} [\det(\boldsymbol{C}_i)]^{-\frac{1}{2}} \exp\left[-\frac{1}{2}(\boldsymbol{x}-\boldsymbol{s}_i)^{\mathrm{T}} \boldsymbol{C}_i^{-1} (\boldsymbol{x}-\boldsymbol{s}_i)\right]$$

从而，可得到似然比为

$$l(\boldsymbol{x}) = \frac{p_1(\boldsymbol{x})}{p_0(\boldsymbol{x})} = [\det(\boldsymbol{C}_0\boldsymbol{C}_1^{-1})]^{\frac{1}{2}} \exp\left[-\frac{1}{2}(\boldsymbol{x}-\boldsymbol{s}_1)^{\mathrm{T}} \boldsymbol{C}_1^{-1} (\boldsymbol{x}-\boldsymbol{s}_1) + \frac{1}{2}(\boldsymbol{x}-\boldsymbol{s}_0)^{\mathrm{T}} \boldsymbol{C}_0^{-1} (\boldsymbol{x}-\boldsymbol{s}_0)\right] \tag{5.37}$$

设l_t为一常数，其大小由所采用的准则确定，若$l(\boldsymbol{x}) > l_t$，则判决为H_1。

$\boldsymbol{C}_0$ 和 $\boldsymbol{C}_1$ 是两个假设下的协方差矩阵,上标“T”表示转置，且

$$\boldsymbol{C}_i = E[\boldsymbol{x}\boldsymbol{x}^{\mathrm{T}} \mid H_i] - E[\boldsymbol{x} \mid H_i][\boldsymbol{x} \mid H_i]^{\mathrm{T}} = (\boldsymbol{R} + \boldsymbol{s}_i\boldsymbol{s}_i^{\mathrm{T}}) - \boldsymbol{s}_i\boldsymbol{s}_i^{\mathrm{T}} = \boldsymbol{R}$$

式中，$\boldsymbol{R}$ 为噪声 $\boldsymbol{n}$ 的协方差。对式（5.37）取对数，得

$$Y(\boldsymbol{x}) = (\boldsymbol{s}_1 - \boldsymbol{s}_0)^{\mathrm{T}} \boldsymbol{R}^{-1}\boldsymbol{x} \underset{H_0}{\overset{H_1}{\gtrless}} \ln l_t + \frac{1}{2}(\boldsymbol{s}_1^{\mathrm{T}}\boldsymbol{R}^{-1}\boldsymbol{s}_1 - \boldsymbol{s}_0^{\mathrm{T}}\boldsymbol{R}^{-1}\boldsymbol{s}_0) = Y_t \tag{5.38}$$

而 $Y(\boldsymbol{x})$ 是高斯随机变量 $\boldsymbol{x}$ 的线性组合，故 $Y(\boldsymbol{x})$ 也是高斯随机变量。对应的均值和方差分别为

$$E(Y(\boldsymbol{x}) \mid H_i) = (\boldsymbol{s}_1 - \boldsymbol{s}_0)^{\mathrm{T}} \boldsymbol{R}^{-1} E(\boldsymbol{x} \mid H_i) = (\boldsymbol{s}_1 - \boldsymbol{s}_0)^{\mathrm{T}} \boldsymbol{R}^{-1}\boldsymbol{s}_i \tag{5.39}$$

$$\begin{aligned}\mathrm{Var}(Y(\boldsymbol{x}) \mid H_i) = \sigma_y^2 &= E\{[Y - E(Y)]^2 \mid H_i\} \\ &= E\{[(\boldsymbol{s}_1 - \boldsymbol{s}_0)^{\mathrm{T}} \boldsymbol{R}^{-1}(\boldsymbol{x} - \boldsymbol{s}_i)][(\boldsymbol{s}_1 - \boldsymbol{s}_0)^{\mathrm{T}} \boldsymbol{R}^{-1}(\boldsymbol{x} - \boldsymbol{s}_i)]^{\mathrm{T}} | H_i\} \\ &= (\boldsymbol{s}_1 - \boldsymbol{s}_0)^{\mathrm{T}} \boldsymbol{R}^{-1}\{E[(\boldsymbol{x} - \boldsymbol{s}_i)(\boldsymbol{x} - \boldsymbol{s}_i)^{\mathrm{T}}]\}\boldsymbol{R}^{-1}(\boldsymbol{s}_1 - \boldsymbol{s}_0) \\ &= (\boldsymbol{s}_1 - \boldsymbol{s}_0)^{\mathrm{T}} \boldsymbol{R}^{-1}\boldsymbol{R}\boldsymbol{R}^{-1}(\boldsymbol{s}_1 - \boldsymbol{s}_0) = \Delta\boldsymbol{s}^{\mathrm{T}}\boldsymbol{R}^{-1}\Delta\boldsymbol{s}\end{aligned} \tag{5.40}$$

式中，$\Delta\boldsymbol{s} = \boldsymbol{s}_1 - \boldsymbol{s}_0$。

可以得到 $Y(\boldsymbol{x})$ 的概率密度函数为

$$p(Y \mid H_i) = \frac{1}{\sqrt{2\pi}\sigma_y}\exp\left[-\frac{(Y - \Delta\boldsymbol{s}^{\mathrm{T}}\boldsymbol{R}^{-1}\boldsymbol{s}_i)}{2\sigma_y^2}\right] \tag{5.41}$$

当 $Y(\boldsymbol{x}) > Y_t$ 时，判决为 D_1。

对应的虚警概率和检测概率分别为

$$P(D_1 \mid H_0) = \int_{Y_t}^{+\infty} p(Y \mid H_0)\mathrm{d}Y = \int_{(Y_t - \Delta\boldsymbol{s}^{\mathrm{T}}\boldsymbol{R}^{-1}\boldsymbol{s}_0)/\sigma_y}^{+\infty} \frac{1}{\sqrt{2\pi}}\exp\left(-\frac{u^2}{2}\right)\mathrm{d}u \tag{5.42}$$

$$P(D_1 \mid H_1) == \int_{\eta_t}^{+\infty} p(Y \mid H_1)\mathrm{d}Y = \int_{(Y_t - \Delta\boldsymbol{s}^{\mathrm{T}}\boldsymbol{R}^{-1}\boldsymbol{s}_1)/\sigma_y}^{+\infty} \frac{1}{\sqrt{2\pi}}\exp\left(-\frac{u^2}{2}\right)\mathrm{d}u \tag{5.43}$$

进一步假定噪声为白噪声，则带宽内功率谱密度为

$$S_n(f) = \frac{N_0}{2}, |f| \leqslant B$$

其对应的相关函数为

$$R_n(\tau) = N_0 B\,[\sin(2\pi B\tau)]/(2\pi B\tau)$$

以奈奎斯特采样频率采样，有 $\Delta t = 1/(2B)$，噪声样本 $n_i = n\,(t_i)$ 的相关系数为

$$E(n_i n_j) = R_n\,[(i-j)\Delta t] = N_0 B\delta_{ij}$$

向量$\boldsymbol{n}$是零均值的，其相关矩阵为

$$\boldsymbol{R}=N_0B\boldsymbol{I}$$

式中，$\boldsymbol{I}$表示$N\times N$的单位矩阵，故噪声样本n_i的方差是$\sigma_n^2=N_0B$，式（5.38）变为

$$Y(\boldsymbol{x})=(\boldsymbol{s}_1-\boldsymbol{s}_0)^{\mathrm{T}}\boldsymbol{x}/\sigma_n^2=\Delta\boldsymbol{s}^{\mathrm{T}}\boldsymbol{x}/\sigma_n^2\underset{H_0}{\overset{H_1}{\gtrless}}\ln l_t+(\boldsymbol{s}_1^{\mathrm{T}}\boldsymbol{s}_1-\boldsymbol{s}_0^{\mathrm{T}}\boldsymbol{s}_0)/(2\sigma_n^2)=\ln l_t+(\|\boldsymbol{s}_1\|^2-\|\boldsymbol{s}_0\|^2)/(2\sigma_n^2)$$

因为$\sigma_n^2=N_0B=N_0/(2\Delta t)$，所以有

$$Y(\boldsymbol{x})=\frac{2}{N_0}\sum_{i=0}^{N-1}(s_{1i}-s_{0i})x_i\Delta t\underset{H_0}{\overset{H_1}{\gtrless}}\ln l_0+\sum_{i=0}^{N-1}\frac{(s_{1i}^2-s_{0i}^2)\Delta t}{N_0}$$

或

$$G(\boldsymbol{x})=\sum_{i=0}^{N-1}(s_{1i}-s_{0i})x_i\Delta t\underset{H_0}{\overset{H_1}{\gtrless}}\frac{N_0}{2}\ln l_t+\frac{1}{2}\sum_{i=0}^{N-1}(s_{1i}^2-s_{0i}^2)\Delta t$$

令$\Delta t\to 0$，得

$$G(\boldsymbol{x})=\int_0^{\mathrm{T}}[s_1(t)-s_0(t)]x(t)\mathrm{d}t\underset{H_0}{\overset{H_1}{\gtrless}}\frac{N_0}{2}\ln l_t+\frac{1}{2}\int_0^{\mathrm{T}}[s_1^2(t)-s_0^2(t)]\mathrm{d}t=G_t \tag{5.44}$$

该式即多次采样的二元信号的判决式，即检验统计量为$G(\boldsymbol{x})=\int_0^T[s_1(t)-s_0(t)]x(t)\mathrm{d}t$，对应的信号门限值$G_t=\frac{N_0}{2}\ln l_t+\frac{1}{2}\int_0^T[s_1^2(t)-s_0^2(t)]\mathrm{d}t$，对应的最大似然判决准则为

$$G(\boldsymbol{x})\underset{H_0}{\overset{H_1}{\gtrless}}G_t$$

令

$$E_{\mathrm{av}}=E_1+E_0=\frac{1}{2}\int_0^T[{s_1}^2(t)+{s_0}^2(t)]\mathrm{d}t \tag{5.45}$$

E_{av}两个信号$s_0(t)$和$s_1(t)$包含的平均能量为

$$\rho=\frac{1}{E_{av}}\int_0^T[s_0(t)s_1(t)]\mathrm{d}t \tag{5.46}$$

式（5.46）表示两个信号的时间互相关。

检验统计的均值和方差分别为

$$E[G\,|\,H_0]=\int_0^T[s_1(t)-s_0(t)]x(t)\,\mathrm{d}t=\int_0^T s_1(t)s_0(t)\mathrm{d}t-\int_0^T s_0{}^2(t)\mathrm{d}t=\rho E_{av}-E_1$$

$$E[G\,|\,H_1]=\int_0^T s_1{}^2(t)\mathrm{d}t-\int_0^T s_1(t)s_0(t)\mathrm{d}t=E_1-\rho E_{av}$$

$$\sigma_G^2=\left(\frac{N_0}{2}\right)^2\sigma_y^2=\left(\frac{N_0}{2}\right)^2\Delta\boldsymbol{s}^{\mathrm{T}}\boldsymbol{R}^{-1}\Delta\boldsymbol{s}=\left(\frac{N_0}{2}\right)^2\Delta\boldsymbol{s}^{\mathrm{T}}\Delta\boldsymbol{s}/\sigma_n^2$$

考虑 $\sigma_n^2=N_0/(2\Delta t)$，则有

$$\sigma_G^2=\frac{N_0}{2}\sum_{i=1}^{N-1}(s_{1i}-s_{0i})^2\Delta t$$

令 $\Delta t\to 0$，得

$$\sigma_G^2=\frac{N_0}{2}\int_0^T[s_1(t)-s_0(t)]^2\mathrm{d}t=N_0E_{av}(1-\rho) \tag{5.47}$$

从而得到检验统计量的概率密度为

$$p(G\,|\,H_0)=\frac{1}{\sqrt{2\pi N_0E_{av}(1-\rho)}}\exp\left\{-\frac{[G-(\rho E_{av}-E_0)]^2}{2N_0E_{av}(1-\rho)}\right\}$$

$$p(G\,|\,H_1)=\frac{1}{\sqrt{2\pi N_0E_{av}(1-\rho)}}\exp\left\{-\frac{[G-(E_1-\rho E_{av})]^2}{2N_0E_{av}(1-\rho)}\right\}$$

令

$$U=\frac{G_t-E[G\,|\,H_0]}{\sigma_G}=\frac{N_0}{2\sigma_G}\ln l_t+\frac{\sigma_G}{N_0}=\frac{N_0}{2\sigma_G}\ln l_t+\sqrt{E_{av}(1-\rho)/N_0} \tag{5.48}$$

则虚警概率为

$$P(D_1\,|\,H_0)=\int_U^{+\infty}\frac{1}{\sqrt{2\pi}}\exp\left(-\frac{u^2}{2}\right)\mathrm{d}u \tag{5.49}$$

令

$$U'=\frac{G_t-E[G\,|\,H_1]}{\sigma_G}=\frac{N_0}{2\sigma_G}\ln l_t-\frac{\sigma_G}{N_0}=\frac{N_0}{2\sigma_G}\ln l_t-\sqrt{E_{av}(1-\rho)/N_0} \tag{5.50}$$

则漏报概率为

$$P(D_0|H_1)=\int_{-\infty}^{U'}\frac{1}{\sqrt{2\pi}}\exp\left(-\frac{u^2}{2}\right)\mathrm{d}u=\int_{-U'}^{+\infty}\frac{1}{\sqrt{2\pi}}\exp\left(-\frac{u^2}{2}\right)\mathrm{d}u \tag{5.51}$$

例 5.6　设雷达发射的脉冲信号为 0 和 s，混叠加性白噪声，功率谱密度为 $N_0/2$，试分析其性能。

解：其假设为

$$H_1: x(t)=s+n(t)$$

$$H_0: x(t)=n(t)$$

$$E_{\mathrm{av}}=\frac{1}{2}\int_0^T[s_1^{\ 2}(t)+s_0^{\ 2}(t)]\mathrm{d}t=\frac{1}{2}\int_0^T s^2\mathrm{d}t=\frac{E}{2}$$

$$\rho=\frac{1}{E_{\mathrm{av}}}\int_0^T[s_0(t)s_1(t)]\mathrm{d}t=0$$

由式（5.44），令

$$Y^*=\int_0^T s(t)x(t)\mathrm{d}t \underset{H_0}{\overset{H_1}{\gtrless}} Y_t^*$$

可以得到

$$E(Y^*|H_0)=0,\ E(Y^*|H_1)=\int_0^T s(t)s(t)\mathrm{d}t=E$$

$$\sigma_{Y^*}^2=N_0E_{\mathrm{av}}(1-\rho)=N_0E/2$$

$$U=\frac{G_t-E(Y^*|H_0)}{\sigma_G}=\sqrt{2/N_0E}G_t$$

检测雷达信号时，通常采用奈曼—皮尔逊准则，门限值可以通过下面式子设置，即

$$P_f=\int_{\sqrt{2/N_0E}G_t}^{+\infty}\frac{1}{\sqrt{2\pi}}\exp\left(-\frac{u^2}{2}\right)\mathrm{d}u$$

例 5.7　试对移相键控信号进行分析，设 $P(H_0)=P(H_1)=1/2$。

解：对于移相键控信号

$$H_1: x=A\sin(\omega t)+n(t)$$

$$H_0: x=-A\sin(\omega t)+n(\mathrm{t})$$

由式（5.44）得其判决式为

$$G(\boldsymbol{x})=\int_0^T s_1(t)x(t)\mathrm{d}t \underset{H_0}{\overset{H_1}{\gtrless}} 0 \text{ 且 } G_t=0$$

$$E_{\text{av}}=\frac{1}{2}\int_0^T[s_1^2(t)+s_0^2(t)]\mathrm{d}t=\int_0^T s_1^2(t)\mathrm{d}t=E_s$$

$$\rho=\frac{1}{E_{\text{av}}}\int_0^T[s_0(t)s_1(t)]\mathrm{d}t=-1$$

$$U=\frac{N_0}{2\sigma_G}\ln l_t+\sqrt{E_{\text{av}}(1-\rho)/N_0}=\sqrt{2E_s/N_0}$$

$$P(D_1|H_0)=\int_{\sqrt{2E_s/N_0}}^{+\infty}\frac{1}{\sqrt{2\pi}}\exp\left(-\frac{u^2}{2}\right)\mathrm{d}u$$

$$U'=\frac{N_0}{2\sigma_G}\ln l_t-\sqrt{\frac{E_{\text{av}}(1-\rho)}{N_0}}=-\sqrt{2E_s/N_0}$$

$$P(D_0|H_1)=\int_{\sqrt{2E_s/N_0}}^{+\infty}\frac{1}{\sqrt{2\pi}}\exp\left(-\frac{u^2}{2}\right)\mathrm{d}u$$

故总误差

$$P_e=P(H_0)P(D_1|H_0)+P(H_1)P(D_0|H_1)=\int_{\sqrt{2E_s/N_0}}^{+\infty}\frac{1}{\sqrt{2\pi}}\exp\left(-\frac{u^2}{2}\right)\mathrm{d}u$$

总误差可以用误差函数表示，令 $x=\frac{u}{\sqrt{2}}$，则有

$$P_e=1-\int_0^{\sqrt{\frac{2E_s}{N_0}}}\frac{1}{\sqrt{2\pi}}\exp\left(-\frac{u^2}{2}\right)\mathrm{d}u=1-\int_0^{\sqrt{\frac{E_s}{N_0}}}\frac{1}{\sqrt{\pi}}\exp(-x^2)\mathrm{d}x=1-\phi\left(\sqrt{\frac{E_s}{N_0}}\right)$$

式中，$\frac{E_s}{N_0}$ 为功率信噪比，当噪声很小或检测时间足够大时，总误差可以趋近零。例如当 $\frac{E_s}{N_0}=2$ 时，$P_e=0.0227$，误差相当小，比单次检测准确得多。

5.5 随机参量信号的判决

前面讨论的检测方法，在每个假设下，信号的概率密度 $p(x|H_i)$ 都是完全确定的。然而，实际情况是在某些假设下，信号的概率密度 $p(x|H_i)$ 中包含未知量，比较简单的做法是设该未知量为随机变量，并且对它指定概率密度，这样就能对信号进行判决，该判决是在参量值总体平均下的最佳判决。我们以一个二元信号判决为例来进行说明，它对应的似然比为 $l(x)$

设信号为$s_0(t,m_0), s_1(t,m_1)$，m_0和m_1的概率密度函数分别为$p(m_0)$和$p(m_1)$，其似然比通过对m_0和m_1求统计平均得到，即

$$l(x)=\frac{\int p(x|H_1,m_1)p(m_1)\mathrm{d}m_1}{\int p(x|H_0,m_0)p(m_0)\mathrm{d}m_0}\underset{H_0}{\overset{H_1}{\gtrless}} l_0 \tag{5.52}$$

5.5.1　单次采样

对一维数据进行观测，假设H_0为方差为1，均值为0的信号，而H_1为方差为1，均值未知且不为0的信号，且先验概率相等，则

$$H_0: x(t)=n(t)$$
$$H_1: x(t)=m+n(t)$$

$P(H_0)=P(H_1)=\frac{1}{2}$，设在假设$H_0$、$H_1$下，信号概率密度分别为

$$p_0(x)=\frac{1}{(2\pi)^{\frac{1}{2}}}\exp\left(-\frac{x^2}{2}\right)$$

$$p_1(x|m)=p_0(x)=\frac{1}{(2\pi)^{\frac{1}{2}}}\exp\left[-\frac{(x-m)^2}{2}\right]$$

根据最小错误贝叶斯准则

$$\frac{p(x|H_1)}{p(x|H_0)}=\frac{p_1(x|m)}{p_0(x)}\underset{H_0}{\overset{H_1}{\gtrless}}\frac{P(H_0)}{P(H_1)}=1$$

得$\exp\left[-\frac{(\eta-m)^2}{2}+\frac{x^2}{2}\right]=1$，可以得到门限值为$\eta=m/2$，因为$m$未知，所以不能确定具体的门限值。

如果m可以视为均值为0，方差为1的随机变量，则

$$p_1(x)=E[p_1(x|m)p(m)]=\int_{-\infty}^{+\infty}\frac{1}{(2\pi)^{\frac{1}{2}}}\exp\left[-\frac{(x-m)^2}{2}\right]\frac{1}{(2\pi)^{\frac{1}{2}}}\exp\left(-\frac{m^2}{2}\right)\mathrm{d}m$$

$$=\frac{1}{2\pi}\exp\left(-\frac{x^2}{4}\right)\int_{-\infty}^{+\infty}\exp\left[-\left(\frac{x}{2}-m\right)^2\right]\mathrm{d}m$$

$$=\frac{1}{\sqrt{4\pi}}\exp\left(-\frac{x^2}{4}\right)$$

所以 $\dfrac{p(x|H_1)}{p(x|H_0)}=\dfrac{p_1(x)}{p_0(x)}=\dfrac{1}{\sqrt{2}}\exp\left(\dfrac{x^2}{4}\right)\underset{H_0}{\overset{H_1}{\gtrless}}1$，从而可以得到 $x^2\underset{H_0}{\overset{H_1}{\gtrless}}2\ln 2, |x|\underset{H_0}{\overset{H_1}{\gtrless}}1.177$。

虚警概率为

$$P(D_1|H_0)=\int_{-\infty}^{-1.177}\frac{1}{(2\pi)^{\frac{1}{2}}}\exp\left(-\frac{x^2}{2}\right)\mathrm{d}x+\int_{1.177}^{+\infty}\frac{1}{(2\pi)^{\frac{1}{2}}}\exp\left(-\frac{x^2}{2}\right)\mathrm{d}x=2\int_{1.177}^{+\infty}\frac{1}{(2\pi)^{\frac{1}{2}}}\exp\left(-\frac{x^2}{2}\right)\mathrm{d}x$$

漏检概率为

$$P(D_0|H_1)=\int_{-1.177}^{1.177}p_1(x)\mathrm{d}x$$

总误差为

$$P_e=P(D_1|H_0)P(H_0)+P(D_0|H_1)P(H_0)=0.417$$

由于是单次采样，因此误差很大。

5.5.2 多次采样

为了得到误差较小的判决，通常采用多次采样的方法，下面以具有随机相位的 ASK 信号的判决进行说明。对于该信号，满足

$$H_0: x(t)=n(t)$$
$$H_1: x(t)=A\sin(\omega t+\theta)+n(t)$$

式中，$n(t)$表示零均值，且谱密度为 $N_0/2$ 的高斯噪声。$p(\theta)=\dfrac{1}{2\pi}$ 为参数 θ 的概率密度函数。

由式（5.33）可知，

$$p(\boldsymbol{x}|H_1,\theta)=\frac{1}{(2\pi\sigma_n^2)^{\frac{n}{2}}}\exp\left\{-\frac{1}{N_0}\int_0^T[x(t)-s_1(t)]^2\mathrm{d}t\right\}$$

$$p(\boldsymbol{x}|H_0)=\frac{1}{(2\pi\sigma_n^2)^{\frac{n}{2}}}\exp\left[-\frac{1}{N_0}\int_0^T x^2(t)\mathrm{d}t\right]$$

式中，$E_s=\int_0^{\mathrm{T}}s_1^2(t)\mathrm{d}t$，其似然比为

$$l(x)=\frac{\int_0^{2\pi}p(\boldsymbol{x}|H_1,\theta)p(\theta)\mathrm{d}\theta}{P(\boldsymbol{x}|H_0)}=\exp\left(-\frac{E_s}{N_0}\right)\frac{1}{2\pi}\int_0^{2\pi}\exp\left[\frac{2A}{N_0}\int_0^T x(t)\sin(\omega t+\theta)\mathrm{d}t\right]\mathrm{d}\theta$$

为了方便分析，令 $X_c=\int_0^T x(t)\sin(\omega t)\,\mathrm{d}t$，$X_s=\int_0^T x(t)\cos(\omega t)\mathrm{d}t$，$X_c=q\cos\theta_0$，$X_s=q\sin\theta_0$，从而可得

$$\int_0^T x(t)\sin(\omega t+\theta)\,\mathrm{d}t = q\cos(\theta-\theta_0)$$

似然比可以化为

$$l(x)=\exp\left(-\frac{E_s}{N_0}\right)I_0\left(\frac{2Aq}{N_0}\right)$$

式中，$I_0\left(\frac{2Aq}{N_0}\right)=\frac{1}{2\pi}\int_0^{2\pi}\exp\left[\frac{2Aq}{N_0}\cos(\theta-\theta_0)\right]$；$\mathrm{d}\theta$ 是零阶修正贝塞尔函数，是 q 的单调增函数。判决式可以写成

$$I_0\left(\frac{2Aq}{N_0}\right)\underset{H_0}{\overset{H_1}{\gtrless}} l_0\exp\left(\frac{E_s}{N_0}\right)$$

或

$$q\underset{H_0}{\overset{H_1}{\gtrless}}\eta$$

根据 X_c、X_s 和 q 的关系，有

$$\left[\int_0^T x(t)\sin(\omega t)\,\mathrm{d}t\right]^2+\left[\int_0^T x(t)\cos(\omega t)\,\mathrm{d}t\right]^2\underset{H_0}{\overset{H_1}{\gtrless}}\eta^2$$

5.6　匹配滤波器的信号判决

对于二元检测，若不知道噪声的概率密度函数，则可以寻找噪声的最不利概率密度，采用奈曼—皮尔逊准则进行处理。更为一般的方法是，不去确定采用何种最佳准则，只是简单地假定，如果以使信噪比最大的方式处理信号，就能对信号进行很好的检测。对于该二元检测问题，采用一个线性滤波器来处理信号，使其输出信号具有最大的信噪比，该滤波器实际上是匹配滤波器。由式（4.9）知，如果输入噪声是白噪声，且取常数 c=1，则匹配滤波器的脉冲响应为

$$h_\Delta(t)=s(T_0-t)$$

若输入观测信号 $x(t)$，则其对应的输出为

$$y(t)=\int_{-\infty}^{+\infty}h_\Delta(\tau)x(t-\tau)\mathrm{d}\tau=\int_{-\infty}^{+\infty}s(T_0-\tau)x(t-\tau)\mathrm{d}\tau=R_{xs}(t-T_0)$$

匹配滤波器的输出信号相当于观测信号和实际信号的互相关运算。在判决时刻 T_0，其输出信号为

$$y(T_0)=R_{xs}(0)=R_s(0)$$

式中，$R_s(0)$ 表示最大值，即匹配滤波器在判决时刻输出信号的最大值，对应最大输出信噪比。

如果二元信号通过的滤波器的脉冲响应函数分别为 $s_0(T_0-t)$ 和 $s_1(T_0-t)$，且在时刻 T_0，信号通过该滤波器的输出信号的信噪比达到最大，则可以进行比较和判决。图 5.5 所示为匹配滤波器信号判决图。

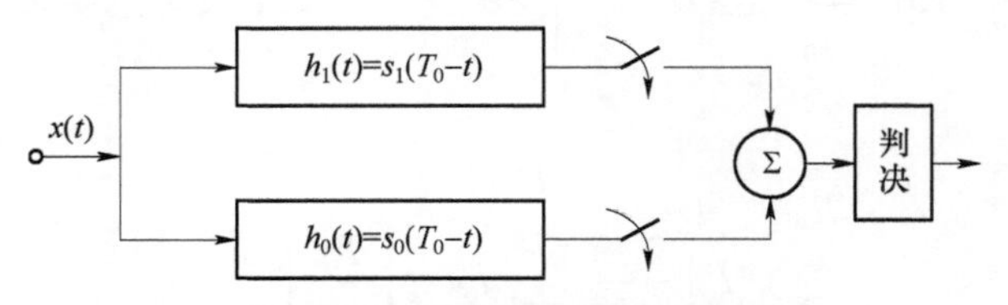

图 5.5　匹配滤波器信号判决图

第六章
微弱信号参数估计

根据观测数据，估计出噪声中和信号有关的未知参数是微弱信号参数估计的主要内容。显然，信号参数估计是在信号存在的前提下进行的，主要涉及两个方面的参数：一方面是由观测值出发，对某感兴趣的量进行估计，例如通过对雷达回波的载波频率进行估计，可以确定目标的速度；另一方面是模型参数，根据观测数据以及处理的问题，建立相应的带有参数的物理过程模型，通过寻找最佳方法估计出最佳参数，能够使建立的模型和观测数据很好地吻合，并且能够很好地预测过程。此时，观测信号 $\boldsymbol{x}(t)$ 和实际信号 $\boldsymbol{s}(t,\theta_1,\theta_2,\cdots,\theta_m)$ 之间的关系可以写成

$$\boldsymbol{x}(t)=\boldsymbol{s}(t,\theta_1,\theta_2,\cdots,\theta_m)+\boldsymbol{n}(t) \tag{6.1}$$

式中，$\boldsymbol{x}$ 为由已知观测数据 x_i 构成的矢量，$\boldsymbol{s}$ 为由包含参数的 s_i 构成的矢量。

由于观测数据有限，因此估计值和真实值之间一定存在误差。参数估计的内容就是通过寻找最佳参数，使该误差最小。和滤波与判决算法一样，估计算法也需要在一些准则之下建立。

6.1 贝叶斯估计

设观测值为 $\boldsymbol{x}$，它是一个随机变量，与参数 $\boldsymbol{\theta}$ 以某种方式相关联，它们之间的关系由联合概率密度 $p(\boldsymbol{x},\boldsymbol{\theta})$ 描述。希望找到一种算法，通过给定的数据 $\boldsymbol{x}$ 来计算 $\boldsymbol{\theta}$ 的近似值 $\hat{\boldsymbol{\theta}}$，即

$$\hat{\boldsymbol{\theta}}(\boldsymbol{x})\cong\boldsymbol{\theta} \tag{6.2}$$

而无论采用什么样的算法，都会带来误差，即

$$\boldsymbol{\varepsilon}=\boldsymbol{\theta}-\hat{\boldsymbol{\theta}} \tag{6.3}$$

式中，$\boldsymbol{\varepsilon}$ 为随机变量。该误差会产生代价或损失，该代价可以用一个具体的标量（代价）函数 $C(\boldsymbol{\varepsilon})$ 表示。对于贝叶斯估计，要求在所有的情形下的平均代价最小，即代价的期望值 $E[C(\boldsymbol{\varepsilon})]$ 最小：

$$E[C(\boldsymbol{\varepsilon})]=\min \tag{6.4}$$

而

$$E[C(\boldsymbol{\varepsilon})]=E[C(\boldsymbol{\theta},\hat{\boldsymbol{\theta}})]=\int_{-\infty}^{+\infty}\left[\int_{-\infty}^{+\infty}C(\boldsymbol{\theta},\hat{\boldsymbol{\theta}})p(\boldsymbol{\theta}\mid\boldsymbol{x})\mathrm{d}\boldsymbol{\theta}\right]p(\boldsymbol{x})\mathrm{d}\boldsymbol{x}$$

式中，$p(\boldsymbol{\theta}\mid\boldsymbol{x})$ 为在观测值为 $\boldsymbol{x}$ 的条件下，$\boldsymbol{\theta}$ 的概率密度分布函数；$\int_{-\infty}^{+\infty}C(\boldsymbol{\theta},\hat{\boldsymbol{\theta}})p(\boldsymbol{\theta}\mid\boldsymbol{x})\mathrm{d}\boldsymbol{\theta}$ 是对不同的参量值所付出的代价；第一个积分是指观测值所对应的代价总和。

由于 $p(\boldsymbol{x})\geqslant 0$，如果选择 $\hat{\boldsymbol{\theta}}$，使 $\int_{-\infty}^{+\infty}C(\boldsymbol{\theta},\hat{\boldsymbol{\theta}})p(\boldsymbol{\theta}\mid\boldsymbol{x})\mathrm{d}\boldsymbol{\theta}$ 最小，则上述平均代价最小，因此贝叶斯估计可以写成

$$R=\min_{\hat{\theta}}E[C(\boldsymbol{\theta},\hat{\boldsymbol{\theta}})\mid\boldsymbol{x}]=\min_{\hat{\theta}}\int_{-\infty}^{+\infty}C(\boldsymbol{\theta},\hat{\boldsymbol{\theta}})p(\boldsymbol{\theta}\mid\boldsymbol{x})\mathrm{d}\boldsymbol{\theta} \tag{6.5}$$

令式（6.5）对参数 $\hat{\boldsymbol{\theta}}$ 的导数为零，可以得到贝叶斯估计值 $\hat{\boldsymbol{\theta}}$，即

$$\frac{\partial R}{\partial\hat{\boldsymbol{\theta}}}=0 \tag{6.6}$$

例 6.1 设随机信号 s 的概率分布密度函数为 $p_s(s)=\exp(-s)u(s)$，观测信号中的噪声为加性噪声，噪声的概率分布密度函数为 $p_n(n)=2\exp(-2\boldsymbol{n})u(\boldsymbol{n})$，观测信号和噪声独立，用贝叶斯估计求信号的估计值，设 $C(\boldsymbol{\theta},\hat{\boldsymbol{\theta}})=(\boldsymbol{\theta}-\hat{\boldsymbol{\theta}})^2$。

解：观测信号 $x=s+n$，

本例中，信号值是被估计的参数，故

$$p(\theta\mid x)=p(s\mid x)=\frac{p(x\mid s)p(s)}{p(x)}$$

式中，$p(x\mid s)=p_n(x-s)=2\exp[-2(x-s)]u(x-s)$；$p(s)=p_s(s)$。

由式（6.5），得

$$E[C(\boldsymbol{\theta},\hat{\boldsymbol{\theta}})\mid\boldsymbol{x}]=\int_{-\infty}^{+\infty}(s-\hat{s})^2p(s\mid x)\mathrm{d}s=\frac{1}{p(x)}\int_0^{+\infty}(s-\hat{s})^2p(x\mid s)p_s(s)\mathrm{d}s$$
$$=\frac{1}{p(x)}\int_0^{+\infty}(s-\hat{s})^2 2\exp[-2(x-s)]u(x-s)\exp(-s)u(s)\mathrm{d}s$$

由上式知，$0\leqslant s\leqslant x$，令上式对 $\hat{s}$ 的导数为零，即

$$\int_0^x(s-\hat{s})\exp(s)\mathrm{d}s=0$$

整理，得

$$\hat{s}=\frac{x}{1-\exp(-x)}-1$$

对于代价函数 $C(\boldsymbol{\varepsilon})$，根据实际情况选取，常用的典型代价函数如下：

（1）绝对代价函数，其形状如图 6.1（a）所示。

绝对代价函数数学定义为

$$C(\boldsymbol{\theta},\hat{\boldsymbol{\theta}})=\begin{cases}1,|\varepsilon|\geqslant\dfrac{\delta}{2}\\0,|\varepsilon|<\dfrac{\delta}{2}\end{cases}\tag{6.7}$$

式中，δ 为一正实数。

（2）误差绝对值代价函数，其形状如图 6.1（b）所示。

误差绝对值代价函数的数学定义为

$$C(\boldsymbol{\theta},\hat{\boldsymbol{\theta}})=|\varepsilon|\tag{6.8}$$

（3）平方代价函数，其形状如图 6.1（c）所示。

平方代价函数的数学定义为

$$C(\boldsymbol{\theta},\hat{\boldsymbol{\theta}})=\varepsilon^2\tag{6.9}$$

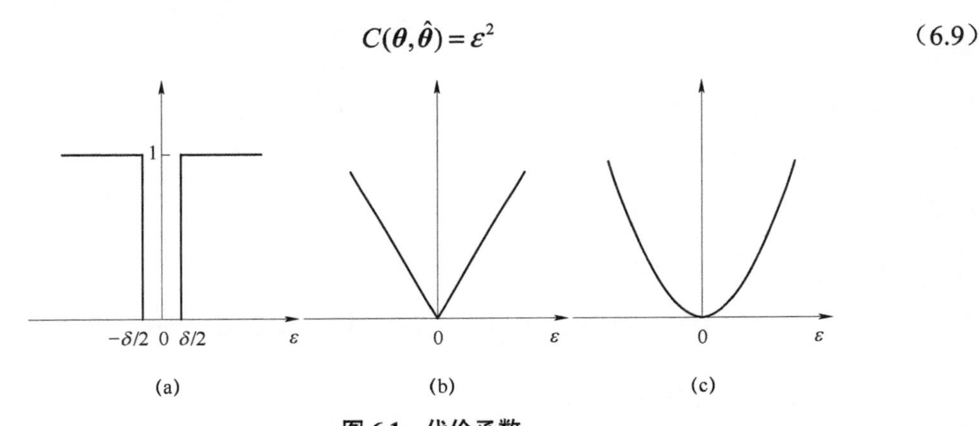

图 6.1　代价函数

（a）绝对代价函数；（b）误差绝对值代价函数；（c）平方代价函数

上述典型的代价函数对应相应的典型贝叶斯估计。

（1）最大后验概率估计。

若 $C(\boldsymbol{\theta},\hat{\boldsymbol{\theta}})$ 取式（6.7），对于较小的 δ，条件平均代价为

$$\begin{aligned}E[C(\boldsymbol{\theta},\hat{\boldsymbol{\theta}})\,|\,\boldsymbol{x}]&=\int_{-\infty}^{\hat{\theta}-\frac{\delta}{2}}p(\boldsymbol{\theta}\,|\,\boldsymbol{x})\mathrm{d}\boldsymbol{\theta}+\int_{\hat{\theta}+\frac{\delta}{2}}^{+\infty}p(\boldsymbol{\theta}\,|\,\boldsymbol{x})\mathrm{d}\boldsymbol{\theta}\\&=1-\int_{\hat{\theta}-\frac{\delta}{2}}^{\hat{\theta}+\frac{\delta}{2}}p(\boldsymbol{\theta}\,|\,\boldsymbol{x})\mathrm{d}\boldsymbol{\theta}\cong1-\delta p(\boldsymbol{\theta}\,|\,\boldsymbol{x})\end{aligned}$$

对于任意固定的小 δ，选择 $\hat{\boldsymbol{\theta}}$ 作为使 $p(\boldsymbol{\theta}\,|\,\boldsymbol{x})$ 最大的 $\boldsymbol{\theta}$ 值，则可使上式最大，即

$$p(\hat{\boldsymbol{\theta}}\,|\,\boldsymbol{x})=\max\tag{6.10}$$

该式即最大后验概率估计。

例 6.2　在零均值高斯噪声中，对零均值高斯参数 s 进行了 N 次独立观测，求其最大后验概率估计。

解： 观测值 $x_i=s+n_i,i=1,2,\cdots,N$，参数为 s，故

$$p(\boldsymbol{\theta}|\boldsymbol{x})=p(s|\boldsymbol{x})=p(\boldsymbol{x}|s)p(s)/p(\boldsymbol{x})$$

$$=\prod_{i=1}^{N}(2\pi\sigma_n^2)^{-\frac{1}{2}}\exp\left[-\frac{(x_i-s)^2}{2\sigma_n^2}\right]\times(2\pi\sigma_s^2)^{-\frac{1}{2}}\exp\left(-\frac{s^2}{2\sigma_s^2}\right)/p(\boldsymbol{x})$$

$$=(2\pi\sigma_n^2)^{-\frac{N}{2}}(2\pi\sigma_s^2)^{-\frac{1}{2}}\exp\left[\sum_{i=1}^{N}-\frac{(x_i-s)^2}{2\sigma_n^2}-\frac{s^2}{2\sigma_s^2}\right]/p(\boldsymbol{x})$$

对上式求对数，然后对参数 s 求导数，令导数为零，得

$$\frac{\partial}{\partial s}\left[\frac{1}{2\sigma_n^2}\sum_{i=1}^{N}(x_i-s)^2+\frac{s^2}{2\sigma_s^2}\right]=0$$

可以得到最大后验概率估计值为

$$\hat{s}=\left(1+\frac{\sigma_n^2}{N\sigma_s^2}\right)^{-1}\frac{1}{N}\sum_{i=1}^{N}x_i$$

如果所有概率密度都是高斯分布的，那么最大后验概率估计就是条件均值。

（2）条件中位数估计。

若取 $C(\boldsymbol{\theta},\hat{\boldsymbol{\theta}})=|\varepsilon|$，则条件平均代价为

$$E[C(\boldsymbol{\theta},\hat{\boldsymbol{\theta}})|\boldsymbol{x}]=\int_{-\infty}^{+\infty}|\boldsymbol{\theta}-\hat{\boldsymbol{\theta}}|p(\boldsymbol{\theta}|\boldsymbol{x})\mathrm{d}\boldsymbol{\theta}$$

$$=\int_{-\infty}^{\hat{\theta}}(\hat{\boldsymbol{\theta}}-\boldsymbol{\theta})p(\boldsymbol{\theta}|\boldsymbol{x})\mathrm{d}\boldsymbol{\theta}+\int_{\hat{\theta}}^{+\infty}(\boldsymbol{\theta}-\hat{\boldsymbol{\theta}})p(\boldsymbol{\theta}|\boldsymbol{x})\mathrm{d}\boldsymbol{\theta}$$

对 $\hat{\boldsymbol{\theta}}$ 求导数，并令导数为零，得

$$\int_{-\infty}^{\hat{\theta}}p(\boldsymbol{\theta}|\boldsymbol{x})\mathrm{d}\boldsymbol{\theta}=\int_{\hat{\theta}}^{+\infty}p(\boldsymbol{\theta}|\boldsymbol{x})\mathrm{d}\boldsymbol{\theta} \tag{6.11}$$

式中，$\hat{\boldsymbol{\theta}}$ 为条件概率密度 $p(\boldsymbol{\theta}|\boldsymbol{x})$ 的中位数，称作条件中位数估计。

（3）最小均方估计。

若取 $C(\boldsymbol{\theta},\hat{\boldsymbol{\theta}})=\varepsilon^2$，则条件平均代价为

$$E[C(\boldsymbol{\theta},\hat{\boldsymbol{\theta}})|\boldsymbol{x}]=\int_{-\infty}^{+\infty}(\boldsymbol{\theta}-\hat{\boldsymbol{\theta}})^2p(\boldsymbol{\theta}|\boldsymbol{x})\mathrm{d}\theta=\int_{-\infty}^{+\infty}(\boldsymbol{\theta}^2-2\boldsymbol{\theta}\hat{\boldsymbol{\theta}}+\hat{\boldsymbol{\theta}}^2)p(\boldsymbol{\theta}|\boldsymbol{x})\mathrm{d}\boldsymbol{\theta}$$

对 $\hat{\boldsymbol{\theta}}$ 求导数，并令导数为零，得

$$-2\int_{-\infty}^{+\infty}\boldsymbol{\theta}p(\boldsymbol{\theta}|\boldsymbol{x})\mathrm{d}\boldsymbol{\theta}+2\hat{\boldsymbol{\theta}}\int_{-\infty}^{+\infty}p(\boldsymbol{\theta}|\boldsymbol{x})\mathrm{d}\boldsymbol{\theta}=0$$

由于 $\int_{-\infty}^{+\infty}p(\boldsymbol{\theta}|\boldsymbol{x})\mathrm{d}\boldsymbol{\theta}=1$，故可以求得

$$\hat{\boldsymbol{\theta}}=\int_{-\infty}^{+\infty}\boldsymbol{\theta}p(\boldsymbol{\theta}|\boldsymbol{x})\mathrm{d}\boldsymbol{\theta}=\boldsymbol{E}[\boldsymbol{\theta}|\boldsymbol{x}] \tag{6.12}$$

由式（6.12）可知，$\hat{\boldsymbol{\theta}}$ 是条件均值估计，该估计值也是最小均方估计。

（4）最大似然估计。

贝叶斯估计是在指定代价函数的条件下，进行最优估计，需要知道参数的先验概率。而

极大似然估计并不要求最优，其优点是不需要知道先验概率，并且计算简单。该方法简单地构造似然函数，并令其最大，从而求得估计参数，即

$$p(\boldsymbol{x}\,|\,\hat{\boldsymbol{\theta}}) = \max \tag{6.13}$$

例 6.3 对某物理量 m 观测 N 次，对该物理量进行最大似然估计。

解： 设噪声是均值为零，方差为 σ_n^2 的高斯噪声，则

$$p\,(x_1, x_2, \cdots, x_N \,|\, m, \sigma_n^2) = (2\pi\sigma_n^2)^{-\frac{N}{2}} \exp\left[\sum_{i=1}^{N} -\frac{(x_i - m)^2}{2\sigma_n^2}\right]$$

如果 σ_n^2 已知，令上式对参数 m 的导数为零，则

$$\frac{\partial}{\partial m}\sum_{i=1}^{N} -\frac{(x_i - m)^2}{2\sigma_n^2} = 0$$

从而得到 m 的似然估计

$$\hat{m} = \frac{1}{N}\sum_{i=1}^{N} x_i$$

上式也是观测值的平均值，是一种常用的数据处理方法。

6.2 估计量的性质

信号参数估计是通过有限的观测数据，采用一定的准则对参数进行估计。所估计的结果和真值总是有误差的，不同的方法得到的估计结果也不同。通常采用无偏性、有效性和一致性对估计量进行评价。

（1）无偏性。无偏性是指估计量抽样分布的数学期望等于被估计的总体参数。如果参数是非随机参量，则估计量 $\hat{\boldsymbol{\theta}}$ 的均值等于该非随机参量的真值 $\boldsymbol{\theta}$，即

$$E(\hat{\boldsymbol{\theta}}) = \boldsymbol{\theta} \tag{6.14}$$

如果参数是随机参量，则估计量的均值等于该随机参量的均值，即

$$E(\hat{\boldsymbol{\theta}}) = E(\boldsymbol{\theta}) \tag{6.15}$$

此时估计量是无偏估计量，无偏估计表示估计量仅在真值附近摆动，否则称为有偏估计。

当观测次数非常多时，估计量的均值才会等于该非随机参量的真值或均值，此时的估计量是渐近无偏估计，即

$$\lim_{N\to+\infty} E(\hat{\boldsymbol{\theta}}) = \boldsymbol{\theta} \tag{6.16}$$

或

$$\lim_{N\to+\infty} E(\hat{\boldsymbol{\theta}}) = E(\boldsymbol{\theta}) \tag{6.17}$$

（2）有效性。有效性是指对同一总体参数的两个无偏估计量，在真值附近波动越小越好，即有更小方差的估计量更有效，其方差为

$$\mathrm{Var}\hat{\boldsymbol{\theta}} = E\{[\hat{\boldsymbol{\theta}} - E(\boldsymbol{\theta})]^2\} \tag{6.18}$$

达到最小方差的估计量称为有效估计量，可以由克拉美—罗不等式给出，称为克拉美—罗限。

（3）一致性。一致性是指随着样本量的增大，点估计量的值越来越接近被估总体的参数，即对于任意小的正实数$\boldsymbol{\varepsilon}$，若有

$$\lim_{N\to+\infty} P[|\boldsymbol{\theta} - \hat{\boldsymbol{\theta}}(x_1, x_2, \cdots, x_N)| < \boldsymbol{\varepsilon}] = 1 \tag{6.19}$$

则称$\hat{\boldsymbol{\theta}}$是一致估计量，显然，此时估计量的方差趋于零。而无偏估计的方差趋于零时是一致的。

然而要判断一个估计量是否为有效估计，需要先求出被估计量的克拉美—罗限，然后才能进行判断。

克拉美—罗限指的是估计量的方差不能小于某个界限，针对的是正规无偏估计，即有关的概率密度函数都满足一般的可微和可积条件。对于无偏估计，有

$$E[\hat{\boldsymbol{\theta}} - E(\boldsymbol{\theta})] = \int_{-\infty}^{+\infty} [\hat{\boldsymbol{\theta}} - E(\boldsymbol{\theta})] p(\boldsymbol{x} | \boldsymbol{\theta}) \mathrm{d}\boldsymbol{x} = 0$$

对参数$\boldsymbol{\theta}$求导，得

$$\frac{\partial}{\partial \boldsymbol{\theta}} \int_{-\infty}^{+\infty} [\hat{\boldsymbol{\theta}} - E(\boldsymbol{\theta})] p(\boldsymbol{x} | \boldsymbol{\theta}) \mathrm{d}\boldsymbol{x} = \int_{-\infty}^{+\infty} [\hat{\boldsymbol{\theta}} - E(\boldsymbol{\theta})] \frac{\partial p(\boldsymbol{x} | \boldsymbol{\theta})}{\partial \boldsymbol{\theta}} \mathrm{d}\boldsymbol{x} - 1 = 0$$

可以改写为

$$\int_{-\infty}^{+\infty} \left[\frac{\partial \ln p(\boldsymbol{x} | \boldsymbol{\theta})}{\partial \boldsymbol{\theta}} \sqrt{p(\boldsymbol{x} | \boldsymbol{\theta})}\right] \left\{\sqrt{p(\boldsymbol{x} | \boldsymbol{\theta})} [\hat{\boldsymbol{\theta}} - E(\boldsymbol{\theta})]\right\} \mathrm{d}\boldsymbol{x} = 1$$

由许瓦兹不等式$\int_{-\infty}^{+\infty} |P(\boldsymbol{x})|^2 \mathrm{d}\boldsymbol{x} \int_{-\infty}^{+\infty} |Q(\boldsymbol{x})|^2 \mathrm{d}\boldsymbol{x} \geqslant \left|\int_{-\infty}^{+\infty} P^*(\boldsymbol{x}) Q(\boldsymbol{x}) \mathrm{d}\boldsymbol{x}\right|^2$，得

$$\begin{aligned}
&\int_{-\infty}^{+\infty} \left[\frac{\partial \ln p\,(\boldsymbol{x} | \boldsymbol{\theta})}{\partial \boldsymbol{\theta}}\right]^2 p(\boldsymbol{x} | \boldsymbol{\theta}) \mathrm{d}\boldsymbol{x} \int_{-\infty}^{+\infty} [\hat{\boldsymbol{\theta}} - E(\boldsymbol{\theta})]^2 p(\boldsymbol{x} | \boldsymbol{\theta}) \mathrm{d}\boldsymbol{x} \\
&= \int_{-\infty}^{+\infty} \left[\frac{\partial \ln p\,(\boldsymbol{x} | \boldsymbol{\theta})}{\partial \boldsymbol{\theta}}\right]^2 p(\boldsymbol{x} | \boldsymbol{\theta}) \mathrm{d}\boldsymbol{x} E\{[\hat{\boldsymbol{\theta}} - E(\boldsymbol{\theta})]^2\} \\
&\geqslant \left\{\int_{-\infty}^{+\infty} \left[\frac{\partial \ln p(\boldsymbol{x} | \boldsymbol{\theta})}{\partial \boldsymbol{\theta}} \sqrt{p(\boldsymbol{x} | \boldsymbol{\theta})}\right] \left\{\sqrt{p(\boldsymbol{x} | \boldsymbol{\theta})} [\hat{\boldsymbol{\theta}} - E(\boldsymbol{\theta})]\right\} \mathrm{d}\boldsymbol{x}\right\}^2 = 1
\end{aligned}$$

估计值的方差为

$$\begin{aligned}\operatorname{Var}(\hat{\boldsymbol{\theta}})=E\{[\hat{\boldsymbol{\theta}}-E(\boldsymbol{\theta})]^2\}&\geqslant\left\{\int_{-\infty}^{+\infty}\left[\frac{\partial\ln p(\boldsymbol{x}\,|\,\boldsymbol{\theta})}{\partial\boldsymbol{\theta}}\right]^2 p(\boldsymbol{x}\,|\,\boldsymbol{\theta})\mathrm{d}\boldsymbol{x}\right\}^{-1}\\&=\left\{E\left[\frac{\partial\ln p(\boldsymbol{x}\,|\,\boldsymbol{\theta})}{\partial\boldsymbol{\theta}}\right]^2\right\}^{-1}\end{aligned}\tag{6.20}$$

式（6.20）右边的值即克拉美—罗限。

除此之外，克拉美—罗限也可以写成其他的表达式，因

$$\int_{-\infty}^{+\infty} p(\boldsymbol{x}\,|\,\boldsymbol{\theta})\mathrm{d}\boldsymbol{x}=1$$

故对参数求导，有

$$\int_{-\infty}^{+\infty}\frac{\partial\ln p(\boldsymbol{x}\,|\,\boldsymbol{\theta})}{\partial\boldsymbol{\theta}}p(\boldsymbol{x}\,|\,\boldsymbol{\theta})\mathrm{d}\boldsymbol{x}=0$$

再对上式参数求导，得

$$\int_{-\infty}^{+\infty}\frac{\partial^2\ln p(\boldsymbol{x}\,|\,\boldsymbol{\theta})}{\partial\boldsymbol{\theta}^2}p(\boldsymbol{x}\,|\,\boldsymbol{\theta})\,\mathrm{d}\boldsymbol{x}+\int_{-\infty}^{+\infty}\left[\frac{\partial\ln p(\boldsymbol{x}\,|\,\boldsymbol{\theta})}{\partial\boldsymbol{\theta}}\right]^2 p(\boldsymbol{x}\,|\,\boldsymbol{\theta})\,\mathrm{d}\boldsymbol{x}=0$$

即

$$E\left[\frac{\partial^2\ln p(\boldsymbol{x}\,|\,\boldsymbol{\theta})}{\partial\boldsymbol{\theta}^2}\right]+E\left[\frac{\partial\ln p(\boldsymbol{x}\,|\,\boldsymbol{\theta})}{\partial\boldsymbol{\theta}}\right]^2=0$$

将上式代入式（6.20）得

$$\operatorname{Var}(\hat{\boldsymbol{\theta}})=E\{[\hat{\boldsymbol{\theta}}-E(\boldsymbol{\theta})]^2\}\geqslant-\left\{E\left[\frac{\partial^2\ln p(\boldsymbol{x}\,|\,\boldsymbol{\theta})}{\partial\boldsymbol{\theta}^2}\right]\right\}^{-1}\tag{6.21}$$

式（6.21）是克拉美—罗限的另外一个表示。

已知似然概率密度函数 $p(\boldsymbol{x}\,|\,\boldsymbol{\theta})$，就能计算克拉美—罗限。对于正规无偏估计，如果估计值的方差达到该数值，则为最小方差的有效估计。

例 6.4　若观测信号为 $x(t)=as(t)+n(t)$，$n(t)$ 为高斯白噪声，功率谱密度为 $N_0/2$，试对参数 a 进行最大似然估计，并研究其性能。

解：由式（5.32）可知，其似然概率为

$$p(\boldsymbol{x}\,|\,a)=\frac{1}{(2\pi\sigma_n^2)^{\frac{n}{2}}}\exp\left\{-\frac{1}{N_0}\int_0^T[x(t)-as(t)]^2\,\mathrm{d}t\right\}$$

由式（6.13）知，对上式取对数，然后对参数求导数，令其为零，得

$$\int_0^T[x(t)-\hat{a}s(t)]s(t)\mathrm{d}t=0$$

故参数 a 的最大似然估计为

$$\hat{a}=\frac{\int_0^T x(t)s(t)\mathrm{d}t}{\int_0^T s^2(t)\mathrm{d}t}$$

（1）判断无偏性。

该估计参数的期望为

$$E(\hat{a})=\frac{E\left[\int_0^T x(t)s(t)\mathrm{d}t\right]}{\int_0^T s^2(t)\mathrm{d}t}=\frac{E\left\{\int_0^T [as(t)+n(t)]s(t)\mathrm{d}t\right\}}{\int_0^T s^2(t)\mathrm{d}t}$$

考虑到信号和噪声不相关，得

$$E(\hat{a})=a$$

从而可知，该估计是一种无偏估计。

（2）判断有效性。

由于
$$\ln p(x\,|\,a)=\ln\frac{1}{(2\pi\sigma_n^2)^{\frac{n}{2}}}-\frac{1}{N_0}\int_0^T [x(t)-as(t)]^2\mathrm{d}t$$

故根据式（6.21），该估计的克拉美—罗限为

$$-\left\{E\left[\frac{\partial^2 \ln p(x\,|\,a)}{\partial a^2}\right]\right\}^{-1}=-\left\{E\left[\frac{2}{N_0}\int_0^T s^2(t)\mathrm{d}t\right]\right\}^{-1}=\frac{N_0}{2E_s}$$

式中，$E_s=\int_0^T s^2(t)\mathrm{d}t$ 为信号能量。

下面求估计值的方差，有

$$E[(\hat{a}-a)^2]=E\left[\left(\frac{\int_0^T x(t)s(t)\mathrm{d}t}{\int_0^T s^2(t)\mathrm{d}t}-a\right)^2\right]=E\left\{\left[\frac{\int_0^T (x(t)-as(t))s(t)\mathrm{d}t}{\int_0^T s^2(t)\mathrm{d}t}\right]^2\right\}$$

$$=\frac{E\left[\int_0^T\int_0^T n(t)s(t)n(t)s(t)\mathrm{d}t\,\mathrm{d}t'\right]}{\left[\int_0^T s^2(t)\mathrm{d}t\right]^2}$$

而白噪声的相关函数为 $E[n(t)n(t')]=\frac{N_0}{2}\delta(t-t')$，将其代入上式，得

$$E[(\hat{a}-a)^2]=\frac{\int_0^T\int_0^T \frac{N_0}{2}\delta(t-t')s(t)s(t')\mathrm{d}t\,\mathrm{d}t'}{E_s^{\ 2}}=\frac{\frac{N_0E_s}{2}}{E_s^{\ 2}}=\frac{N_0}{2E_s}$$

因方差 $E[(\hat{a}-a)^2]$ 和克拉美—罗限相同，故属于有效估计。

6.3　线性最小方差估计

如果估计量的方差达到克拉美—罗限，则估计是有效的，估计量具有最小的波动和良好的性质，但是这种性质不是总是具有的。如果存在具有克拉美—罗限的无偏估计，则它是最大似然估计，很容易计算出来。如果观测数据足够多，或者信号的信噪比足够大，则这时对参数进行最大似然估计的误差是很小的。然而对于有限数目的观测数据，或者小的信噪比信号，这时使用最大似然估计可能会遇到很多困难，可以采用另外的方法来处理问题。

该问题也可以这样理解：前面介绍的估计准则中，估计量通常是观测数据的非线性函数，不容易计算，并且要求知道有关观测数据和被估计量的先验概率分布，这也是不容易办到的。

为了使问题变得简单，可以引入线性最小方差估计。该方法利用观测到的随机向量$\boldsymbol{x}$来对随机矢量$\boldsymbol{\theta}$进行估计，它规定估计量和观测值之间的关系是线性关系，在计算中不需要知道数据及参数的概率分布，只需要知道它们的均值和方差即可，该方法计算简单，容易实现。

6.3.1　最小均方估计

设含有噪声的信号为$s(t,\boldsymbol{\theta})$，$\boldsymbol{\theta}=[\theta_1,\theta_2,\cdots,\theta_M]^{\mathrm{T}}$为被估计的参数，其观测数据为$\boldsymbol{x}=[x_1,x_2,\cdots,x_N]^{\mathrm{T}}$，其中$x_k=s_k(k,\boldsymbol{\theta})+n_k$,由于估计量$\hat{\boldsymbol{\theta}}$是观测量的线性函数，故有

$$\hat{\boldsymbol{\theta}}=\boldsymbol{L}\boldsymbol{x}+\boldsymbol{b} \tag{6.22}$$

式中，$\boldsymbol{L}$为待求的$M\times N$矩阵；$\boldsymbol{b}$为待求的矢量，$\boldsymbol{b}=[b_1,b_2,\cdots,b_M]^{\mathrm{T}}$。

要求估计是无偏的，即

$$E(\hat{\boldsymbol{\theta}})=\boldsymbol{\mu}_\theta=\boldsymbol{L}E(\boldsymbol{x})+\boldsymbol{b}=\boldsymbol{L}\boldsymbol{\mu}_x+\boldsymbol{b}$$

从而得到

$$\boldsymbol{b}=\boldsymbol{\mu}_\theta-\boldsymbol{L}\boldsymbol{\mu}_x \tag{6.23}$$

故无偏估计可以写成

$$\hat{\boldsymbol{\theta}}-\boldsymbol{\mu}_\theta=\boldsymbol{L}(\boldsymbol{x}-\boldsymbol{\mu}_x)$$

则无偏估计的误差为

$$\boldsymbol{e}=\boldsymbol{\theta}-\hat{\boldsymbol{\theta}}=\boldsymbol{\theta}-\boldsymbol{\mu}_\theta-(\hat{\boldsymbol{\theta}}-\boldsymbol{\mu}_\theta)=(\boldsymbol{\theta}-\boldsymbol{\mu}_\theta)-\boldsymbol{L}(\boldsymbol{x}-\boldsymbol{\mu}_x)$$

对于最小均方准则，满足正交性原理，$E[(\boldsymbol{x}-\boldsymbol{\mu}_x)\boldsymbol{e}^{\mathrm{T}}]=0$，即

$$E[(\boldsymbol{x}-\boldsymbol{\mu}_x)(\boldsymbol{\theta}-\boldsymbol{\mu}_\theta)^{\mathrm{T}}-(\boldsymbol{x}-\boldsymbol{\mu}_x)(\boldsymbol{x}-\boldsymbol{\mu}_x)^{\mathrm{T}}\boldsymbol{L}^{\mathrm{T}}]=C_{x\theta}-C_x\boldsymbol{L}^{\mathrm{T}}=0$$

式中，$\boldsymbol{C}_{x\theta}$为互协方差矩阵；$\boldsymbol{C}_x$为协方差矩阵。则估计量的矩阵解为

$$\boldsymbol{L}=\boldsymbol{C}_{x\theta}\boldsymbol{C}_x^{-1}=\boldsymbol{C}_{\theta x}\boldsymbol{C}_x^{-1} \tag{6.24}$$

估计量的最终形式为

$$\hat{\boldsymbol{\theta}} = \boldsymbol{C}_{\theta x}\boldsymbol{C}_{x}^{-1}(\boldsymbol{x}-\boldsymbol{\mu}_x)+\boldsymbol{\mu}_\theta \tag{6.25}$$

以上估计只需要知道相应的均值和方差，即一阶矩和二阶矩即可进行估计。

例 6.5 （1）观测数据为 $x_k = a + n_k, k=1,2,\cdots,N, E(a^2)=A, E(a)=0; n_k$ 为白噪声，$E(n_i n_j)=\sigma_n^2\delta_{ij}, E(n_k)=0, E(a)=0, E(an_k)=0$。求 a 的最小均方估计。

（2）观测数据为 $x_k = ks + n_k$，$k=1,2,\cdots,N$，式中 s 为被估计参数，是信号的增长速度，如果 s 代表物体运动的速度，则 ks 表示物体运动的距离，设 $E(s^2)=A, E(s)=0; E(n_i n_j)=\sigma_n^2\delta_{ij}, E(n_k)=0$，$E(s, n_k)=0$。求 s 的最小均方估计。

解：因为

$$E(a)=0$$

$$E(\boldsymbol{x})=E(\boldsymbol{x}+\boldsymbol{n})=0$$

由式（6.23），得 $b=0$。

$$\begin{aligned}\boldsymbol{C}_x &= E\{[\boldsymbol{x}-E(\boldsymbol{x})][\boldsymbol{x}-E(\boldsymbol{x})]^{\mathrm{T}}\} = E[(\boldsymbol{x}+\boldsymbol{n})(\boldsymbol{x}+\boldsymbol{n})^{\mathrm{T}}] = E(\boldsymbol{x}\boldsymbol{x}^{\mathrm{T}})+\sigma_n^2\boldsymbol{I} \\ &= \begin{bmatrix} A+\sigma_n^2\delta_{11} & A+\sigma_n^2\delta_{12} & \cdots & A+\sigma_n^2\delta_{1N} \\ A+\sigma_n^2\delta_{21} & A+\sigma_n^2\delta_{22} & \cdots & A+\sigma_n^2\delta_{2N} \\ \vdots & \vdots & & \vdots \\ A+\sigma_n^2\delta_{N1} & A+\sigma_n^2\delta_{N2} & \cdots & A+\sigma_n^2\delta_{NN} \end{bmatrix}\end{aligned}$$

$\boldsymbol{C}_x$ 为 $N\times N$ 矩阵。

$$\begin{aligned}\boldsymbol{C}_{\theta x} &= E\{[a-E(a)][\boldsymbol{x}-E(\boldsymbol{x})]^{\mathrm{T}}\} = E[a(\boldsymbol{x}+\boldsymbol{n})^{\mathrm{T}}] \\ &= \begin{bmatrix} A \\ A \\ \vdots \\ A \end{bmatrix}\end{aligned}$$

$\boldsymbol{C}_{\theta x}$ 为 $N\times 1$ 矩阵。

而

$$\boldsymbol{L}=[l_1, l_2, \cdots, l_N]$$

由式（6.24）得 N 个联立方程为

$$A\sum_{i=1}^{N} l_i + \sum_{i=1}^{N} l_i \sigma_n^2 \delta_{ij} = A,\ j=1,2,\cdots,N$$

即可求得权重系数

$$l_i = \frac{A}{NA+\sigma_n^2}$$

由式（6.22），得到最小均方估计为

$$\hat{a}=\sum_{i=1}^{N}l_ix_i=\frac{1}{N+\sigma_n^2/A}\sum_{i=1}^{N}x_i$$

由式（4.18），可求出估计值的最小均方误差为

$$E(e^2)=E(ea)=E\left[a\left(a-\frac{1}{A+\dfrac{\sigma_n^2}{A}}\sum_{i=1}^{N}x_i\right)\right]=A-\frac{NA}{N+\dfrac{\sigma_n^2}{A}}$$

$$=\frac{\sigma_n^2}{N+\dfrac{\sigma_n^2}{A}}$$

（2）由于 $E(s)=0$， $E(\boldsymbol{x})=E(ks+n)=0$， 故 $b=0$ 。

$$\boldsymbol{C_x}=E\{[\boldsymbol{x}-E(\boldsymbol{x})][\boldsymbol{x}-E(\boldsymbol{x})]^{\mathrm{T}}\}=E[ks(\boldsymbol{x}+\boldsymbol{n})^{\mathrm{T}}]=E(\boldsymbol{xx}^{\mathrm{T}})+\sigma_n^2\boldsymbol{I}$$

$$=\begin{bmatrix} A+\sigma_n^2 & 2A & \vdots & NA \\ 2A & 4A+\sigma_n^2 & \vdots & 2NA \\ \vdots & \vdots & i\bullet jA & \vdots \\ NA & 2NA & \cdots & N\bullet N\bullet A+\sigma_n^2 \end{bmatrix}$$

即

$$\boldsymbol{C_x}(i,j)=i\bullet j\bullet A+\sigma_n^2\delta_{ij}$$

$$\boldsymbol{C_{\theta x}}=E\{[s-E(s)][\boldsymbol{x}-E(\boldsymbol{x})]^{\mathrm{T}}\}=E[sks]$$
$$=E[s^2,2s^2,\cdots,Ns^2]$$

若 N=2，则

$$\boldsymbol{C_x}=\begin{bmatrix} A+\sigma_n^2 & 2A \\ 2A & 4A+\sigma_n^2 \end{bmatrix}，\ \boldsymbol{C_{\theta x}}=[A,2A]$$

$$\boldsymbol{L}=\left[\frac{1}{5+\sigma_n^2/A},\frac{2}{5+\sigma_n^2/A}\right]$$

由式（6.22），得到最小均方估计为

$$\hat{s}=\frac{1}{5+\dfrac{\sigma_n^2}{A}}(x_1+2x_2)$$

若 N=3，则

$$\hat{s}=\frac{1}{14+\dfrac{\sigma_n^2}{A}}(x_1+2x_2+3x_3)$$

6.3.2 最小均方估计

前面介绍的贝叶斯估计、最大似然估计和最小线性方差估计都需要知道被估计量和观测信号的某些统计特性。贝叶斯估计需要知道这些统计特性的完整描述，即有关先验概率密度函数和信号参数及噪声的概率密度函数；最大似然估计不需要知道先验概率，但是仍然需要知道信号参数及噪声的概率密度函数；最小线性方差估计不需要知道任何量的概率密度函数，只需要知道信号参量及噪声的一阶矩和二阶矩即可。在实际应用中，信号参量及噪声的概率密度函数有时很难获得，并且其统计特性也很难预先给出。因此，不依赖任何统计特性的估计方法，将是非常实用的。最小二乘估计就是这样一种方法，尽管没有使用信号参量及噪声的任何统计特性，但是它的估计结果仍然比较好。因此，该方法得到很广泛的应用。

最小二乘估计是以误差的平方和最小为准则，根据观测数据估计模型中未知参数的一种参数估计方法。

（1）线性最小二乘估计。

若被估计量$\boldsymbol{\theta}$是 m 维矢量，则每次观测量$\boldsymbol{x}(k)$和观测噪声$\boldsymbol{N}(k)$都是矢量，假设观测量和参数之间有线性关系，即

$$\boldsymbol{x}(k)=H(k)\boldsymbol{\theta}+\boldsymbol{N}(k)\quad k=1,2,\cdots,N \tag{6.26}$$

将这 k 个观测量写成矢量形式，记为

$$\boldsymbol{X}=\boldsymbol{H\theta}+\boldsymbol{N} \tag{6.27}$$

式中，$\boldsymbol{X}=[\boldsymbol{x}(1),\boldsymbol{x}(2),\cdots,\boldsymbol{x}(\boldsymbol{N})]^{\mathrm{T}}$，$\boldsymbol{\theta}=[\theta_1,\theta_2,\cdots,\theta_m]^{\mathrm{T}}$，$\boldsymbol{N}=[\boldsymbol{n}(1),\boldsymbol{n}(2),\cdots,\boldsymbol{n}(N)]^{\mathrm{T}}$，$\boldsymbol{H}=[\boldsymbol{H}(1),\boldsymbol{H}(2),\cdots,\boldsymbol{H}(\boldsymbol{N})]^{\mathrm{T}}$。

观测值和真值之间的误差为

$$\boldsymbol{e}=\boldsymbol{X}-\boldsymbol{H\theta} \tag{6.28}$$

采用误差的平方和来衡量系统的好坏，误差的平方和为

$$\boldsymbol{J}(\hat{\boldsymbol{\theta}})=(\boldsymbol{X}-\boldsymbol{H}\hat{\boldsymbol{\theta}})^{\mathrm{T}}(\boldsymbol{X}-\boldsymbol{H}\hat{\boldsymbol{\theta}}) \tag{6.29}$$

求使 $J(\hat{\boldsymbol{\theta}})$ 最小的 $\hat{\boldsymbol{\theta}}$ 的方法，即最小二乘估计，记为$\hat{\boldsymbol{\theta}}_{LS}$。对$\hat{\boldsymbol{\theta}}$求导，并令导数为零，可求出最小二乘估计$\hat{\boldsymbol{\theta}}_{LS}$，即$\dfrac{\partial \boldsymbol{J}(\hat{\theta})}{\partial\hat{\theta}}=-2\boldsymbol{H}^{\mathrm{T}}(\boldsymbol{X}-\boldsymbol{H}\hat{\boldsymbol{\theta}})|_{\hat{\theta}=\hat{\theta}_{LS}}$，则得到$\boldsymbol{H}^{\mathrm{T}}\boldsymbol{X}-\boldsymbol{H}^{\mathrm{T}}\boldsymbol{H}\hat{\boldsymbol{\theta}}_{LS}=0$，即

$$\hat{\boldsymbol{\theta}}_{LS}=(\boldsymbol{H}^{\mathrm{T}}\boldsymbol{H})^{-1}\boldsymbol{H}^{\mathrm{T}}\boldsymbol{X} \tag{6.30}$$

当观测噪声$\boldsymbol{N}$的均值为零，方差为$\boldsymbol{R}_n$时，

$$\begin{aligned}E(\boldsymbol{\theta}-\hat{\boldsymbol{\theta}}_{LS})&=E[\boldsymbol{\theta}-(\boldsymbol{H}^{\mathrm{T}}\boldsymbol{H})^{-1}\boldsymbol{H}^{\mathrm{T}}\boldsymbol{X}]=E[(\boldsymbol{H}^{\mathrm{T}}\boldsymbol{H})^{-1}(\boldsymbol{H}^{\mathrm{T}}\boldsymbol{H})\boldsymbol{\theta}-(\boldsymbol{H}^{\mathrm{T}}\boldsymbol{H})^{-1}\boldsymbol{H}^{\mathrm{T}}\boldsymbol{X}]\\&=(\boldsymbol{H}^{\mathrm{T}}\boldsymbol{H})^{-1}\boldsymbol{H}^{\mathrm{T}}E(\boldsymbol{H\theta}-\boldsymbol{X})=-(\boldsymbol{H}^{\mathrm{T}}\boldsymbol{H})^{-1}\boldsymbol{H}^{\mathrm{T}}E(\boldsymbol{N})=0\end{aligned}$$

有$E(\hat{\boldsymbol{\theta}}_{LS})=\boldsymbol{\theta}$，故最小二乘估计是无偏估计。

参数最小二乘估计误差为

$$\hat{\boldsymbol{e}}_{LS}=\boldsymbol{\theta}-\hat{\boldsymbol{\theta}}_{LS}=(\boldsymbol{H}^{\mathrm{T}}\boldsymbol{H})^{-1}(\boldsymbol{H}^{\mathrm{T}}\boldsymbol{H})\boldsymbol{\theta}-(\boldsymbol{H}^{\mathrm{T}}\boldsymbol{H})^{-1}\boldsymbol{H}^{\mathrm{T}}\boldsymbol{X}=-(\boldsymbol{H}^{\mathrm{T}}\boldsymbol{H})^{-1}\boldsymbol{H}^{\mathrm{T}}\boldsymbol{N} \tag{6.31}$$

对应的估计误差方差阵为

$$\boldsymbol{Q}=E(\hat{\boldsymbol{e}}_{LS}\hat{\boldsymbol{e}}_{LS}{}^{\mathrm{T}})=(\boldsymbol{H}^{\mathrm{T}}\boldsymbol{H})^{-1}\boldsymbol{H}^{\mathrm{T}}E(\boldsymbol{N}\boldsymbol{N}^{\mathrm{T}})\boldsymbol{H}(\boldsymbol{H}^{\mathrm{T}}\boldsymbol{H})^{-1}=(\boldsymbol{H}^{\mathrm{T}}\boldsymbol{H})^{-1}\boldsymbol{H}^{\mathrm{T}}\boldsymbol{R}_n\boldsymbol{H}(\boldsymbol{H}^{\mathrm{T}}\boldsymbol{H})^{-1} \tag{6.32}$$

式中，$\boldsymbol{R}_n=E(\boldsymbol{N}\boldsymbol{N}^{\mathrm{T}})$。

例 6.6　对某物理量 s 测量 N 次，观测结果为 $x_1,x_2,\cdots,x_N$，求其最小二乘估计。

解： 因为 $x_i=s_i+n_i$，$i=1,2,\cdots,N$，即 h_i=1，得到 $\boldsymbol{H}=[h_1,h_2,\cdots,h_N]^{\mathrm{T}}$，且 $\boldsymbol{X}=[x_1,x_2,\cdots,x_N]^{\mathrm{T}}$。由式（6.30）得

$$\hat{s}_{LS}=(\boldsymbol{H}^{\mathrm{T}}\boldsymbol{H})^{-1}\boldsymbol{H}^{\mathrm{T}}\boldsymbol{X}=\frac{1}{N}\sum_{i=1}^{N}x_i$$

该结果和例 6.3 最大似然概率估计的结果一样，说明最小二乘估计也是一种很好的估计方法。

（2）线性加权最小二乘估计。

为了对不同的观测值的重要性区别对待，即强调可靠数据的重要性，引入加权最小二乘估计。构造性能指标

$$J(\hat{\boldsymbol{\theta}})=(\boldsymbol{X}-\boldsymbol{H}\hat{\boldsymbol{\theta}})^{\mathrm{T}}\boldsymbol{W}(\boldsymbol{X}-\boldsymbol{H}\hat{\boldsymbol{\theta}}) \tag{6.33}$$

式中，$\boldsymbol{W}$ 为加权矩阵。

观测量估计值为

$$\hat{\boldsymbol{\theta}}_{LS}=(\boldsymbol{H}^{\mathrm{T}}\boldsymbol{W}\boldsymbol{H})^{-1}\boldsymbol{H}^{\mathrm{T}}\boldsymbol{W}\boldsymbol{X} \tag{6.34}$$

对应的估计误差方差阵为

$$\boldsymbol{Q}=(\boldsymbol{H}^{\mathrm{T}}\boldsymbol{W}\boldsymbol{H})^{-1}\boldsymbol{H}^{\mathrm{T}}\boldsymbol{W}\boldsymbol{R}_n\boldsymbol{W}\boldsymbol{H}(\boldsymbol{H}^{\mathrm{T}}\boldsymbol{W}\boldsymbol{H})^{-1}$$

例 6.7　用两台仪器对未知量 θ 各直接测量一次，测量值分别为 x_1 和 x_2，仪器测量误差均值为 0，方差分别为 r 和 $4r$，求：

（1）x 的最小二乘估计。

（2）x 的加权最小二乘估计。

解：（1）由题意，得

$$\boldsymbol{X}=\begin{bmatrix}x_1\\x_2\end{bmatrix},\quad \boldsymbol{H}=\begin{bmatrix}1\\1\end{bmatrix},\boldsymbol{R}_n=\begin{bmatrix}r&0\\0&4r\end{bmatrix}$$

最小二乘估计值为

$$\hat{\boldsymbol{\theta}}_{LS}=(\boldsymbol{H}^{\mathrm{T}}\boldsymbol{H})^{-1}\boldsymbol{H}^{\mathrm{T}}\boldsymbol{X}=\frac{1}{2}(x_1+x_2)$$

估计的误差方阵为

$$(\boldsymbol{H}^{\mathrm{T}}\boldsymbol{H})^{-1}\boldsymbol{H}^{\mathrm{T}}\boldsymbol{R}_n\boldsymbol{H}(\boldsymbol{H}^{\mathrm{T}}\boldsymbol{H})^{-1}=\frac{5r}{4}$$

（2）方差较大的仪器可信度差些，应有较小的权值，故令

$$W=\begin{bmatrix}1/r & 0\\ 0 & 1/(4r)\end{bmatrix}$$

加权最小二乘估计值为

$$\hat{\boldsymbol{\theta}}_{LS}=(\boldsymbol{H}^{\mathrm{T}}\boldsymbol{W}\boldsymbol{H})^{-1}\boldsymbol{H}^{\mathrm{T}}\boldsymbol{W}\boldsymbol{X}=\frac{4}{5}x_1+\frac{1}{5}x_2$$

估计的误差方阵为

$$(\boldsymbol{H}^{\mathrm{T}}\boldsymbol{W}\boldsymbol{H})^{-1}\boldsymbol{H}^{\mathrm{T}}\boldsymbol{W}\boldsymbol{R}_n\boldsymbol{W}\boldsymbol{H}(\boldsymbol{H}^{\mathrm{T}}\boldsymbol{W}\boldsymbol{H})^{-1}=\frac{4r}{5}$$

与最小二乘法比较可以发现，第一次的权重加大了,且估计量的方差变小了。

（3）线性最小二乘递推估计。

随着观测数据的增加，线性最小二乘估计的计算量也会变得越来越大，为了降低计算量，可以采取线性最小二乘估计的递推形式。

该方法根据第 k–1 的估计 $\hat{\boldsymbol{\theta}}_{LS}(k-1)$ 和第 k 个测量值 $\boldsymbol{x}(k)$，来对参数进行最小二乘估计。

对于前 k–1 个观测数据，有

$$\boldsymbol{X}_{k-1}=[\boldsymbol{x}(1),\boldsymbol{x}(2),\cdots,\boldsymbol{x}(k-1)]^{\mathrm{T}}$$

$$\boldsymbol{N}_{k-1}=[\boldsymbol{n}(1),\boldsymbol{n}(2),\cdots,\boldsymbol{n}(k-1)]^{\mathrm{T}}$$

$$\boldsymbol{H}_{k-1}=[\boldsymbol{H}(1),\boldsymbol{H}(2),\cdots,\boldsymbol{H}(k-1)]^{\mathrm{T}}$$

则

$$\boldsymbol{X}_{k-1}=\boldsymbol{H}_{k-1}\boldsymbol{\theta}+\boldsymbol{N}_{k-1}$$

当获得第 k 次观测值后，有

$$\boldsymbol{X}_k=\begin{bmatrix}\boldsymbol{X}_{k-1}\\ \boldsymbol{x}(k)\end{bmatrix},\boldsymbol{H}_k=\begin{bmatrix}\boldsymbol{H}_{k-1}\\ \boldsymbol{h}(k)\end{bmatrix},\boldsymbol{N}_k=\begin{bmatrix}\boldsymbol{N}_{k-1}\\ \boldsymbol{n}(k)\end{bmatrix}$$

设加权矩阵为 $\boldsymbol{W}_{k-1}=\mathrm{diag}\begin{pmatrix}\boldsymbol{W}(1)\\ \boldsymbol{W}(2)\\ \vdots\\ \boldsymbol{W}(k-1)\end{pmatrix}$，则 $\boldsymbol{W}_k=\begin{bmatrix}\boldsymbol{W}_{k-1} & 0\\ 0 & \boldsymbol{W}(k)\end{bmatrix}$

由式（6.34）加权最小二乘法估计，得

$$\hat{\boldsymbol{\theta}}_{LS}(k-1)=(\boldsymbol{H}_{k-1}^{\mathrm{T}}\boldsymbol{W}_{k-1}\boldsymbol{H}_{k-1})^{-1}\boldsymbol{H}_{k-1}^{\mathrm{T}}\boldsymbol{W}_{k-1}\boldsymbol{X}_{k-1}$$

令 $\boldsymbol{M}_{k-1}=(\boldsymbol{H}_{k-1}^{\mathrm{T}}\boldsymbol{W}_{k-1}\boldsymbol{H}_{k-1})^{-1}$，得

$$\hat{\boldsymbol{\theta}}_{LS}(k-1)=\boldsymbol{M}_{k-1}\boldsymbol{H}_{k-1}^{\mathrm{T}}\boldsymbol{W}_{k-1}\boldsymbol{X}_{k-1} \tag{6.35}$$

同理，可得

$$\hat{\boldsymbol{\theta}}_{LS}(k)=(\boldsymbol{H}_k^{\mathrm{T}}\boldsymbol{W}_k\boldsymbol{H}_k)^{-1}\boldsymbol{H}_k^{\mathrm{T}}\boldsymbol{W}_k\boldsymbol{X}_k \tag{6.36}$$

$$\begin{aligned}\boldsymbol{M}_k=(\boldsymbol{H}_k^{\mathrm{T}}\boldsymbol{W}_k\boldsymbol{H}_k)^{-1}&=\left\{[\boldsymbol{H}_{k-1}^{\mathrm{T}}\boldsymbol{h}^{\mathrm{T}}(k)]\begin{bmatrix}\boldsymbol{W}_{k-1} & 0\\ 0 & \boldsymbol{W}(k)\end{bmatrix}\begin{bmatrix}\boldsymbol{H}_{k-1}\\ \boldsymbol{h}(k)\end{bmatrix}\right\}^{-1}\\&=[\boldsymbol{H}_{k-1}^{\mathrm{T}}\boldsymbol{W}_{k-1}\boldsymbol{H}_{k-1}+\boldsymbol{h}^{\mathrm{T}}(k)\boldsymbol{W}(k)\boldsymbol{h}(k)]^{-1}=[\boldsymbol{M}_{k-1}^{-1}+\boldsymbol{h}^{\mathrm{T}}(k)\boldsymbol{W}(k)\boldsymbol{h}(k)]^{-1}\end{aligned}$$

即

$$\boldsymbol{M}_{k-1}^{-1}=\boldsymbol{M}_k^{-1}-\boldsymbol{h}^{\mathrm{T}}(k)\boldsymbol{W}(k)\boldsymbol{h}(k) \tag{6.37}$$

由式（6.35）得

$$\boldsymbol{H}_{k-1}^{\mathrm{T}}\boldsymbol{W}_{k-1}\boldsymbol{X}_{k-1}=\boldsymbol{M}_{k-1}^{-1}\hat{\boldsymbol{\theta}}_{LS}(k-1) \tag{6.38}$$

由式（6.36）得

$$\begin{aligned}\hat{\boldsymbol{\theta}}_{LS}(k)=\boldsymbol{M}_k\boldsymbol{H}_k^{\mathrm{T}}\boldsymbol{W}_k\boldsymbol{X}_k&=\boldsymbol{M}_k\left[\boldsymbol{H}_{k-1}^{\mathrm{T}}\boldsymbol{h}^{\mathrm{T}}(k)\right]\begin{bmatrix}\boldsymbol{W}_{k-1} & 0\\ 0 & \boldsymbol{W}(k)\end{bmatrix}\begin{bmatrix}\boldsymbol{X}_{k-1}\\ \boldsymbol{x}(k)\end{bmatrix}\\&=\boldsymbol{M}_k[\boldsymbol{H}_{k-1}^{\mathrm{T}}\boldsymbol{W}_{k-1}\boldsymbol{X}_{k-1}+\boldsymbol{h}^{\mathrm{T}}(k)\boldsymbol{W}(k)\boldsymbol{x}(k)]\end{aligned}$$

将式（6.38）代入上式，得

$$\hat{\boldsymbol{\theta}}_{LS}(k)=\boldsymbol{M}_k[\boldsymbol{M}_{k-1}^{-1}\hat{\boldsymbol{\theta}}_{LS}(k-1)+\boldsymbol{h}^{\mathrm{T}}(k)\boldsymbol{W}(k)\boldsymbol{x}(k)] \tag{6.39}$$

将式（6.37）代入上式，得

$$\begin{aligned}\hat{\boldsymbol{\theta}}_{LS}(k)&=\boldsymbol{M}_k\{[\boldsymbol{M}_k^{-1}-\boldsymbol{h}^{\mathrm{T}}(k)\boldsymbol{W}(k)\boldsymbol{h}(k)]\hat{\boldsymbol{\theta}}_{LS}(k-1)+\boldsymbol{h}^{\mathrm{T}}(k)\boldsymbol{W}(k)\boldsymbol{x}(k)\}\\&=\hat{\boldsymbol{\theta}}_{LS}(k-1)+\boldsymbol{M}_k\boldsymbol{h}^{\mathrm{T}}(k)\boldsymbol{W}(k)[\boldsymbol{x}(k)-\boldsymbol{h}(k)]\hat{\boldsymbol{\theta}}_{LS}(k-1)\end{aligned} \tag{6.40}$$

第七章

基于小波分析的微弱信号检测

小波分析作为一门新型的学科，拥有巨大的应用潜力，在信号处理中得到广泛的应用。小波变换被认为是傅里叶变换的进一步发展，不仅继承了傅里叶变换的诸多优点，而且它的多分辨率特性弥补了傅里叶变换在面对高频信号时表现出的不足。本章将从理论推导、算法研究以及仿真实验等几方面系统地介绍基于小波变换的微弱信号检测。

7.1 连续小波变换

小波变换是一种信号的时间—频率分析方法，具有多分辨分析的特点，而且在时、频两域都具有表征信号局部特征的能力。该变换在低频部分具有较低的时间分辨率和较高的频率分辨率，在高频部分具有较高的时间分辨率和较低的频率分辨率，很适合于分析非平稳的信号和提取信号的局部特征。

小波分析的根本思想是利用一簇函数去逼近另一簇函数或信号，这簇函数具有很强的衰减性，是由一个基本函数经过尺度变换以及平移得到的，这簇函数便是小波。

设$\Psi(\omega)\in L^2(R)$，其傅里叶变换为$\Psi(\omega)$，其中，$L^2(R)$表示平方可积空间，若其满足以下容许性条件：

$$C_{\Psi}=\int_0^{+\infty}\frac{\left|\Psi(\omega)\right|^2}{|\omega|}\mathrm{d}\omega<+\infty \text{ 或等价条件 } \int_{-\infty}^{+\infty}\Psi(t)\mathrm{d}t=0 \tag{7.1}$$

则称$\Psi(t)$为一个基本小波或母波，并称式（7.1）是小波函数的可允许条件。将该母波进行任意的伸缩和平移便可得到以下小波函数：

$$\Psi_{a,b}(t)=|a|^{-1/2}\Psi\left(\frac{t-b}{a}\right) \tag{7.2}$$

式中，a、b为常数，分别称为尺度因子和平移因子，且满足$a>0$，$b\in\mathbf{R}$。

由连续小波定义可知，其具有以下重要特性：

（1）紧支性。由小波的容许性条件可知，$\int_{\mathbf{R}}\Psi(t)<+\infty$，即小波是能量有限的信号，局部不为零，有很强的衰减性。小波函数一般在时域具有紧支集或近似紧支集，即函数的非零

值定义域具有有限的范围。

（2）波动性。由可允许条件，得到$\Psi(\omega)|_{\omega=0}=0$，说明信号的直流分量为0，即小波是正负交替的波动信号。

如果尺度因子a和平移因子b的取值连续变化，那么$\Psi_{a,b}(t)$就是依赖于参数a、b的连续小波基函数，此时相应的小波变换则是连续小波变换（Continuous Wavelet Transform，CWT）。函数$x(t)$以小波$\Psi(t)$为基的连续小波变换定义为函数$x(t)$和$\Psi_{a,b}(t)$的内积。

$$\langle \mathrm{CWT}, f > (a,b) \rangle = \langle \Psi_{a,b}(t),\ x(t) \rangle = \int_{-\infty}^{+\infty} x(t) \frac{1}{\sqrt{a}} \overline{\Psi\left(\frac{t-b}{a}\right)} \mathrm{d}t \tag{7.3}$$

式中，$\overline{\Psi\left(\frac{t-b}{a}\right)}$是$\Psi\left(\frac{t-b}{a}\right)$的复共轭。

其逆变换为

$$x(t) = \frac{1}{C_{\Psi}} \int_{0}^{+\infty} \int_{-\infty}^{+\infty} \langle f, \Psi_{a,b}(t) \rangle \Psi_{a,b}(t) \frac{1}{a^2} \mathrm{d}a\mathrm{d}b \tag{7.4}$$

式中，C_{Ψ}为式（7.1）中的母小波的允许条件。

连续小波$\Psi_{a,b}(t)$的时频窗口中心和宽度可以精确定位，且都随尺度a的变化而伸缩。当a减小时，对信号的时域观察范围变窄，但频域观察范围变宽，且观察中心频率向高频移动；反之，当a变大时，对信号的时域观察范围变宽，频域观察范围变窄，观察中心频率向低频移动；小波变换具有恒Q性质，即带宽与中心频率的比值恒定。

7.2　离散小波变换

连续小波变换往往只用作理论研究，在实际应用中，尤其是在计算机中执行小波变换时，为了便于信号的存储和处理，必须将连续小波变换离散化。小波变换离散化一般针对尺度因子a和平移因子b，其区别于一般针对时间t的离散化。

实际应用中，考虑小波函数

$$\Psi_{a,b}(t) = |a|^{-\frac{1}{2}} \Psi\left(\frac{t-b}{a}\right) \tag{7.5}$$

对a、b离散化，可取

$$a = a_0^j,\quad b = k a_0^j b_0 \tag{7.6}$$

式中，$j \in \mathbf{Z}$, $a_0 > 1$（便于研究）是一个常数，$k \in \mathbf{R}$，由以上离散的a、b，可以得到函数簇

$$\Psi_{j,k}(t) = a_0^{-\frac{j}{2}} \Psi\left(\frac{t - k a_0^j b_0}{a_0^j}\right) = a_0^{-\frac{j}{2}} \Psi(a_0^{-j} t - k b_0) \tag{7.7}$$

从而可以得到离散小波变换（Discrete Wavelet Transform，DWT）的定义为

$$\langle \mathrm{DWT}, f \rangle > (j,k) = \int_{-\infty}^{+\infty} f(t) \Psi_{j,k}^{*}(t) \mathrm{d}t \tag{7.8}$$

相应的小波系数为

$$d_{j,k} = < f(t), \Psi_{j,k}(t) > \tag{7.9}$$

离散小波变换也是有逆变换的，实际上小波系数就是函数 $f(t)$ 在小波函数簇各个小波函数上的投影，类似于傅里叶变换。如果知道小波系数和小波母波，就可以通过逆变换得出信号本身，当然必须在满足容许性条件的前提下，逆变换公式为

$$f(t) = c \sum_{-\infty}^{+\infty} \sum_{-\infty}^{+\infty} d_{j,k} \Psi_{j,k}(t) \tag{7.10}$$

式中，c 是一个与信号无关的常数。实际应用中最常见的离散小波变换取参数 $a_0 = 2$，$b_0 = 1$，则可得离散小波

$$\Psi_{j,k}(t) = 2^{-\frac{j}{2}} \Psi(2^{-j} t - k) \tag{7.11}$$

式中，j，$k \in \mathbf{Z}$。

7.3 小波框架理论

经过尺度因子和平移因子的离散化，小波变换的冗余度会大大降低。小波离散化程度对信号的逼近程度有影响，为了用稳定的算法重构信号，必须选定合适的母波建立一个空间内的框架，在此框架上协调冗余度和精确度。

定义一个函数 $\Psi \in L^2(R)$ 为小波框架 $\{\Psi_{j,k}\}$ 的生成元，若满足

$$A \| f \|_2^2 \leqslant \sum_{j=-\infty}^{+\infty} \sum_{k=-\infty}^{+\infty} \left| \langle f, \Psi_{j,k} \rangle \right| \leqslant B \| f \|_2^2 \tag{7.12}$$

式中，A、B 是有限大的常量，则 A、B 分别称为框架的下边界和上边界。当 $A=B$ 时，称为紧框架。

小波框架 $\{\Psi_{j,k}\}$ 与小波变换系数 $d_{j,k}$ 密切相关，要稳定重构信号，小波变换系数必须有界且可逆。由小波变换系数构成的框架满足的条件是

$$A \| f \|_2^2 \leqslant \sum_{j=-\infty}^{+\infty} \sum_{k=-\infty}^{+\infty} \left| d_{j,k} \right| \leqslant B \| f \|_2^2 \tag{7.13}$$

依据小波框架理论研究小波变换一方面可以精确掌握离散小波变换满足的条件，另一方面可以使信号的重构算法的冗余度和精确度得到保障。

7.4　多分辨率分析及 Mallat 算法

7.4.1　多分辨率分析

多分辨率分析是建立在函数空间上的概念，为正交小波基的构造提供了简单的方法。多分辨率分析直观的理解就是对信号的分析研究可以根据信号的变化和研究者的具体要求而灵活改变，对信号采取局部对待的方法，因此多分辨率分析法对于信号的研究更细致、更灵活。在大尺度空间主要体现信号的整体概貌，在小尺度空间随着信号的变化，尺幅可以由粗略到精细，体现信号的细节，因此多分辨率分析为小波变换的快速算法——Mallat 算法提供了重要的理论依据。

空间 $L^2(R)$ 中的多分辨率分析是指构造 $L^2(R)$ 空间的一个子空间 $\{V_j\}_{j\in\mathbf{Z}}$，并满足以下条件：

（1）单调性：$V_{j+1}\subset V_j$，$j\in\mathbf{Z}$。

（2）逼近性：$\bigcap_{j\in\mathbf{Z}}V_j=\{0\}$, $\text{close}\left\{\bigcup_{-\infty}^{+\infty}V_j\right\}=L^2(R)$。

（3）伸缩性：$f(t)\in V_j \Leftrightarrow f(2^j t)\in V_0(j\in\mathbf{Z})$，伸缩性体现着尺度的变化，逼近正交小波函数的变化和空间变化具有一致性。

（4）平移不变性：对于任意 $k\in\mathbf{Z}$，有 $f(t)\in V_0 \Rightarrow f(t-k)\in V_0$。

（5）正交基的存在性：存在 $\phi(t)\in V_0$，使 $\{\phi(t-k)\,|\,k\in\mathbf{Z}\}$ 构成 V_0 的正交基。即

$$V_0=\overline{\underset{k\in\mathbf{Z}}{\text{span}}\{\phi(t-k)\}}，\quad \int_{\mathbf{R}}\phi(t-k)\phi(t-l)\mathrm{d}t=\delta_{kl} \tag{7.14}$$

而且，对任意的 $f(t)\in V_0$，存在常数 $\{c_k\}_{k\in\mathbf{Z}}$，使

$$f(t)=\sum_{k=-\infty}^{k=+\infty}c_k\phi(t-k) \tag{7.15}$$

式中，正交基的存在性可以放宽到里斯（Riesz）基的存在性。因为由泛函分析理论，由里斯基可以构造出一组正交基，由分辨率分析尺度函数的伸缩性，得

$$\phi_{j,k}=2^{-\frac{j}{2}}\phi(2^{-j}t-k) \tag{7.16}$$

$\phi(\bullet)$ 并不是 $L^2(R)$ 空间的小波函数，而是与其紧密相关的尺度函数，其中 $[\phi(l-k)/k\in\mathbf{Z}]$ 是尺度空间 V_0 的正交基，$[\phi_{j,k}(t)]_{k\in\mathbf{Z}}$ 为尺度空间 V_j 的标准正交基。

图 7.1 表示信号 S 的三层多分辨率分析的树形图。

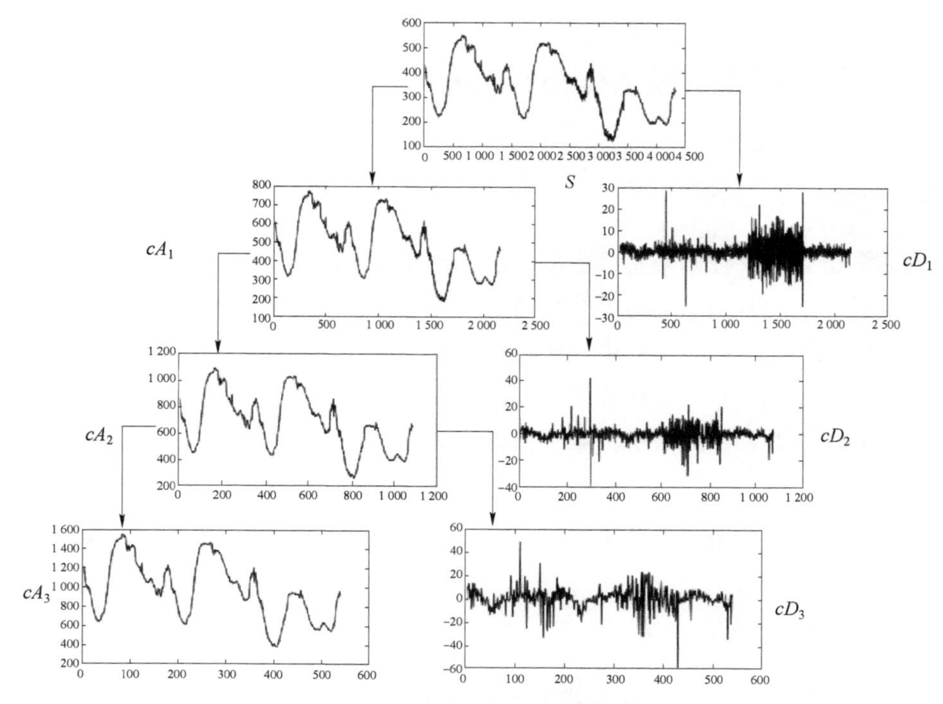

图 7.1　三层多分辨率分析树形图

图 7.1 表示的只是对信号 S 低频部分的多分辨率分析，高频部分未分析，由分解关系可以得出：$S = cA_3 + cD_1 + cD_2 + cD_3$。这里只是一个三层的多分辨率分解的例子，可以继续对低频部分分解。相应地，如果有必要，则高频部分也可做同样的处理，以此类推。

假设 V_j 表示低频部分 A_j，W_j 表示高频部分 D_j，则

$$V_j \oplus W_j = V_{j-1}, \quad j \in \mathbf{Z} \tag{7.17}$$

由 $S = cA_3 + cD_1 + cD_2 + cD_3$ 得

$$V_0 = W_1 \oplus W_2 \oplus W_3 \oplus V_3 \tag{7.18}$$

由此可知，多分辨率分析的空间 V_0 可由无限个子空间逼近，即

$$V_0 = W_1 \oplus W_2 \oplus W_3 \oplus \cdots \oplus W_{n-1} \oplus W_n \oplus V_n \tag{7.19}$$

通过以上分析可知，小波子空间具有以下性质：

（1）平移不变性：$f(t) \in W_0$，则 $f(t-k) \in W_0$。

（2）伸缩性：$f(t) \in W_j$，则 $f(2^{-1}t) \in W_{j+1}$。

（3）正交逼近性：$\underset{j\in\mathbf{Z}}{\oplus} W_j = L^2(R)$。

对于任意一个信号 $f(t) \in V_0$，若对其进行分解，则都可以分解成大尺度部分 V_1 和细节部分 W_1，如果有必要进行更深入的研究，则可以继续对 V_1 进一步分解，如此重复下去就可以得到任意分辨率的大尺度部分和细节部分，这便是多分辨率分析。

7.4.2 Mallat 算法

对于一种数学变换，需要考虑该变换的算法。如傅里叶变换、傅里叶快速算法。1987 年，Mallat 结合计算机、多分辨率分析和小波理论，提出了基于小波变换的信号的分解与重构的快速算法，使小波变换可以应用在实际信号处理过程中，这便是著名的 Mallat 算法。

设 $\{\Psi_{j,k}(t)\}_{j,k\in\mathbf{Z}}$ 是 $L^2(R)$ 中的正交小波基，则对于任意的信号 $f(t)\in L^2(R)$，有以下无穷级数展开式：

$$f(t)=\sum_{j,k\in\mathbf{Z}} d_{j,k}\Psi_{j,k}(t), d_{j,k}=\langle f(t),\Psi_{j,k}(t)\rangle \tag{7.20}$$

任取 $f(t)\in L^2(R)$，设 P_m 为空间 $L^2(R)$ 到空间 V_m 的正交投影算子，Q_m 为空间 $L^2(R)$ 到空间 W_m 的正交投影算子，则

$$P_j f=\sum_{j,k\in\mathbf{Z}} c_{j,k}\phi_{j,k},\ Q_j f=\sum_{j,k\in\mathbf{Z}} d_{j,k}\Psi_{j,k} \tag{7.21}$$

式中

$$c_{j,k}=\langle P_j f,\phi_{j,k}\rangle, d_{j,k}=\langle Q_j f,\Psi_{j,k\in\mathbf{Z}}\rangle \tag{7.22}$$

由此可得，小波系数 $d_{j,k}$ 其实就是离散二进制网格上的小波变换，由此也可以体现出多分辨率分析和小波变换的关系。

由 $V_j\oplus W_j=V_{j-1}$ 可得，$P_{j-1}f=P_j f+Q_j f$，那么可推导

$$\sum_{k\in\mathbf{Z}} c_{j,k}\phi_{j,k}+\sum_{k\in\mathbf{Z}} d_{j,k}\Psi_{j,k}=\sum_{k\in\mathbf{Z}} c_{j-1,k}\phi_{j-1,k} \tag{7.23}$$

7.5 基于小波变换的去噪

设长度为 N 的信号 f_n 被噪声 n_k 污染，观测数据为含噪声的信号 X_n：

$$X_n=f_n+n_k \tag{7.24}$$

希望通过 X_n 得到一个 f_n 的逼近值。

小波去噪具有很好的效果，主要是因为小波变换具有以下特点：

（1）低熵性。小波系数是稀疏分布的，使得变换后的信号熵降低。

（2）多分辨率。多分辨率表示可以很好地刻画信号的非平稳特征，如尖峰、断点等。

（3）去相关性。小波变换后可以对信号去相关，而噪声在变换后有白化的趋势，所以在小波域更容易去噪。

（4）小波基选择多样性。可以针对具体情况，灵活选择小波基，以获得最佳处理结果。

小波框架保证小波变换的准确性，选定小波基后可以对信号进行小波变换，而后在小波域对小波系数进行相应的处理，最后通过重构便可得到目标信号。

有用信号通常包括性态稳定的低频部分和变化不稳定的高频部分，而噪声信号通常包含在信号的高频部分。因此，基于小波变换的信号去噪主要是针对信号小波变换后的高频系数进行处理。因为有效信号和噪声在小波域表现出不同的性态，它们的小波系数随着尺度的变化而变化的趋势不同，有效信号的小波系数随尺度的增大而增大或者保持不变，而噪声则随着尺度的增大而减小，所以可以通过有效信号和噪声在这方面表现出的不同特性来区分信号与噪声。随着尺度的增大，信号越加明显，噪声则相对变弱。利用该特性可以进行去噪处理。

基于小波的去噪方法有很多，最常用的便是阈值法去噪。首先，对含有噪声的信号进行适度的小波分解；其次，根据信号各层的小波系数估算出其中噪声的大致参数；再次，利用阈值求解方法求解出合理的阈值；最后，利用阈值函数对相应的小波系数进行阈值处理。具体步骤如下：

（1）信号的小波分解。选择合适的基小波并确定分解层次 N，然后对含噪信号进行 N 层分解，得到各层小波系数 $d_{j,k}$。

（2）求解阈值。根据得到的各层小波系数，估算噪声的基本参数，根据信号本身以及估算的噪声参数求解出阈值。

（3）阈值量化。对每一层的高频系数利用阈值函数结合阈值 λ 进行阈值量化。

（4）小波重构。将经过阈值处理后的小波系数根据小波变换的重构算法进行信号重建。

7.5.1 小波基的选择

小波分析中所涉及的小波基函数并不是唯一的，凡是满足容许性条件的函数都可以选作小波基。因此，如何选择最优小波基函数就变得格外重要。实际应用中主要根据自相似原则来选取小波基函数，选择的小波与信号的相似度越高，小波变换后信号的能量就越集中。下面将介绍最常见的一些小波函数。

1. Haar 小波

Haar 小波函数是小波分析中最早用到的一个具有紧支撑的正交小波函数，也是最简单的一个小波函数，它是支撑域在 $t\in[0,1]$范围内的单个矩形波。因为 Haar 小波在时域上是不连续的，所以作为基本小波性能不是特别好。

Haar 小波函数的定义为

$$\Psi_h(t)=\begin{cases}1, & 0\leqslant t<0.5\\ -1, & 0.5\leqslant t<1\\ 0, & \text{其他}\end{cases} \tag{7.25}$$

尺度函数的定义为

$$\phi_h(t)\begin{cases}1, & 0\leqslant t\leqslant 1\\ 0, & \text{其他}\end{cases} \tag{7.26}$$

2. Daubechies 小波

Daubechies 系列小波简称 db$N$ 小波，其中 N 表示小波阶数，Daubechies 小波 $\Psi(t)$ 的长度有限，在时域是有限支撑的，且满足 $\int t^p\Psi(t)\mathrm{d}t=0, p=0,1,2,\cdots,N$ 。$\Psi(t)$ 和它的整数平移正交归一，也就是 $\int_{\mathbf{R}}\Psi(t)\Psi(t-k)\mathrm{d}t=\delta_k$ 。

db$N$ 系列小波只有 db1 有等同于 Haar 小波的表达式，其余都没有确切的表达式，不过 db$N$ 函数可由尺度函数求得，$\phi(t)$ 长度有限，其支持域在 $[0,2N-1]$，而且小波函数 $\Psi(t)$ 是 $\phi(2t)$ 的移位加权和，即

$$\psi(t)=\sum_{k\in\mathbf{Z}}h_1(k)\phi(2t-k),k=2\sim 2N-1 \tag{7.27}$$

3. Symlet（sym$N$）小波（近似对称的紧支集正交小波）

Symlet 小波函数是 Ingrid Daubechies 提出的近似对称的小波函数，它是对 db 函数的一种改进。Symlet 小波系通常表示为 sym$N$（N=2，3，…，8）。sym$N$ 小波的支撑范围为 2N–1，消失矩为 N，同时具备较好的正则性。该小波与 db$N$ 小波相比，在连续性、支集长度、滤波器长度等方面与 db$N$ 小波一致，但 sym$N$ 小波具有更好的对称性，即在一定程度上能够减少对信号进行分析和重构时的相位失真。

4. Mexican Hat 小波

Mexican Hat 小波简称 mexh 小波，具有明确的解析表达式，但不存在尺度函数，所以不具有正交性。其解析表达式为

$$\psi(t)=(1-t^2)\mathrm{e}^{-t^2/2},\hat{\psi}(\omega)=\sqrt{2\pi}\omega^2\mathrm{e}^{-\omega^2/2} \tag{7.28}$$

表 7.1 所示为上述几种小波的特点。

表 7.1　常见小波的特点

小波	简称	正交性	双正交性	紧支撑性	对称性
Haar	Haar	有	有	有	对称
Daubechies	db$N$	有	有	有	近似
Symlet	sym$N$	有	有	有	近似
Mexican Hat	mexh	无	无	无	对称

小波基的选择是实现小波变换的第一步，直接决定着后续各项基于小波操作的准确性，因此要针对具体问题进行选取。

7.5.2　小波分解层数的确定

理论上，小波变化时能取到的最大尺度 $J=[\log_2 N]$，$[\log_2 N]$ 表示取不大于 $\log_2 N$ 的整数。J 对小波去噪的影响有两个方面：一方面，J 越大越有利于信噪分离；另一方面，分解层

数越大，失真越大，即重构误差越大。这是相互矛盾的一对因素，在实际应用中必须折中考虑。

事实上，相关研究表明，对信号分解的最大尺度是与信号的信噪比 SNR 有关的。若 SNR 较大，则信号较强烈，那么对信号只需要进行较小尺度的分解即可把噪声分离；若 SNR 较小，即噪声几乎被淹没，则此时需要对含噪信号进行大尺度的分解才可以抑制噪声。因此，所选取的最大分解尺度 J 应以 SNR 的大小而定。因为在小波分解层数的问题上并没有严格的指标和依据法则，所以针对具体的信号只能通过大量的实验比较才能知道适合的分解层数。

7.5.3 阈值函数

在小波阈值萎缩去噪中，阈值函数体现了对超过和低于阈值的小波系数的不同处理策略以及不同估计方法。设 $\omega_{j,k}$ 为原始小波系数，$\hat{\omega}_{j,k}$ 为估计小波系数，T 是阈值，常见的阈值函数为：

硬阈值函数：
$$\hat{\omega}_{j,k}=\begin{cases}\omega_{j,k}, & |\omega_{j,k}|\geqslant\lambda\\ 0, & |\omega_{j,k}|<\lambda\end{cases}\tag{7.29}$$

软阈值函数：
$$\hat{\omega}_{j,k}=\begin{cases}\operatorname{sgn}(\omega_{j,k})\cdot(|\omega_{j,k}|-\lambda), & |\omega_{j,k}|\geqslant\lambda\\ 0\quad, & |\omega_{j,k}|<\lambda\end{cases}\tag{7.30}$$

式中，sgn() 表示符号函数。

图 7.2 分别说明了这两种方法的区别。其中，ω 表示信号分解的小波系数，$\hat{\omega}_{j,k}$ 表示用阈值方法得到的小波系数估计值，λ 表示阈值。

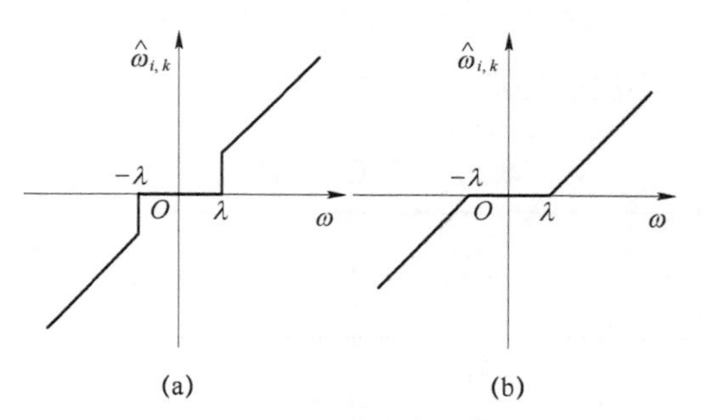

图 7.2 估计小波系数的软、硬阈值比较

（a）硬阈值方法；（b）软阈值方法

硬阈值方法和软阈值方法虽然在实际中应用广泛，也取得了较好效果，但该方法本身存在一定的不足。在硬阈值方法中，$\hat{\omega}_{j,k}$ 在 λ 和 $-\lambda$ 处是不连续的，利用 $\hat{\omega}_{j,k}$ 重构所得信号可能出现失真。软阈值方法估计出来的 $\hat{\omega}_{j,k}$ 虽然整体连续性好，效果相对平滑得多，但是当 $|\omega_{j,k}|\geqslant\lambda$ 时，$\hat{\omega}_{j,k}$ 与 $\omega_{j,k}$ 总存在恒定的偏差，直接影响到重构信号和真实信号的逼近程度，会给重构信号带来误差。针对经典的软阈值函数和硬阈值函数存在的缺陷，常见的几种改进方案有：

1. 半软阈值函数

为了克服软阈值、硬阈值函数的上述缺陷，Bruce 和 Gao 提出一种半软阈值函数，它可以兼顾软阈值和硬阈值方法的优点，其表达式为

$$\hat{\omega}_{j,k}=\begin{cases}\omega_{j,k} & , \quad |\omega_{j,k}|>\lambda_2 \\ \operatorname{sgn}(\omega_{j,k})\dfrac{\lambda_2(|\omega_{j,k}|-\lambda)}{\lambda_2-\lambda_1} & , \quad \lambda_1\leqslant|\omega_{j,k}|\leqslant\lambda_2 \\ 0 & , \quad |\omega_{j,k}|<\lambda_2\end{cases} \tag{7.31}$$

式中，$0<\lambda_1<\lambda_2$。

该方法通过选择合适的阈值 λ_1 和 λ_2，可以在软阈值方法和硬阈值方法之间达到很好的折中，表现出较好的去噪效果，但是它需要估计两个阈值，实现起来较困难，这个缺点限制了它的应用。

2. 软硬阈值折中法

软硬阈值折中法的定义为

$$\hat{\omega}_{j,k}=\begin{cases}\operatorname{sgn}(\omega_{j,k})g(|\omega_{j,k}|-\alpha\lambda), & |\omega_{j,k}|\geqslant\lambda \\ 0 & , |\omega_{j,k}|<\lambda\end{cases}，(0\leqslant\alpha\leqslant1) \tag{7.32}$$

式（7.32）称为软硬阈值折中法小波系数估计器。当 α 分别是 0 和 1 时，式（7.32）即成为硬阈值估计算法和软阈值估计算法。对于一般的 $0\leqslant\alpha\leqslant1$ 来讲，该方法估计出来的数据 $\hat{\omega}_{j,k}$ 的大小介于软阈值方法和硬阈值方法之间，所以称为软硬阈值折中法（见图 7.3）。

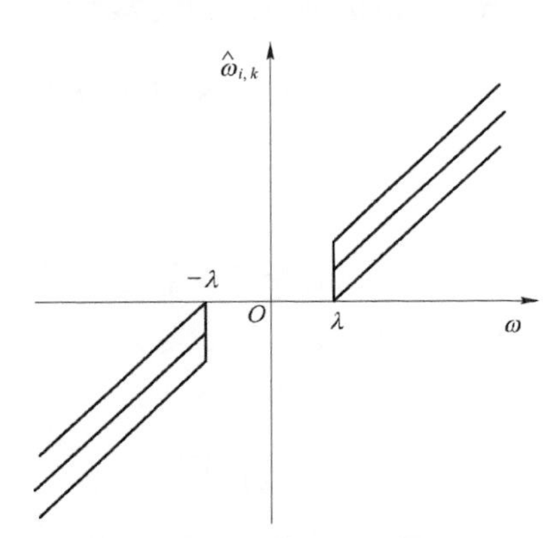

图 7.3　小波系数阈值处理的软硬阈值折中法

3. 指数型阈值

$$\hat{\omega}_{j,k}=\begin{cases}\operatorname{sgn}(\omega_{j,k})\left(|\omega_{j,k}|-\dfrac{\lambda}{\exp\left(\dfrac{|\omega_{j,k}|}{N}\right)}\right), & |\omega_{j,k}|\geqslant\lambda \\ 0 & , |\omega_{j,k}|<\lambda\end{cases} \tag{7.33}$$

式中，N 为任意常数。

指数型阈值函数不但同软阈值函数一样具有连续性，而且当 $|\omega_{j,k}| > \lambda$ 时是高阶可导的，可以进行各种数学运算。指数型阈值函数以 $\hat{\omega}_{j,k} = \omega_{j,k}$ 为渐近线，随着 $\omega_{j,k}$ 的增大 $\hat{\omega}_{j,k}$ 逐渐接近 $\omega_{j,k}$，克服了软阈值函数中 $\hat{\omega}_{j,k}$ 和 $\omega_{j,k}$ 之间存在的恒定偏差的不足。当 $N \to +\infty$ 时，式(7.33)便演变成软阈值函数；当 $N \to 0$ 时，式（7.33）便演变成硬阈值函数。所以，指数型阈值函数是介于软阈值和硬阈值之间的随 N 变换的灵活选择的阈值函数。综合比较效果与计算量等其他因素，常常选用软硬阈值折中法。

7.5.4 阈值的选取

在小波域，有效信号对应的系数很大，而噪声对应的系数很小。对于高斯白噪声，其在小波域对应的系数仍满足高斯白噪声分布。小波阈值去噪的关键是阈值的选取。阈值主要由噪声方差的估计值和子带系数的能量分布共同确定，在实际应用中信号往往是未知的，其各项参数是无法确定的，因此首先必须对信号及其中所含噪声的参数进行估计。基于样本估计的阈值选取，其原理为对信号作估计，确定一个阈值，然后依据阈值函数对信号的小波系数进行处理。显然阈值太小，去噪后的信号仍然有噪声的存在；相反，阈值太大，重要信号特征又将被滤掉，引起偏差。因此，准确地进行阈值估计是小波去噪的重要环节。

对噪声阈值的估计是一个困难的问题，噪声信号的标准差一般是不知道的，通常可由第一层小波分解的高频系数来估计，即

$$\hat{\sigma}_n = \text{median}(|d_j|) / 0.674\,5$$

常用的阈值估计有：Visushrink 阈值、SUREShrink 阈值、HeurSure 阈值和 Minimaxi 阈值等。

1. Visushrink 阈值

Visushrink 阈值估计方法是针对多维独立正态变量联合分布，在维数趋于无穷时得出的结论，即大于该阈值的系数含有噪声信号的概率趋于零。Visushrink 阈值是基于最小最大估计得出的最优阈值，其阈值 λ 的选择满足

$$\lambda = \sigma_n \sqrt{2\ln N} \tag{7.34}$$

式中，σ_n 表示噪声均方差；N 表示信号的长度。

2. SUREShrink 阈值

SUREShrink 阈值估计方法是一种基于无偏似然估计准则的自适应阈值选择，其值为

$$t_s = \underset{t>0}{\text{argmin}} \left\{ \sum_{i=1}^{N} (|y_i| \Lambda t)^2 + N\sigma_n^2 - 2\sigma_n^2 \sum_{i=1}^{N} I(|Y_i| < t) \right\}$$

式中，Λ 表示两数取小；$I(x) = \begin{cases} 1, & x \text{ 为真} \\ 0, & x \text{ 为假} \end{cases}$。

在实际应用中，SUREShrink 阈值估计方法能获得较为满意的去噪效果，是阈值收缩去噪方法中一种误差较低的方法。

3. HeurSure 阈值（启发式 SURE 阈值）

这种阈值是前两种阈值的综合，所选择的是最优预测变量阈值。如果信噪比很低，SURE 估计就有很大的噪声，在这种情况下，就需要采用固定的阈值 $\lambda=\sigma_n\sqrt{2\ln N}$；而在高信噪比情况下，基于 SURE 产生的阈值抑制噪声的效果不明显，此时，利用启发函数自动在前两种阈值选择中选取一个较小者作为阈值。

HeurSure 阈值的确定方法如下：

求出阈值 $\lambda=\sigma_n\sqrt{2\ln N}$ 和 SUREShrink 阈值 $t_s=\sigma_n(s_B)^2$；

令 $\eta=\dfrac{\left(\sum\limits_{k=1}^{N}\omega_k\right)-N}{N}$，$\mu=\dfrac{(\log_2 N)^{3/2}}{N^{1/2}}$，则 HeurSure 阈值表示为

$$t=\begin{cases} t_V, & \eta<\mu \\ \min(t_V,t_s), & \eta\geqslant\mu \end{cases} \tag{7.35}$$

4. Minimaxi 阈值

和 SUREShrink 阈值一样，极小极大（Minimaxi）阈值也是一种固定的阈值选择形式，它产生的是一个最小均方误差的极值，而不是无误差。在统计学上，这种极小极大（即极大中的极小）原理用于设计估计器。因为消噪后的信号可以看作与未知回归函数的估计式相似，所以这种极值估计器可以在一个给定的函数集中实现最大均方误差最小化。

Minimaxi 阈值计算公式为

$$t_M=\begin{cases} 0, & N\leqslant 32 \\ \sigma_n(0.396+0.182\,9\times\log_2 N), & N>32 \end{cases} \tag{7.36}$$

式中，N 为信号长度。

对噪声进行小波分解时也会产生高频系数，所以，一个信号的高频系数向量是有用信号和噪声信号的高频系数的叠加。由于启发式 SURE 阈值和 Minimaxi 阈值选择规则仅将部分系数置为 0，因此当信号的高频信息有很少一部分在噪声范围内时，这两种阈值非常有用，可以将弱小的信号提取出来。另外，两种阈值选择规则在去除噪声时显得更为有效，但是也可能将有用信号的高频部分当作噪声信号去除掉。

以上介绍的是几种经典的阈值选择方法，随着技术的不断进步及在小波分析方面研究的深入，一些改进的阈值选择方法也相继涌现，使基于小波变换的信号去噪更加科学、准确，从而使基于小波分析的信号处理方法的实用价值有很大的提升。

例： 图 7.4（a）所示为一个无噪声的原始信号，图 7.4（b）所示为加入标准差为 3 的高斯白噪声的含噪信号，其信噪比为 9.45。选择 sym8 小波基，作 5 层分解，图 7.4（c）～（e）所示分别为采用启发式 SURE 阈值、固定阈值和极小极大阈值的结果。这些方法都能有效去

除噪声，去噪后信号的信噪比都得到极大的提高。在本例题中，启发式 SURE 阈值和极小极大阈值取得了更好的结果。

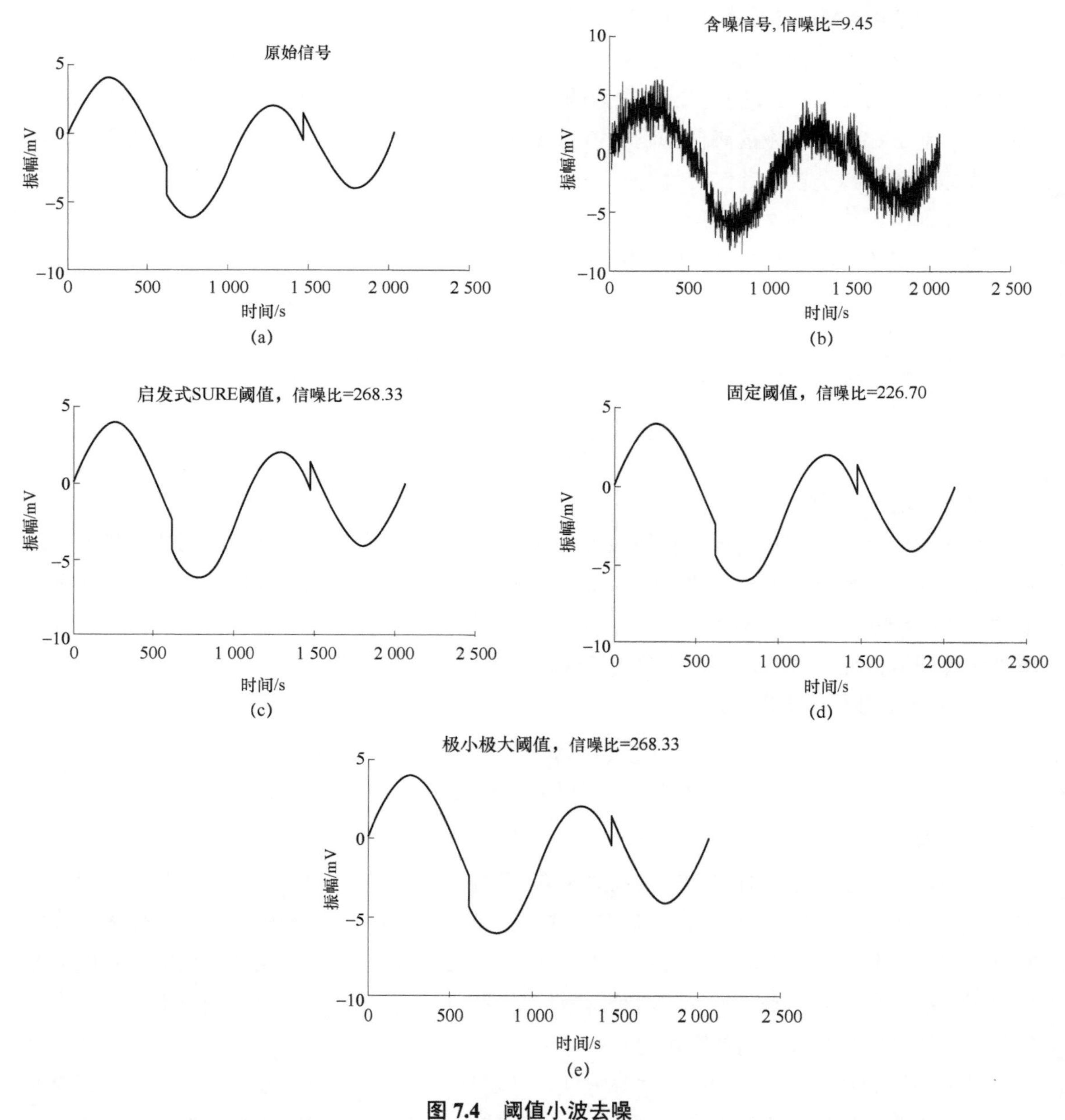

图 7.4　阈值小波去噪

（a）原始信号；（b）含噪信号；（c）启发式 SURE 阈值；（d）固定阈值；（e）极小极大阈值

第八章

微弱信号处理的盲源分离方法

8.1 问题的提出

盲源分离（BSS）技术是20世纪90年代后期发展起来的一种信号处理技术，起源于对“鸡尾酒会效应”的研究，即在一个语音环境非常嘈杂的酒会现场，不同的人和音响发出的声音是相互独立的，人耳能够很容易捕捉到感兴趣的声音。然而要让计算机具备这种功能，却是一个很复杂的过程，盲源分离技术可以解决这个问题。例如在移动通信中，发射机发出的原始信号是未知的，并且移动的环境造成信道模型也不断变化。从接收到的信号恢复出原始信号是一个很难的问题，而盲源分离技术能够解决这一问题。另外，在水声信号的勘察中，声源信号是未知的，传播通道（水）也是无法预测的，要想通过接收到的信号来确定海面及海底的确定信息，需要使用盲源分离技术。盲源分离的主要任务是在不知道或者知道很少的源信号和传输信道的先验信息的情况下，根据输入源信号的统计特性，仅由观测到的混合信号来恢复或分离源信号。

根据不同的标准，盲源分离可被分为不同的类型。

根据混合系统的不同，盲源分离可分为线性混叠模型和非线性混叠模型，目前大多数算法都是基于线性混叠模型的，虽然非线性混叠模型更接近实际情况，但是由于非线性模型有更多的不确定性，因此有待进一步研究。

根据源信号和接收传感器个数的不同，盲源分离可分为超定、正定、欠定和单通道四种类型。超定是指传感器个数大于源信号的个数，正定是指传感器个数等于源信号的个数，欠定是指传感器个数小于源信号的个数，单通道是欠定的一种极端情况（即传感器只有一个）。现阶段研究较多的是超定和正定盲源分离算法，研究欠定和单通道盲源分离算法的则相对较少。而欠定和单通道盲源分离更符合实际情况，因此有很高的研究价值。

根据源信号的混叠是否有时延，可将盲源分离分为瞬时混叠模型和卷积混叠模型，虽然卷积混叠模型的求解要比瞬时混叠模型的难度大很多，但是卷积混叠模型有更高的实际研究价值。

8.2 基本模型

盲源分离按照混合系统的不同可分为线性混叠模型和非线性混叠模型，根据混合是否有时延可分为瞬时混叠和卷积混叠。由于非线性混叠情况比较复杂，本节只讨论线性瞬时混叠和线性卷积混叠这两种模型。

（1）线性瞬时混叠模型。假设 N 个相互独立的源信号经过线性瞬时混叠被 M 个传感器接收，则盲源分离的线性瞬时混叠模型如图 8.1 所示，其中 $\boldsymbol{S}=[s_1,s_2,\cdots,s_n]^{\mathrm{T}}$ 是位置的源信号向量，$\boldsymbol{A}=(a_{ij})_{m\times n}$ 是混合矩阵，$\boldsymbol{X}=[x_1,x_2,\cdots,x_n]^{\mathrm{T}}$ 是观测到的混合信号，$\boldsymbol{n}=[n_1,n_2,\cdots,n_n]^{\mathrm{T}}$ 是噪声向量（只考虑加性噪声），$\boldsymbol{W}=(w_{ij})_{n\times m}$ 是待求的分离矩阵，$\boldsymbol{Y}=[y_1,y_2,\cdots,y_n]^{\mathrm{T}}$ 是待分离的源信号向量。

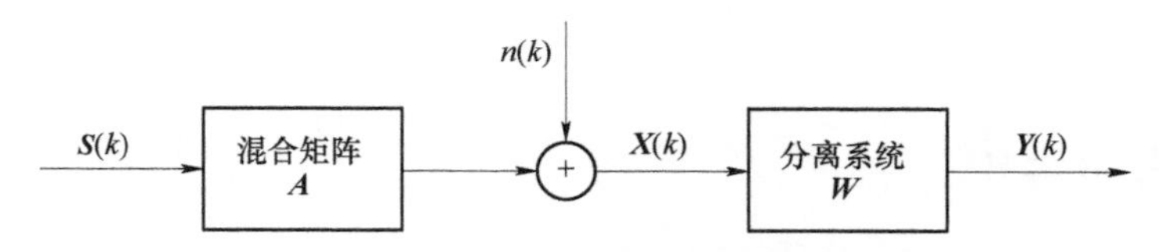

图 8.1　盲源分离线性瞬时混叠模型

根据图 8.1，有

$$\boldsymbol{X}(k)=\boldsymbol{AS}(k)+n(k) \tag{8.1}$$

盲源分离问题中，一般假设观测信号的噪声很小，可以忽略不计，因此该混叠过程可以简化为

$$\boldsymbol{X}(k)=\boldsymbol{AS}(k) \tag{8.2}$$

因此，该系统的分离过程可以表示为

$$\boldsymbol{Y}(k)=\boldsymbol{WX}(k)=\boldsymbol{WAS}(k)=\boldsymbol{GS}(k) \tag{8.3}$$

定义 $\boldsymbol{G}=\boldsymbol{WA}$ 为系统矩阵，如果能找到分离矩阵 $\boldsymbol{W}$，使系统矩阵 $\boldsymbol{G}$ 满足 $\boldsymbol{G}=\boldsymbol{DP}$，便能分离源信号，其中，$\boldsymbol{D}$ 为非奇异对角矩阵，$\boldsymbol{P}$ 为交换矩阵。

（2）线性卷积混叠模型。在实际应用中，传感器接收到的信号往往是源信号经过不同的时延的线性叠加，即观测信号是源信号的卷积和，此模型称为线性卷积混叠模型。由于时延与多径传播，线性卷积混叠模型比线性瞬时混叠模型更接近实际情况。

图 8.2 所示为盲源分离的线性卷积混叠模型。设有 N 个统计独立的源信号 $S_i(t),i=1,2,\cdots,N$，经过卷积混合后的输出被 m 个传感器接收，观测到的混合信号为 $x_j(t)$，$j=1,2,\cdots,m$，则卷积混合的数学模型为

$$x_i(t)=\sum_{i=1}^{N}a_{ji}(t)*S_i(t)=\sum_{i=1}^{N}\sum_{\tau=0}^{L-1}a_{ji}(\tau)S_i(t-\tau),J=1,2,\cdots,m \tag{8.4}$$

式中，$*$表示卷积运算；$a_{ji}(\tau)$ 表示第 i 个源信号到第 j 个传感器的冲击响应；L 表示冲击响应的最大长度。可将上式写成如下向量形式：

$$x(t)=\sum_{\tau=0}^{L-1}\boldsymbol{A}(\tau)\boldsymbol{S}(t-\tau) \tag{8.5}$$

式中，$\boldsymbol{S}(t)=[s_1(t),s_2(t),\cdots,s_N(t)]^{\mathrm{T}}$；$x(t)=[x_1(t),x_2(t),\cdots,x_m(t)]^{\mathrm{T}}$；$\boldsymbol{A}$ 为混合矩阵，当 L 为 1 时，

该模型退化为瞬时混叠模型。

不论是线性瞬时混叠模型还是线性卷积混叠模型，盲源分离的基本方法都是使观测信号通过一个分离系统，将源信号估计出来。

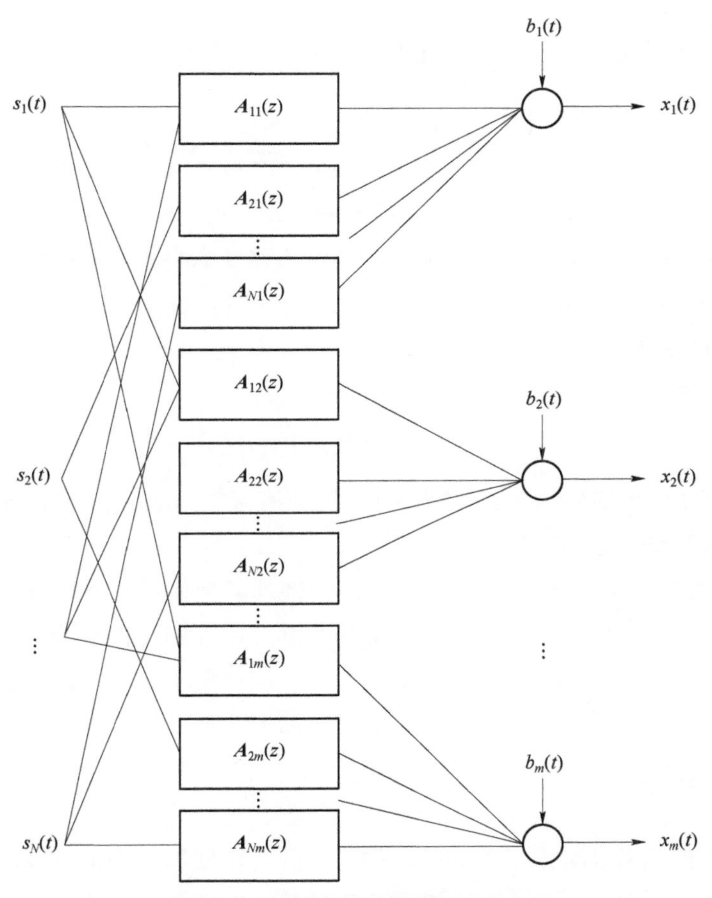

图 8.2　盲源分离的线性卷积混叠模型

8.3　基本理论

8.3.1　两个不确定性

由盲源分离的线性瞬时混叠模型（式 8.3）可知，盲源分离存在两个内在的不确定性，即幅度的不确定性和排列的不确定性。

为了描述该不确定性，首先引入“本质相等”的概念。

定义 8.1　矩阵本质相等：若存在一个矩阵 $\boldsymbol{G}$ 使另外两个矩阵 $\boldsymbol{M}$ 和 $\boldsymbol{N}$ 满足以下关系，$\boldsymbol{M}=\boldsymbol{GN}$，其中，$\boldsymbol{G}$ 是一个广义交换矩阵，即其每一行和每一列只有一个非零元素，且非零元素都具有单位模，则这两个矩阵本质相等。

由上述定义可知，一个矩阵若其列向量任意交换位置或某列的所有元素同乘以一个常量因子，所得的矩阵和原矩阵就是本质相等的。

1. 幅度的不确定性

假设 a_i 表示混合矩阵 $\boldsymbol{A}$ 的第 i 列，β_i 表示常数因子，则观测信号 $\boldsymbol{X}(t)$ 可表示为

$$\boldsymbol{X}(t)=\boldsymbol{AS}(t)=\sum_{i=1}^{N}a_i s_i(t)=\sum_{i=1}^{N}\frac{a_i}{\beta_i}\beta_i s_i(t) \tag{8.6}$$

由式（8.6）可以得出，第 i 个源信号 $s_i(t)$ 先乘以 β_i，再乘以 a_i/β_i，与 $s_i(t)$ 直接乘以 a_i 是相等的，因此根据观测向量 $\boldsymbol{X}(t)$ 确定的源信号 $s_i(t)$ 的幅度大小和实际源信号的幅度可能会差一个任意的常数因子，因而分离的源信号的幅度具有不确定性。

2. 排列的不确定性

设 $\boldsymbol{P}$ 为一个排列矩阵，有

$$X(t)=(\boldsymbol{AP}^{-1})\times[\boldsymbol{PS}(t)] \tag{8.7}$$

式中，$\boldsymbol{PS}(t)$ 与 $\boldsymbol{S}(t)$ 只在排列顺序上有所不同，在只有接收向量 $\boldsymbol{X}(t)$ 时，无法确定矩阵 $\boldsymbol{P}$，因此分离信号的排列顺序也有不确定性。

盲源分离的问题中，可将混合矩阵 $\boldsymbol{A}$ 的可辨识性理解为找到一个与矩阵 $\boldsymbol{A}$ 本质相等的矩阵。显然，这两个不确定性并不影响盲源分离的实际应用。相比信号的幅度，人们更关心信号的波形，信号的有用信息都包含在信号的波形中。而在数字信号中，关心的是恢复的源信号判决后的信号序列。同样，源信号的恢复顺序更加无关紧要。

8.3.2 假设条件

由于几乎没有源信号及混合模型的先验知识，因此仅根据观测信号很难恢复源信号。为了使源信号能从观测信号中分离出来，源信号要满足一定的统计特性要求，而且混合过程要满足一定的约束条件。此外，信号统计特性的要求还要与所采用的盲源分离算法有关。对于盲源分离问题，通常作如下假设：

（1）在任意时刻 t，源信号向量 $\boldsymbol{S}(t)$ 的各分量相互统计独立。

（2）混合矩阵 $\boldsymbol{A}_{M\times N}$ 是满秩的，且 $M\geqslant N$，这是正定及超定的盲源分离要求的，欠定及单通道盲源分离则不满足。

（3）在所有源信号中，最多只能有一个信号满足高斯分布。

（4）每个源信号 $s_i(t)$ 的均值为 0，方差为 1。这样可以把源信号幅度的信息转化到混合矩阵的相应列中。

（5）盲源分离问题中通常假设信道噪声可以忽略不计。

假设（1）对于盲源分离很重要，因为在实际应用中，不同的源信号之间几乎是没有任何联系的，所以可以认为源信号之间是相互独立的。只有假设（2）才能保证每个源信号都能被

分离出来。由于多个高斯信号的线性混合仍然服从高斯分布，因此无法从该混合高斯分布的信号中分离出每个源信号。假设（3）保证了盲源分离的可分离性。假设（4）和假设（5）的提出能够使问题简化。

8.3.3　欠定盲源分离的稀疏性理论

欠定情况下的盲源分离要比正定或者超定的情况复杂得多，即使混合矩阵能够被估计出来，混合矩阵也是不可逆的，无法直接恢复源信号，因此必须利用源信号的一些其他特性来对整个系统进行约束。稀疏性是欠定盲源分离中可利用的一种特性。一些稀疏表示可以与盲源分离、独立分量分析之间建立紧密的联系，使欠定盲源分离成为可能。

所谓稀疏信号，是指信号在很多时刻取值为零，或者近似于零，同时只有很少部分时刻幅值很大。对于雷达和通信信号，通常在时域上不满足稀疏信号的特性，但只要通过适当的变换，如傅里叶变换、小波变换等，使之在变换域上信号满足稀疏性，然后在变换域上进行信号的盲分离，对分离出的源信号进行逆变换便可恢复源信号。因此，研究信号的稀疏特性对于欠定盲源分离是非常重要的。

8.4　常用算法

独立分量分析（Independent Component Analysis，ICA）是近 20 年发展起来的解决盲源分离的新技术。独立分量分析是目前解决正定和超定盲源分离的最主要的方法。

ICA 考虑盲源分离的线性瞬时混叠模型，并且假设源信号之间是统计独立的，最多只有一个信号是服从高斯分布的，因此 ICA 的数学模型可表示为

$$\boldsymbol{X}=\boldsymbol{AS} \tag{8.8}$$

式中，$\boldsymbol{S}=[s_1,s_2,\cdots,s_N]^{\mathrm{T}}$ 表示 N 个相互独立的源信号向量，$\boldsymbol{A}$ 表示 $M\times N$ 维混合矩阵，$\boldsymbol{X}=[x_1,x_2,\cdots,x_M]^{\mathrm{T}}$ 表示 M 个观测信号向量。ICA 的基本思想是仅仅利用观测信号的信息来估计出混合矩阵和源信号信息，即寻找一个 $N\times M$ 维分离矩阵 $\boldsymbol{W}=[w_1,w_2,\cdots,w_N]^{\mathrm{T}}$ 使其应用于观测信号，即 $\bar{\boldsymbol{S}}=\boldsymbol{WX}$，使得 $\bar{\boldsymbol{S}}$ 各分量统计独立。

在使用 ICA 算法之前，通常会对观测信号进行一些简单的预处理，这会使估计过程变得简单。而这些常用的预处理通常为信号的归一化和白化，处理后可使用 ICA 算法。

（1）归一化。首先将观测数据 $\boldsymbol{X}$ 归一化，即减去其均值使其具有零均值，这意味着 $\boldsymbol{S}$（N 个相互独立的源信号向量）也是零均值的。归一化预处理能简化 ICA 算法，在估计出归一后的混合矩阵 $\boldsymbol{A}$ 后，将计算出的分离信号 $\boldsymbol{S}$ 再加上 $\boldsymbol{S}$ 的均值。

（2）白化。在归一化之后，线性变换观测向量 $\boldsymbol{X}$ 使其各成分不相关且有单位方差，即白化为新向量 $\boldsymbol{X}'$，其协方差矩阵等于单位矩阵：$\boldsymbol{E}\{\boldsymbol{X}'\boldsymbol{X}'^{\mathrm{T}}\}=\boldsymbol{I}$。

一种常用的白化方法是对数据协方差进行特征值分解（EVD），即 $\boldsymbol{E}\{\boldsymbol{XX}^{\mathrm{T}}\}=\boldsymbol{EDE}^{\mathrm{T}}$，式

中，$\boldsymbol{E}$ 是 $\boldsymbol{E}\{\boldsymbol{X}\boldsymbol{X}^{\mathrm{T}}\}$ 特征向量的正交矩阵，$\boldsymbol{D}$ 是其特征值的对角矩阵，$\boldsymbol{D}=\mathrm{diag}(d_1 d_2 \cdots d_n)$，$\boldsymbol{X}$ 是 M 个观测信号向量，因此白化操作可以写为

$$\boldsymbol{X}'=\boldsymbol{E}\boldsymbol{D}^{-1/2}\boldsymbol{E}^{\mathrm{T}}\boldsymbol{X} \tag{8.9}$$

白化操作能减少待估计的参数，估计矩阵 $\boldsymbol{A}$ 要估计 n^2 个参数，而估计正交矩阵 $\boldsymbol{A}'$ 只需要估计 $n(n-1)/2$ 个参数，这大大减小了 ICA 算法的计算复杂度。

下面介绍一种典型的 ICA 算法，即 Hyvarinen 的 Fast–ICA 算法。

Fast–ICA 是由 Hyvarinen 利用熵的最优化推导出的，该算法每次迭代所使用的采样数据是成批的，且算法计算简单、占用内存少、速度很快。Fast–ICA 可以由基于峭度、似然最大、负熵最大等进行计算。这里主要介绍基于负熵最大的 Fast–ICA 算法。负熵的定义为

$$Ng(Y)=H(Y\mathrm{Gauss})-H(Y)$$

式中，YGauss 表示与 Y 具有相同方差的高斯随机变量；$H(\bullet)$表示随机变量的微分熵。

根据信息理论，在具有相同方差的随机变量中，高斯分布的随机变量具有最大的微分熵。当 Y 具有高斯分布时，$Ng(Y)=0$；Y 的非高斯性越强，其微分熵越小，$Ng(Y)$的值越大，所以 $Ng(Y)$可以作为随机变量 Y 非高斯性的测度。

Fast–ICA 的规则就是找到一个方向以便 WTX（$Y=WTX$）具有最大的非高斯性，非高斯性用 $Ng(Y)=\{E[g(Y)]-E[g(Y\mathrm{Gauss})]\}^2$ 给出的负熵的近似值来度量。WTX 的方差约束为 1，对于白化数据，等于约束 W 的范数为 1。设 w 是 W 的一行，对于单个信号，定义代价函数为

$$J_G(\boldsymbol{w}_i)=[\boldsymbol{E}\{\boldsymbol{G}(\boldsymbol{w}_i^{\mathrm{T}}\boldsymbol{x})\}-\boldsymbol{E}\{\boldsymbol{G}(v)\}]^2 \tag{8.10}$$

式中，$\boldsymbol{G}$ 是任意一非二次型函数，v 是均值为 0、方差为 1 的高斯随机变量，$\boldsymbol{w}_i$ 是权向量，且满足 $\boldsymbol{E}\{(\boldsymbol{w}_i^{\mathrm{T}}\boldsymbol{x})^2\}=1$。当 $\boldsymbol{E}\{\boldsymbol{G}(\boldsymbol{w}_i^{\mathrm{T}}\boldsymbol{x})\}$ 取得最优时，可以使代价函数 $J_G(\boldsymbol{w}_i)$ 取得最大值。根据 Kuhn–Tucker 条件，当 $\boldsymbol{E}\{\boldsymbol{G}(\boldsymbol{w}_i^{\mathrm{T}}\boldsymbol{x})\}$ 取得最优时，有

$$\boldsymbol{E}\{\boldsymbol{x}g(\boldsymbol{w}_i^{\mathrm{T}}\boldsymbol{x})\}-\beta\boldsymbol{w}_i=0 \tag{8.11}$$

式中，$g(\bullet)$ 是 $\boldsymbol{G}(\bullet)$ 的导数，$\beta=\boldsymbol{E}\{\boldsymbol{w}_o^{\mathrm{T}}\boldsymbol{x}g(\boldsymbol{w}_o^{\mathrm{T}}\boldsymbol{x})\}$，$\boldsymbol{w}_o$ 是 $\boldsymbol{w}$ 的最优值。

为了求解目标函数的最优值，此处选择牛顿迭代法，设 $F(\boldsymbol{w}_i)=\boldsymbol{E}\{\boldsymbol{x}g(\boldsymbol{w}_i^{\mathrm{T}}\boldsymbol{x})\}-\beta\boldsymbol{w}_i$，如下为 $F(\boldsymbol{w}_i)$ 的 Jacobian 矩阵 $\boldsymbol{J}F(\boldsymbol{w}_i)$，即

$$\boldsymbol{J}F(\boldsymbol{w}_i)=\boldsymbol{E}\{\boldsymbol{x}\boldsymbol{x}^{\mathrm{T}}g'(\boldsymbol{w}_i^{\mathrm{T}}\boldsymbol{x})\}-\beta\boldsymbol{I} \tag{8.12}$$

观测信号在进行盲源分离算法之前已经经过白化处理，因此有

$$\boldsymbol{E}\{\boldsymbol{x}\boldsymbol{x}^{\mathrm{T}}g'(\boldsymbol{w}_i^{\mathrm{T}}\boldsymbol{x})\}\approx\boldsymbol{E}(\boldsymbol{x}\boldsymbol{x}^{\mathrm{T}})\boldsymbol{E}\{g'(\boldsymbol{w}_i^{\mathrm{T}}\boldsymbol{x})\}=\boldsymbol{E}\{g'(\boldsymbol{w}_i^{\mathrm{T}}\boldsymbol{x})\}\boldsymbol{I} \tag{8.13}$$

由式（8.13）可知，Jacobian 矩阵为对角阵，更容易求逆。为求 β 值，用 $\boldsymbol{w}_i$ 代替 $\boldsymbol{w}_o$，结果如下：

$$\begin{cases} \boldsymbol{w}_i^+ = \boldsymbol{w}_i - [\boldsymbol{E}\{\boldsymbol{x}g(\boldsymbol{w}_i^{\mathrm{T}}\boldsymbol{x})\} - \beta \boldsymbol{w}_i] / [\boldsymbol{E}\{g'(\boldsymbol{w}_i^{\mathrm{T}}\boldsymbol{x})\} - \beta] \\ \boldsymbol{w}_i^+ = \dfrac{\boldsymbol{w}_i^+}{\left\|\boldsymbol{w}_i^{\mathrm{T}}\right\|} \end{cases} \tag{8.14}$$

式中，$\boldsymbol{w}_i^+$是$\boldsymbol{w}_i$的更新值；$\beta = \boldsymbol{E}\{\boldsymbol{w}_i^{\mathrm{T}} g(\boldsymbol{w}_i^{\mathrm{T}}\boldsymbol{x})\}$。

式（8.14）对$\boldsymbol{w}_i$再一次进行了归一化，目的是提高迭代运算的稳定性，将式（8.14）两边同时乘以$E\{g'(\boldsymbol{w}_i^{\mathrm{T}}\boldsymbol{x})\} - \beta$，可将式（8.14）简化为

$$\begin{cases} \boldsymbol{w}_i^+ = \boldsymbol{E}\{\boldsymbol{x}g(\boldsymbol{w}_i^{\mathrm{T}}\boldsymbol{x})\} - \boldsymbol{E}\{g'(\boldsymbol{w}_i^{\mathrm{T}}\boldsymbol{x})\}\boldsymbol{w}_i \\ \boldsymbol{w}_i^+ = \boldsymbol{w}_i^+ / \left\|\boldsymbol{w}_i^{\mathrm{T}}\right\| \end{cases} \tag{8.15}$$

由以上的推导过程可以知道，Fast–ICA 是一种牛顿迭代算法。

综上所述，Fast–ICA 算法的基本形式为：

（1）初始化（如随机）向量$\boldsymbol{w}$。

（2）令$\boldsymbol{w}_i^+ = \boldsymbol{E}\{\boldsymbol{x}g(\boldsymbol{w}_i^{\mathrm{T}}\boldsymbol{x})\} - \boldsymbol{E}\{g(\boldsymbol{w}_i^{\mathrm{T}}\boldsymbol{x})\}\boldsymbol{w}$。

（3）令$\boldsymbol{w}_i^+ = \boldsymbol{w}_i^+ \big/ \left\|\boldsymbol{w}_i^{\mathrm{T}}\right\|$。

（4）若未收敛，则回到（2）。其中收敛意味着前后两次向量$\boldsymbol{w}$在同一方向上，即它们的点积为 1。

下面为该算法的一个示例。两路信号分别为$\sin t$和$\sin(0.5t)$，噪声为随机噪声，如图 8.3 所示。图 8.4 所示为这三个信号随机混合的结果。观测信号，即混合后的信号，经过 Fast–ICA 算法后，分离出的源信号的波形如图 8.5 所示。

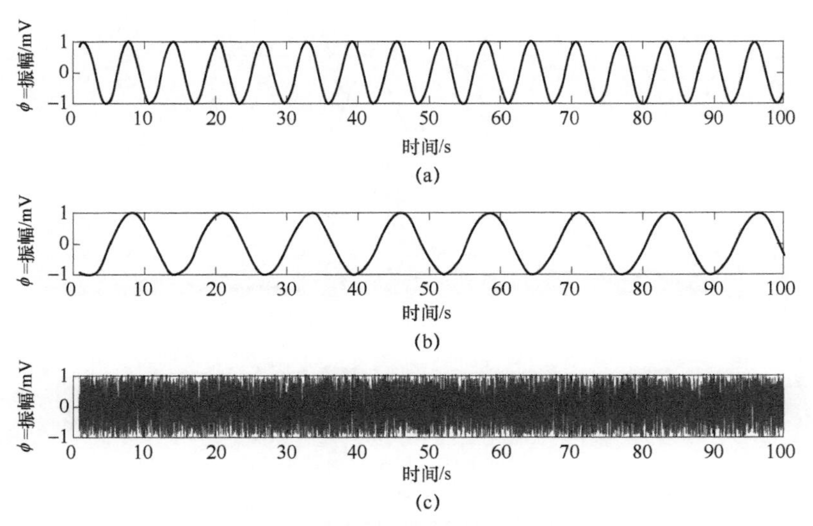

图 8.3　用于混叠的两路信号和随机噪声信号

（a）$\sin t$；（b）$\sin(0.5t)$；（c）随机噪声

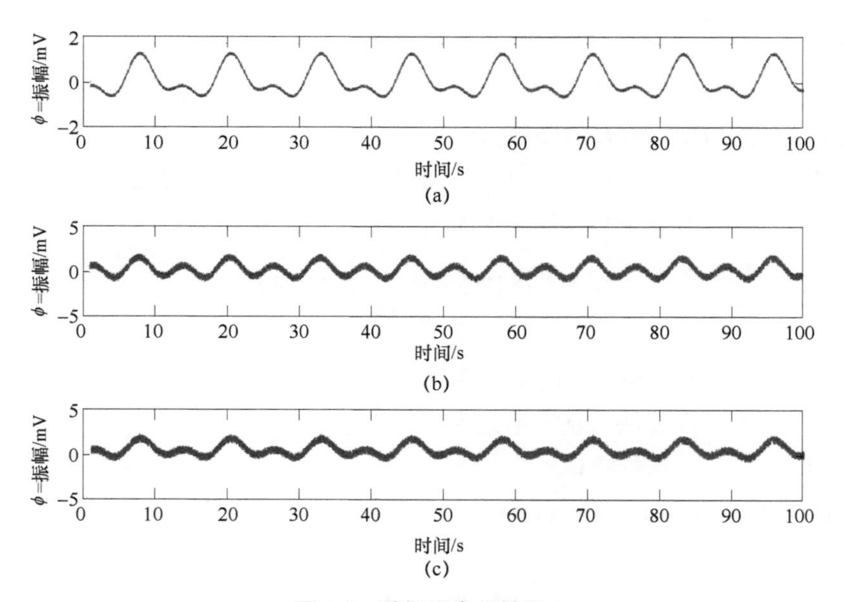

图 8.4　随机混合的结果

（a）三个信号随机叠加的结果（一）；（b）三个信号随机叠加的结果（二）；（c）三个信号随机叠加的结果（三）

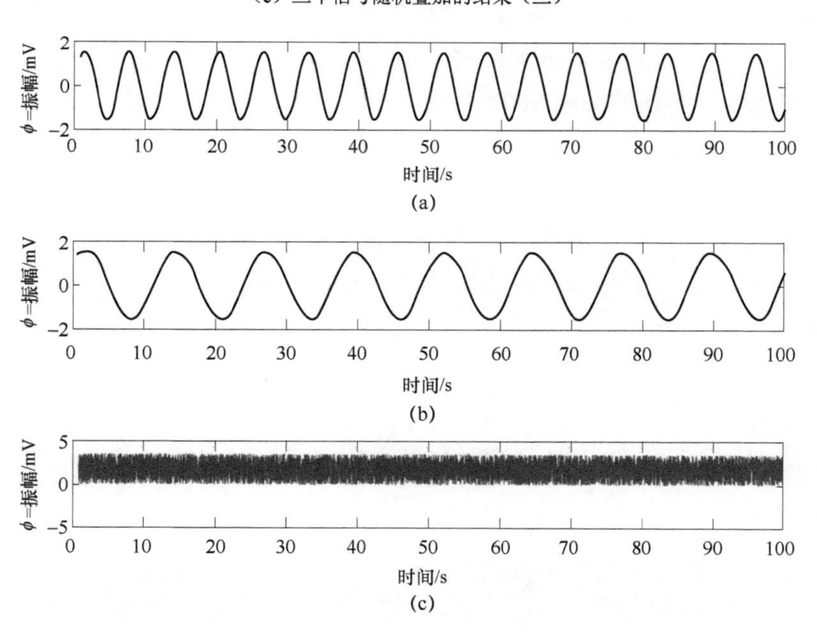

图 8.5　Fast–ICA 分离的结果

（a）分离的信号（一）；（b）分离的信号（二）；（c）分离的噪声

由图 8.3～图 8.5 可以看出，分离出的源信号在幅度和顺序上可能有所差异，但是可以清晰地看出该算法能有效地分离源信号。

8.5　微弱信号频带内噪声的分离

降噪源分离技术（DSS）是超定线性盲源分离方法的一种，该方法在源信号分离的过程中加入了降噪环节，不但能够从观测信号中分离出独立的信号源，而且能够针对特定的问题选择合适的降噪函数，进而对各组成成分进行灵活的降噪处理。

8.5.1　基于降噪源分离的信噪分离方法

DSS 技术的本质是在未知信号源的情况下，根据信号的统计特征，采用不同的降噪函数将复杂信号分解为相互独立的组成分量。下面结合 DSS 的理论框架，给出微弱信号与频带内噪声源的分离方法。

微弱信号源表示为 $s_1(t)$，频带内噪声源表示为 $\sin t=[s_2(t),s_3(t),s_4(t),\cdots,s_n(t)]^{\mathrm{T}}$，观测信号 $x(t)$ 可由以下模型表示：

$$x(t)=\tilde{A}\tilde{s}(t)+\eta(t)$$

式中，$\tilde{\boldsymbol{A}}=\mathbf{R}^{M\times n}$ 表示线性混合矩阵；去除频带外噪声源之后的信号源向量为 $\tilde{s}(t)=[s_1(t),s_2(t),\cdots,s_n(t)]^{\mathrm{T}}$；$\eta(t)$ 表示噪声。

将信号和噪声分离主要包括三个步骤：首先，对观测信号 $x(t)$ 进行降维预处理，使降维后的观测信号维数 $M'=n$；其次，结合 DSS 方法从观测信号中逐次分离出相互独立的信号源；最后，基于非高斯性排序法辅助用户筛选出微弱信号源，剔除频带内的噪声源并对观测信号进行重构，进而实现微弱信号的提取。

（1）观测信号降维预处理。由 $\boldsymbol{x}(t)=\tilde{\boldsymbol{A}}\tilde{\boldsymbol{s}}(t)+\boldsymbol{\eta}(t)$ 可知，观测信号的维数大于源信号的维数，即 $M'\geqslant n$，混合矩阵 $\tilde{\boldsymbol{A}}$ 为非满秩矩阵，通过降维预处理使观测信号的维数 $M'=n$，此时混合矩阵为 $\hat{\boldsymbol{A}}=\mathbf{R}^{n\times n}$。若观测信号所包含的信号源相互独立，则矩阵 $\hat{\boldsymbol{A}}$ 非奇异，并且对其求逆具有唯一解，这将为混合矩阵的估计以及盲源分离算法的构建带来诸多便利。下面介绍一种常用的基于主成分分析（Principal Component Analysis，PCA）的观测信号降维方法，PCA 的主要目的是寻找一组（低维）冗余度更小的基，这组基信号能够尽可能好地表示原始信号。作为多变量统计分析的经典方法，PCA 在数据统计分析、数据压缩和信号特征提取等领域都有着广泛的应用。

在进行 PCA 降维之前需要对观测信号 $\boldsymbol{x}(t)$ 进行中心化处理，可以采用减去均值的方法进行处理，即

$$\boldsymbol{x}(t)\leftarrow\boldsymbol{x}(t)-E\{\boldsymbol{x}(t)\}$$

式中，$E\{\bullet\}$ 表示求期望操作。

从数学上来讲，PCA 所要做的就是寻找一个变换矩阵（又称投影矩阵），该矩阵可以将高维的观测信号降维投影到低维特征空间，且所有张成低维特征空间的各特征向量彼此正交。通常，特征向量可以由观测向量的协方差矩阵求得，而低维的特征向量可以根据特征值的大小进行确定。下面给出基于奇异值分解（SVD）的 PCA 降维方法，该方法主要包括以下几个步骤：

① 计算观测信号 $\boldsymbol{x}(t)$ 的协方差矩阵 $\boldsymbol{C}_X = E\{\boldsymbol{x}(t)\boldsymbol{x}^{\mathrm{T}}(t)\}$，其中 $\boldsymbol{C}_X = \mathbf{R}^{n\times n}$。

② 对协方差矩阵 $\boldsymbol{C}_X$ 进行奇异值分解 $\boldsymbol{C}_X = \boldsymbol{U}_X\boldsymbol{S}_X\boldsymbol{V}_X$，得到特征值向量 $\boldsymbol{S}_X$ 和特征向量矩阵 $\boldsymbol{U}_X$。

③ 选取特征值向量 $\boldsymbol{S}_X$ 中的前 n 个较大的特征值，以及对应的特征向量矩阵 $\boldsymbol{U}_X$。

由于噪声向量 $\boldsymbol{\eta}(t)$ 为白噪声，即满足 $\boldsymbol{E}\{\boldsymbol{\eta}(t)\boldsymbol{\eta}^{\mathrm{T}}(t)\} = \sigma^2\boldsymbol{I}$，因此协方差矩阵可以表示为

$$\boldsymbol{C}_X = \tilde{\boldsymbol{A}}\tilde{\boldsymbol{s}}(t)\tilde{\boldsymbol{s}}^{\mathrm{T}}(t)\tilde{\boldsymbol{A}}^{\mathrm{T}} + \sigma^2\boldsymbol{I} \tag{8.16}$$

由于源信号 $\tilde{\boldsymbol{s}}(t)$ 之间相互独立，假设源信号的方差已经全部吸收到矩阵 $\tilde{\boldsymbol{A}}$ 中，$\tilde{\boldsymbol{s}}(t)$ 仅剩下单位方差，即 $\tilde{\boldsymbol{s}}(t)\tilde{\boldsymbol{s}}^{\mathrm{T}}(t) = \boldsymbol{I}$。

上式可以简化为 $\boldsymbol{C}_X = \tilde{\boldsymbol{A}}\tilde{\boldsymbol{A}}^{\mathrm{T}} + \sigma^2\boldsymbol{I}$，根据 SVD 分解原理可知，若不存在噪声方差 $\sigma^2\boldsymbol{I}$，对协方差矩阵的奇异值分解 $\boldsymbol{C}_X = \tilde{\boldsymbol{A}}\tilde{\boldsymbol{A}}^{\mathrm{T}} = \boldsymbol{U}_X\boldsymbol{S}_X\boldsymbol{V}_X$ 与混合矩阵的分解 $\tilde{\boldsymbol{A}} = \boldsymbol{U}_A\boldsymbol{S}_A\boldsymbol{V}_A$ 存在如下关系：

$$\boldsymbol{U}_X = \boldsymbol{U}_A,\ \boldsymbol{S}_X = \boldsymbol{S}_A^2,\ \boldsymbol{V}_X = \boldsymbol{V}_A \tag{8.17}$$

由式（8.16），式（8.17）可知，协方差矩阵 $\boldsymbol{C}_X = \tilde{\boldsymbol{A}}\tilde{\boldsymbol{A}}^{\mathrm{T}} + \sigma^2\boldsymbol{I}$ 的特征值等于 $\boldsymbol{S}_A^2 + \sigma^2$，即矩阵 $\tilde{\boldsymbol{A}}$ 中至少含有 n 个非零的特征值，与其对应的特征向量张成了上述的低维特征空间。因此，协方差矩阵的特征值若按照递减方式排序，就会存在前 n 个值逐步递减，而剩下的特征值为常数的现象。由式（8.17）可知，该常数等于噪声方差 σ^2。确定特征值的个数 n 之后，选取其对应的特征向量构建新的低维特征向量矩阵 $\tilde{\boldsymbol{U}}_X$。

④ 利用特征向量矩阵 $\tilde{\boldsymbol{U}}_X$ 对观测信号 $x(t)$ 进行投影变换，将其变换到低维空间，降维后的观测信号 $\tilde{\boldsymbol{x}}(t)$ 为

$$\tilde{\boldsymbol{x}}(t) = \tilde{\boldsymbol{U}}_X^{\mathrm{T}}x(t)$$

（2）白化预处理。白化处理又称空域解相关，目的是通过线性变换得到一组新的观测向量 $\boldsymbol{z}(t)$，使 $\boldsymbol{z}(t)$ 各维信号之间互不相关，且具有单位方差，即协方差矩阵为单位矩阵：

$$\boldsymbol{E}\{\boldsymbol{z}(t)\boldsymbol{z}^{\mathrm{T}}(t)\} = \boldsymbol{I}$$

白化处理后观测信号相互之间不相关且具有单位方差，分离或解混合矩阵会转化为正交矩阵或酉矩阵，由此可以改善盲源分离算法的收敛性，并且能够避免分离矩阵出现病态的情况。

空域解相关所需要的线性变换，可以通过协方差矩阵 $\boldsymbol{C}_{\tilde{X}} = E\{\tilde{\boldsymbol{X}}(t)\tilde{\boldsymbol{X}}^{\mathrm{T}}(t)\}$ 的特征值分解（Eigen–Value Decomposition，EVD）得到。首先，对协方差矩阵进行 EVD 分解，有

$$\boldsymbol{C}_{\tilde{X}} = \boldsymbol{E}_{\tilde{X}}\boldsymbol{D}_{\tilde{X}}\boldsymbol{E}_{\tilde{X}}^{\mathrm{T}}$$

式中，$\boldsymbol{E}_{\tilde{X}}$ 为 $\boldsymbol{C}_{\tilde{X}}$ 的正交特征向量矩阵；$\boldsymbol{D}_{\tilde{X}}$ 为对角矩阵；对角元素为 $\boldsymbol{C}_{\tilde{X}}$ 的特征值。

由此，白化预处理可以通过以下方式获得，即

$$\boldsymbol{z}(t) = \boldsymbol{D}_{\tilde{X}}^{-1/2}\boldsymbol{E}_{\tilde{X}}^{\mathrm{T}}\tilde{\boldsymbol{x}}(t)$$

式中，$\boldsymbol{D}_{\tilde{X}}^{-1/2}$ 可以通过对角元素的相应运算得到，令白化矩阵 $\boldsymbol{V} = \boldsymbol{D}_{\tilde{X}}^{-1/2}\boldsymbol{E}_{\tilde{X}}^{\mathrm{T}}$。

由上式可知，白化处理得到的观测信号 $\boldsymbol{z}(t)$，其协方差矩阵为

$$\boldsymbol{E}\{\boldsymbol{z}(t)\boldsymbol{z}^{\mathrm{T}}(t)\} = \tilde{\boldsymbol{V}}\tilde{\boldsymbol{x}}(t)\tilde{\boldsymbol{x}}^{\mathrm{T}}(t)\tilde{\boldsymbol{V}}^{\mathrm{T}} = \boldsymbol{D}_{\tilde{X}}^{-1/2}\boldsymbol{E}_{\tilde{X}}^{\mathrm{T}}\boldsymbol{E}_{\tilde{X}}\boldsymbol{D}_{\tilde{X}}\boldsymbol{E}_{\tilde{X}}^{\mathrm{T}}\boldsymbol{E}_{\tilde{X}}\boldsymbol{D}_{\tilde{X}}^{-1/2} = \boldsymbol{I}$$

（3）基于 DSS 的信号源分离。按逐次提取独立分量的方式，依次得到观测信号 $\boldsymbol{z}(t)$ 的所有独立信号源 $\hat{\boldsymbol{s}}(t)$，该过程可通过以下步骤来实现：

① 设置要估计的独立成分的个数 n，初始化分离信号源的序号 $p=1$，设置算法分离精度 δ 为任意小的正实数。

② 选择具有单位范数的初始化向量 $\boldsymbol{w}_p$。

③ 根据 DSS 理论可以得到分离向量 $\boldsymbol{w}_p$ 的更新规则为

$$\boldsymbol{s}_p(t)=\boldsymbol{w}_p^{\mathrm{T}}\boldsymbol{z}(t)$$

$$\boldsymbol{s}_p^{+}=f[\boldsymbol{s}_p(t)]$$

$$\boldsymbol{w}_p^{+}=\boldsymbol{z}(t)\boldsymbol{s}_p^{+\mathrm{T}}(t)$$

式中，$\boldsymbol{w}_p$ 为分离向量；$\boldsymbol{s}_p(t)$ 为源信号的一个估计；$f(\bullet)$ 为降噪函数；$\boldsymbol{s}_p^{+}$ 为 $\boldsymbol{s}_p(t)$ 的降噪估计；$\boldsymbol{w}_p^{+}$ 为分离向量的下一步更新值。

④ 为了保证分离向量的投影在单位圆上，需要对向量 $\boldsymbol{w}_p$ 进行下面的正交化和规范化处理，有

正交化：$\boldsymbol{w}_p^{+}=\boldsymbol{w}_p^{+}-\sum\limits_{j=1}^{p-1}(\boldsymbol{w}_p^{+\mathrm{T}}\boldsymbol{w}_j)\boldsymbol{w}_j$。

规范化：$\boldsymbol{w}_p=\dfrac{\boldsymbol{w}_p^{+}}{\left\|\boldsymbol{w}_p^{+}\right\|}$。

⑤ $\left\|\boldsymbol{w}_p-\boldsymbol{w}_p^{\mathrm{old}}\right\|\leqslant\delta$，$\boldsymbol{w}_p^{\mathrm{old}}$ 为上一次迭代的分离向量，算法收敛，转入步骤⑥，否则返回步骤③。

⑥ 置 $p=p+1$。如果 $p\leqslant n$，未分离出所有信号源，则返回步骤②。

（4）典型的降噪函数。$\boldsymbol{s}_p^{+}=f[\boldsymbol{s}_p(t)]$ 中所采用的降噪函数可以根据具体的实际应用进行灵活选取，如表 8.1 所示，典型的降噪函数有斜度降噪函数、峭度降噪函数、正切降噪函数和通用数字滤波降噪函数。

表 8.1　DSS 中常用的降噪函数

降噪函数名	数学表达式
斜度降噪函数	$f[s(t)]=s^2(t)$
峭度降噪函数	$f[s(t)]=s^3(t)$
正切降噪函数	$f[s(t)]=s(t)-\tanh[s(t)]$
通用数字滤波降噪函数	$f[s(t)]=\sum\limits_{m=1}^{N}h(m)s(t-m),h(m)=(h_1,h_2,\cdots,h_N)^{\mathrm{T}}$

8.5.2　微弱信号的辅助筛选与提取

通常情况下，有用信号的选取由用户的需求决定，这为有用信号的筛选带来了诸多随机

性。因此，从分离得到的信号源中筛选出有用的微弱信号源也是一件比较困难的事情。研究发现，在工程和实践中所关心的信号在统计上均呈现出一定的非高斯性特征，如自然界的语音、机械振动信号、通信和雷达信号等具有超高斯分布特性；图像信号通常具有亚高斯分布特性；脑电信号（EEG）既有符合超高斯分布又有符合亚高斯分布的；其他许多不具有实际物理意义或者工程中不感兴趣的信号大多具有高斯统计特性。

由此，可以得到这样的推断和结论：人们对具有非高斯统计特性的信号容易感兴趣，对具有高斯统计特性的信号不容易感兴趣。统计理论中的中心极限定理在一定程度上也说明了该推断的合理性，即多个随机信号之和的概率密度函数趋近于高斯分布函数。通俗地讲，高斯性越强的信号所包含的信号就越多越复杂，所承载的信息越难被解读；反之，非高斯性越强的信号，所承载的信息越容易被人们解读。

非高斯性的度量常用的方法有峭度和负熵等。峭度又称四阶累积量，是一种高阶统计矩。对于标准化的信号源 s，即均值为 0、方差为 1 的信号，峭度的计算方法为

$$\mathrm{kurt}(s)=E\{s^4\}-3(E\{s^2\})^2$$

式中，$E\{\bullet\}$ 为求期望操作。采用峭度进行非高斯性度量计算简单，但容易受到野值的影响，单样本的误差会使峭度值变化很大，可以采用对野值不敏感的负熵度量方法。下面给出负熵的一种非二次函数近似方法，即

$$J(s)\approx k_1[E\{G^1(s)\}]^2+k_2[E\{G^2(s)\}-E\{G^2(v)\}]^2$$

式中，k_1 和 k_2 为正常数；v 为标准化的高斯变量；$G^1(\bullet)$ 和 $G^2(\bullet)$ 为非二次函数。通常选 $G^1(s)=\dfrac{1}{a}\log\cosh(as),G^2(s)=-\exp(-s^2/2)$，$a$ 为[1, 2]区间上的常数，通常 $a=1$。

计算分离得到的各独立源 s 的负熵，按照负熵的大小进行排序，顺序越靠上的信号非高斯性越强。根据排序可以将独立源 s 分为有用信号源和干扰噪声源两类（假设共有 n 个），采用基于非高斯性排序的有用信号辅助筛选方法得到 m 个有用信号成分，以及 $n-m$ 个干扰噪声成分，并将这些噪声成分置零。然后采用剩余的 $n-m$ 个独立成分重构观测信号 $x(t)$，进而达到提取出微弱信号的目的。

第九章

基于混沌的微弱信号检测

混沌运动是许多非线性系统的典型行为，在现代科学和工程中已被广泛运用，微弱信号混沌检测技术是混沌理论的一个重要应用。混沌检测系统具有对小信号的敏感性及对噪声的免疫性，在微弱信号检测领域具有很大的潜力。

9.1 混沌的定义

混沌系统的奇异性和复杂性至今尚未被人们彻底了解，因此混沌没有一个统一定义，在不同的领域有不同的理解，下面给出相关定义。

9.1.1 Newhouse、Famer 等给出的定义

著名数学家 Newhouse、Famer 等给出了混沌的数学定义：针对时间序列，一个有界且至少有一个正的 Lyapunov（李雅谱诺夫）的确定性系统是混沌的，用数学准则来描述混沌的定义就是：

（1）系统是有界的。

（2）系统有一个维数有限的吸引子。

（3）系统有至少一个正的李氏指数。

（4）系统是局部可预测的。

9.1.2 Li–Yorke 的定义

该定义从区间映射出发进行定义，相关内容描述如下：

周期点：对于一个闭区间的自映射 f：$J \to J$，如果 $x \in J$，使 $f^n(x) = x$，即 J 上某个数 x，用映射 f 操作，映射了 n 次回到 x，则 x 是 J 上的一个周期点。如果小于 M 次的映射都不能使它映射回自身，而 M 次可以，那么 x 就叫周期 M 的周期点。

Li–Yorke 定理：对于闭区间 J 和连续自映射 f，如果具备以下条件则可以被判定为混沌：f 的周期点的周期无上界；f 的定义域存在不可数子集 S，且满足：

（1）$\forall x, y \in S$，当 $x \neq y$ 时，有 $\lim_{n\to+\infty}\sup\left|f^n(x)-f^n(y)\right|>0$，即存在可数无穷多个稳定的周期轨道。该不等式表明，在 S 内，起点不同的 x 和 y 经过了 n 次映射，它们差的绝对值的上界的极限反映它们走向了不同的道路，如果它们不稳定，则会被吸引到周围的稳定的轨道上去，存在走向同样的道路的情况，会使那个极限趋于 0 而非大于 0。

（2）$\forall x, y \in S$，有 $\lim_{n\to+\infty}\inf\left|f^n(x)-f^n(y)\right|=0$，即存在无穷多个稳定的非周期轨道。

（3）$\forall x \in S$ 和 f 的任意周期点 y，有 $\lim_{n\to+\infty}\sup\left|f^n(x)-f^n(y)\right|>0$，即存在不稳定的非周期轨道。

1964 年，乌克兰数学家 Sarkovskii 对所有的自然数给出一个非常奇特的排列：

3，5，7，9，11，…；

3×2，5×2，7×2，9×2，11×2，…；

3×2^2，5×2^2，7×2^2，9×2^2，11×2^2，…；

3×2^3，5×2^3，7×2^3，9×2^3，11×2^3，…；

…

…，2^5，2^4，2^3，2^2，2^0，…；

自然数的这种奇特排列，叫作 Sarkovskii 序列。

Sarkovskii 定理：设 $f(x)$是区间自身的连续映射，如果 $f(x)$有 P 周期点，Q 在 Sarkovskii 序列中位于 P 之后，则 $f(x)$一定还存在 Q 周期点。

在 Sarkovskii 序列中，3 排在所有自然数前面。所以如果某个具体区间到自身的映射有周期 3 轨道，它就一定有周期为任意自然数的轨道。可见，由 Sarkovskii 定理可得出“周期 3 意味着混沌”的结论。

9.1.3 Melnikov 的混沌定义

在二维系统中，最具开创性的研究是 Smale 的马蹄理论。马蹄映射 F 定义于平面区域 D 上，$F(D)\subset D$，其中 D 由一单位正方形 S 和两边各一个半圆构成。映射规则是不断纵向压缩（压缩比小于 1/2），同时横向拉伸（拉伸比大于 1/2），再弯曲成马蹄形后放回 D 中。Henon 映射就是马蹄映射的一个实例。已经证明，马蹄映射的不变集是两个 Cantor 集之交，映射在这个不变集上呈混沌态。因此，如果在系统吸引子中发现了马蹄，就意味着系统具有混沌。

由 Holmes 转引的 Melnikov 方法是对混沌的另一种严格描述，概括起来可表述为：如果存在稳定流形和不稳定流形且这两种流形横截相交，则必存在混沌。Melnikov 给出了判定稳定流形和不稳定流形横截相交的方法，但这种方法只适合于近可积 Hanilton 系统。

虽然两个定义的侧重点和方式不同，但是混沌的本质特征是不变的。

混沌是确定性非线性动力系统所特有的复杂运动形态，它看似随机行为，又不同于一般的随机现象，基于系统本身的内随机性，只存在于某一确定的区域之内。一般来说，混沌现象隶属于确定性非线性动力系统而难以预测，隐含于复杂系统但又不可分解，并呈现多种“混乱无序却又颇具规则”的图像。概括起来，有以下基本特征：

（1）初值敏感性。系统的初始条件有微小的变化，经过很长的时间后，运动可能相差很远。著名的 Lorenz“蝴蝶效应”就是一个典型的例子，它指出模拟大气动力学特性的微分方程的解是混沌的，不可能进行长期的天气预报，因为一个任意小的扰动，犹如蝴蝶翅膀的振动，都可能在将来某个时候改变地球另一边的天气。

（2）有界性。混沌是有界的，它的轨线始终局限于一个确定的区域，这个区域称为混沌吸引域。无论混沌系统内部如何不稳定，它的轨线都不会走出混沌吸引域，因此从整体上说，混沌系统是稳定的。

（3）内随机性。混沌系统可以用确定的微分方程组表示，它是确定性动力系统，但在施加确定性的输入后却产生类似随机的运动状态。这显然是系统本身产生的内随机性。

（4）遍历性。混沌运动在其混沌吸引域内是各态历经的，即在有限时间内混沌轨道经过混沌区内每一个状态点。

（5）正的 Lyapunov 特征指数。所有的混沌系统都具有正的 Lyapunov 特征指数。当 Lyapunov 特征指数小于零时，轨道间的距离按指数消失，系统运动状态对应于周期运动或不动点；当该特征指数大于零时，相邻轨道按指数分离，轨线在每个局部都是不稳定的。但是由于吸引子的有界性，轨道不能分离到无限远处，只能在一个局限区域内反复折叠，但又永远互不相交，故形成了混沌吸引子的特殊结构。

（6）分维性。混沌系统在相空间中的运动轨线，在某个有限区域内经过无限次折叠，形成一种特殊曲线。这种曲线的维数不是整数，而是分数，故称为分维。分维性表明混沌运动状态具有多叶、多层结构，且叶层越分越细，表现为无限层次的自相似结构，即混沌运动是具有一定规律的，这是混沌运动与随机运动的重要区别之一。

（7）标度性。混沌运动是无序中的有序态。只要数值或实验设备精度足够高，总可以在小尺度的混沌域内观察到有序的运动形式。

（8）普适性。所谓普适性，是指不同系统在趋向混沌态时所表现出来的某些共同特征，不依具体的系统方程或系统参数而改变，具体体现在混沌的几个普适常数（如 Feigenbaum 常数）上，是混沌的内在规律性的体现。

9.2 产生混沌的途径

混沌是非线性动力学系统在一定条件下所表现的一种运动形式，非线性是产生混沌的必要条件，但并非任何非线性系统都会产生混沌，对于一个确定的非线性动力学系统，当系统具有以下数值特征时才表现为混沌运动：

（1）系统的运动轨迹为奇怪吸引子现象。

（2）系统运动的功率谱具有连续谱上叠加有尖峰的特点。

（3）系统中至少有一个 Lyapunov 特征指数大于零，其他情况下仍表现为通常的确定性运动。

这就有一个如何到达混沌的问题，即系统是如何从确定性运动过渡到混沌运动的。研究发现，通向混沌的道路有四种：倍周期分岔道路、阵发（间歇）道路、准周期道路以及 KAM 环面破裂。

1. 倍周期分岔道路

系统运动变化的周期行为是一种有序状态，在一定条件下，系统经倍周期分岔道路，会逐步丧失周期行为而进入混沌。其基本特点是：不动点→两周期点→四周期点→…→无限倍周期凝聚（极限点）→奇怪吸引子。由于 M. Feigenbaum 的出色贡献——发现了倍周期分岔道路中的标度性和普适常数，因此也称倍周期分岔道路为 Feigenbaum 道路。

例如，对一维的 Logistic 映射系统：

$$x_{i+1}=\lambda x_i(1-x_i),\quad x_i\in[0,1],\quad \lambda\in[0,4]$$

当$0\leqslant\lambda<1$时，映射有一个稳定不动点$x_1=0$，系统有周期一解。

当$1\leqslant\lambda\leqslant3$时，映射有一个稳定不动点$x_2=1-\dfrac{1}{\lambda}$，系统有周期一解。

当$3<\lambda<1+\sqrt{6}$时，$x_1=0$和$x_2=1-\dfrac{1}{\lambda}$失稳，需考虑二次迭代，二次迭代后的映射为

$$x_{i+2}=\lambda x_{i+1}(1-x_{i+1})=\lambda^2 x_i(1-x_i)\left[1-\lambda x_i(1-x_i)\right]$$

解二次迭代方程有四个不动点。其中

$$x_{3,4}=\frac{1+\lambda\pm\sqrt{(\lambda+1)(\lambda+3)}}{2}$$

是稳定的，此时系统有周期二解。

如此继续下去，当$\lambda=\lambda_{+\infty}=3.569\,9\cdots$时系统进入混沌态。

图 9.1 所示为 Logistic 映射倍周期分岔道路通向混沌。

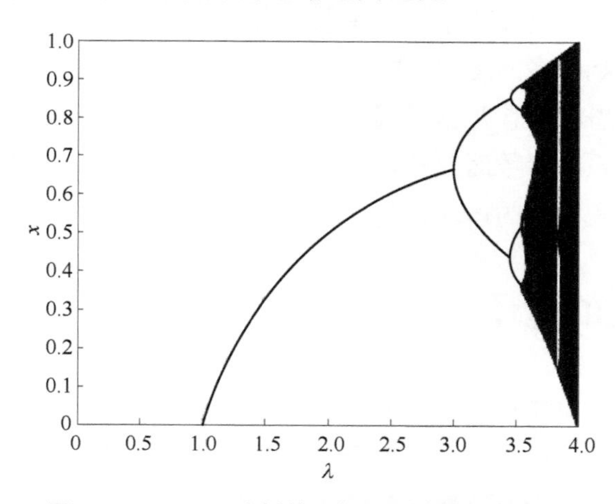

图 9.1 Logistic 映射倍周期分岔道路通向混沌

2. 阵发（间歇）道路

阵发道路是非平衡非线性系统进入混沌的又一条道路。具体来说，阵发道路是指系统从

有序向混沌转化时，在非平衡非线性条件下，当某些参数的变化达到某一临界值时，系统的时间行为忽而周期有序忽而混沌，在两者之间无规则地交替振荡，当周期部分的比例逐渐减少，有关参数继续变化时，整个系统会由阵发性混沌发展成为完全的混沌状态。下面仍以Logistic 映射为例来说明阵发道路是怎样发生的。

从倍周期分岔道路中讨论可知，当参数λ逐渐增加到$\lambda > 3.57 = \lambda_{+\infty}$时，发生了倍周期分岔道路；当$\lambda$（设为$\lambda_c$）固定在$\lambda_c = 1+\sqrt{8}$时，出现周期为 3 的窗口。在图 9.2 中画出映射的三次迭代$f^{(3)}(x,\lambda_c)$分岔情况。

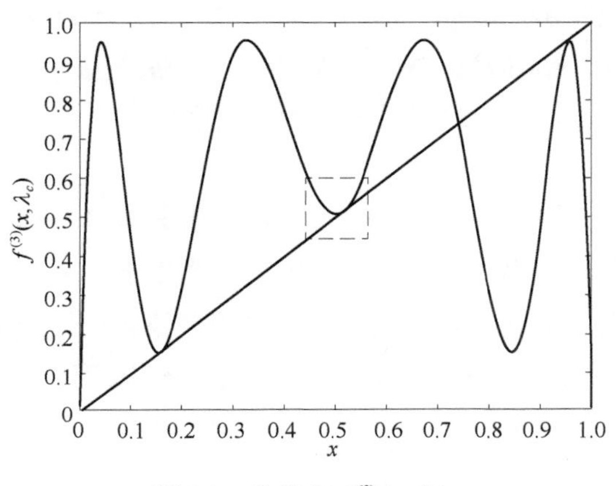

图 9.2　分岔点 $f^{(3)}(x,\lambda_c)$

在图 9.2 中，由于在λ_c处它与对角线有三个切点，因而发生了切分岔（鞍一结分岔）。考虑如果反向改变参数，即$\lambda < \lambda_c$且λ很接近λ_c的情形。这时$f^{(3)}(x,\lambda_c)$和对角线之间有三处很狭窄的沟道，当迭代中的一个点刚好落在这个沟道附近时，就会发生如图 9.3（图 9.3 是图 9.2 虚线方框部分的放大图形）所示的过程：一开始似乎是往不动点收敛，但由于没有不动点存在，因此迭代限制在沟道中进行，并经历一些大幅度的跳跃之后走出沟道。在沟道内的迭代非常接近周期三运动，并称之为层流，而沟道以外的运动，没有规律性，表现为混沌运动。

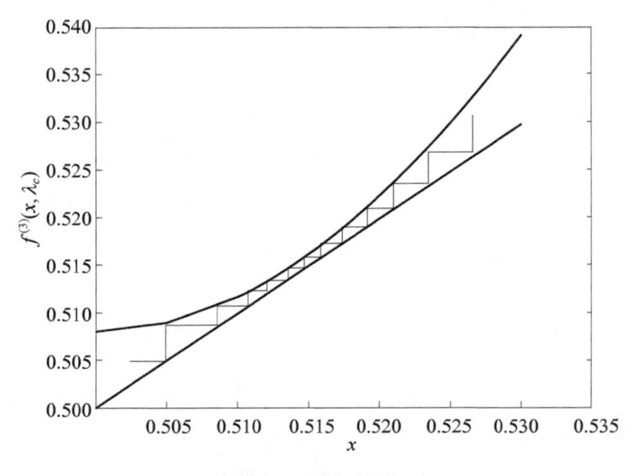

图 9.3　阵发道路的机制

每次进入此沟道附近时，都是不准确地重复以往的过程。于是，沟道中的迭代很像在不动点附近踏步，它对应于“层流”或近似于周期运动。而不同沟道之间的跳跃，对应于混沌运动。这说明为什么整个迭代过程在时间上看起来就像是周期运动中随机地夹杂了一些混沌阶段，层流间歇性地被混沌运动所打断。经过多次的数值仿真实验发现，λ越接近λ_c，层流在沟道中所维持的时间越长，但混沌运动的时间长度变化不大。因此，λ越接近λ_c，层流运动所占时间的比例就越大。反之，λ离λ_c越远，层流时间越短，混沌运动所占的时间比例就越大，到一定程度变为完全混沌运动。这就是从有序（周期）进入混沌的阵发道路。

由阵发道路通向混沌和由倍周期分岔道路通向混沌，只不过是同一动力学系统在不同参数值下出现的现象。因此，由阵发道路与倍周期分岔道路产生的混沌是孪生现象，凡是观察到倍周期分岔道路的系统，原则上均可发现阵发道路现象。

3. 准周期道路

准周期道路又称茹勒—塔肯斯道路。湍流可以看作无数多个频率耦合而成的振荡现象，但不必出现无穷多个不可约频率成分，只要出现三个互相不可公约的频率，系统就会出现混沌。也就是说，二维环面上的准周期运动，通过直接失稳就可以产生混沌。因此，准周期道路的典型途径是不动点（平衡态）→极限环（周期运动）→二维环面（准周期运动）→奇怪吸引子（混沌运动）。

4. KAM 环面破裂

KAM 定理指出：近哈密顿系统的轨线分布在一些环面（称为 KAM 环面）上，它们一个套在另一个外面，而两个环面之间充满着混沌区。它在法向平面上的截线称为曲线。对于可积哈密顿系统（如单摆），其相图是椭圆平衡点和双曲平衡点交替出现，相平面被鞍点连续分割，相空间中的各部分的运动互不相混；而对于不可积哈密顿系统，在鞍点附近发生一些变化，鞍点连线破断，并在鞍点附近发生剧烈振荡，这种振荡等价于 Samle 马蹄的结构，从而引起混沌运动，相应的区域称为混沌区。

9.3 微弱信号的混沌检测判据

将混沌理论用于微弱信号检测的核心思想就是观察混沌系统相轨迹的变化，因此对于混沌系统运动状态的判别就显得尤其重要。系统进入混沌状态的临界值（设为r_c）和从混沌状态进入大尺度周期状态的临界值（设为r_d）是检测的两个关键指标，在本章中将讨论用 Melnikov 方法和 Lyapunov 特征指数分别确定r_c和r_d。

9.3.1 Melnikov 方法

经典的微分方程定型理论和分岔理论主要涉及平面动力系统分支周期或同宿轨道、异宿轨道。自 Samle 马蹄映射发现后，分岔理论中提出了一个基本问题：如何理解 Samle 马蹄映射的产生？研究表明，对于 Hamilton 系统，若p是双曲不动点，且存在$q(q \neq p)$是p点的稳定流形$W^s(p)$与不稳定流形$W^a(p)$的横截交点，则将有 Samle 马蹄映射产生，而 Samle 马蹄是混沌的一种基本结构。Samle 给出了下述重要的横截同宿定理。

定理：如果二维映射D具有双曲不动点O，且它的稳定流形和不稳定流形横截相交于点p，则D是混沌的。

判断出现横截交点的一种有效工具就是 Melnikov 函数方法。这种方法实质上是一种测量技术。

检测方法与混沌判据：

定理： 设 Melnikov 函数

$$M(t_0)=\int_{-\infty}^{+\infty} f[q^0(t)]\wedge g[q^0(t),t+t_0]\mathrm{d}t \tag{9.1}$$

式中，$a\wedge b=a_1b_2-a_2b_1$。

如果存在与ε无关的t_0，使$M(t_0)=0$，并且$\mathrm{d}M(t_0)/\mathrm{d}t_0\neq 0$，则对于充分小的$\varepsilon$，与系统相应的映射中，鞍点型不动点的稳定不变流形与不稳定不变流形必横截相交，即此时必出现横截同宿点（如果两个相交的不变流形分别属于同一鞍点型不动点）或横截异宿点（如果两个相交的不变流形分别属于两个不同的鞍点型不动点），从而系统有可能出现混沌解。

Melnikov 方法的核心思想是把所讨论的系统归结为一个二维映射系统，然后推导该二维映射存在横截同宿点的数学条件，从而证实映射具有 Samle 马蹄变换意义下的混沌性质。这个方法的优点在于可以直接进行解析计算，以便于进行系统分析。

考虑如下微弱信号检测的 Duffing 方程：

$$\ddot{x}(t)+\varepsilon\cdot k\dot{x}(t)-x(t)+x^3(t)=\varepsilon\cdot r\cos(wt) \tag{9.2}$$

式中，k为阻尼比；$-x(t)+x^3(t)$为非线性恢复力；$r\cos(wt)$为内策动力（即内置信号）。

其等价系统为

$$\begin{cases}\dot{x}=y\\ \dot{y}=x-x^3-\varepsilon\cdot ky+\varepsilon\cdot r\cos(wt)\end{cases} \tag{9.3}$$

当$\varepsilon=0$时，Duffing 方程为 Hamilton 系统，其 Hamilton 量为

$$\mathrm{H}=\frac{1}{2}y^2-\frac{1}{2}x^2+\frac{1}{4}x^4=h \tag{9.4}$$

当$\varepsilon=0$且$\begin{cases}\dot{x}=y=0\\ \dot{y}=x-x^3=0\end{cases}$时，解得三个不动点（0，0），（1，0），（−1，0）。

当h=0 时，存在两条连接鞍点的同宿轨道。下面求解其表达式：

$$\begin{cases}\dot{x}=y\\ \frac{1}{2}y^2-\frac{1}{2}x^2+\frac{1}{4}x^4=0\end{cases}$$

$$y^2 = x^2 - \frac{1}{2}x^4, \quad y = \pm\sqrt{x^2 - \frac{1}{2}x^4}$$

$$\frac{\mathrm{d}x}{\mathrm{d}t} = \pm\sqrt{x^2 - \frac{1}{2}x^4}, \quad \frac{\mathrm{d}x}{x\sqrt{x - \frac{1}{2}x^2}} = \pm\mathrm{d}t$$

假设 $x = \sqrt{2}\sin\alpha$，则 $\frac{1}{\sin\alpha}\mathrm{d}\alpha = \pm\mathrm{d}t$ 。将上式两边积分，得

$$\ln\tan\frac{\alpha}{2} = \pm t + C$$

因为当 y=0，t=0 时，由 h=0 可解得 $x = \sqrt{2}$，所以 C=0。

又因为 $x = \sqrt{2}\sin\alpha = 2\sqrt{2}\sin\frac{\alpha}{2}\cos\frac{\alpha}{2} = \frac{2\sqrt{2}}{\tan\frac{\alpha}{2} + \cot\frac{\alpha}{2}}$，故将式子代入得

$$x = \pm\frac{\sqrt{2}}{\frac{\mathrm{e}^t + \mathrm{e}^{-t}}{2}} = \pm\frac{\sqrt{2}}{\cosh(t)} = \pm\sqrt{2}\mathrm{sech}(t)$$

对 x 求导，解得

$$y = \mp\sqrt{2}\mathrm{sech}(t) \cdot \mathrm{th}(t)$$

所以两条同宿轨道的表达式为

$$\begin{cases} x_0(t) = \pm\sqrt{2}\mathrm{sech}(t) \\ y_0(t) = \mp\sqrt{2}\mathrm{sech}(t) \cdot \mathrm{th}(t) \end{cases} \tag{9.5}$$

由式 Duffing 方程等价系统，得

$$f(x) = \begin{bmatrix} y \\ -x + x^3 \end{bmatrix}, \quad g(x) = \begin{bmatrix} 0 \\ -ky + r\cos(wt) \end{bmatrix}$$

代入 Melnikov 函数，得

$$M(t_0) = \int_{-\infty}^{+\infty} y(t)\{-ky(t) + r\cos[w(t + t_0)]\}\mathrm{d}t = -\frac{4}{3}k \pm \sqrt{2} \cdot r \cdot \frac{\pi w \cdot \sin(wt_0)}{\cosh(\pi w/2)} \tag{9.6}$$

令 $M(t_0) = 0$，得

$$\frac{4}{3}k = \sqrt{2} \cdot r \cdot \frac{\pi w \cdot \sin(wt_0)}{\cosh(\pi w/2)}$$

解得

$$\sin(wt_0) = \frac{\frac{4}{3}k \cdot \cosh(\pi w/2)}{\sqrt{2} \cdot r \cdot (\pi w)}$$

因为 $|\sin(wt_0)| \leqslant 1$，所以若上式对 t_0 有解，则必须要求

$$\left|\frac{\frac{4}{3}k \cdot \cosh(\pi w/2)}{\sqrt{2} \cdot r \cdot (\pi w)}\right| \leqslant 1 \tag{9.7}$$

又因为 $\frac{\mathrm{d}M(t_0)}{\mathrm{d}t_0}=\sqrt{2} \cdot r \cdot \frac{\pi w^2 \cdot \cos(wt_0)}{\cosh(\pi w/2)}$，若使 $\frac{\mathrm{d}M(t_0)}{\mathrm{d}t_0} \neq 0$，则必须使 $\cos(wt_0) \neq 0$，即 $\sin(wt_0) \neq 1$，则有

$$\left|\frac{\frac{4}{3}k \cdot \cosh(\pi w/2)}{\sqrt{2} \cdot r \cdot (\pi w)}\right| < 1 \tag{9.8}$$

只要式（9.8）成立，就一定存在 t_0，使 $M(t_0)=0$，同时 $\frac{\mathrm{d}M(t_0)}{\mathrm{d}t_0} \neq 0$。因此，根据 Melnikov 函数定理，得：此时 $M(t_0)$ 一定存在与 ε 无关的 t_0，使 $M(t_0)=0$，同时，$\frac{\mathrm{d}M(t_0)}{\mathrm{d}t_0} \neq 0$。

因此，对于充分小的 ε，与 Duffing 方程相应的 Poincare（庞加莱）映射中，稳定不变流形和不稳定不变流形两者必然横截相交，出现横截同宿点。因此，系统可能出现混沌解。

下面讨论系统进入混沌的临界值。

$$-1 < \frac{\frac{4}{3}k \cdot \cosh(\pi w/2)}{\sqrt{2} \cdot r \cdot (\pi w)} < 1 \tag{9.9}$$

由于 $\cosh(\pi w/2)$ 是双曲余弦函数，所以 $\pi w/2$ 无论是正或负，$\cosh(\pi w/2)$ 总是大于零。

当 $\frac{r}{k}>0$ 时，可由 $\frac{r}{k}>\frac{4\cosh(\pi w/2)}{3\sqrt{2}\pi w}$，得

$$临界值\ R(w)=\frac{4\cosh(\pi w/2)}{3\sqrt{2}\pi w} \tag{9.10}$$

当 $\frac{r}{k}<0$ 时，可由 $-\frac{4\cosh(\pi w/2)}{3\sqrt{2}\pi w}<\frac{r}{k}<\frac{4\cosh(\pi w/2)}{3\sqrt{2}\pi w}$，得

$$临界值\ R(w)=-\frac{4\cosh(\pi w/2)}{3\sqrt{2}\pi w} \tag{9.11}$$

上面是根据 Melnikov 方法推导出 r/k 与 w 的解析式。通常情况下，r、k 和 w 都取正值。由分析可知，无论取何值，总存在着一个临界值 r_c，当 r 超过 r_c 时，系统进入混沌状态，这一过程随 r 的变化非常迅速。因此，用 Melnikov 方法给出的混沌判据具有简单、方便的特点，只要将判别依据输入计算机，就可自动辨识系统是否进入混沌状态。

选定 k=0.5，w=1，由式（9.10）得临界值 $R(w)$=0.752 8，即 $r>$0.376 4 时会出现混沌。采用四阶龙格—库塔算法对 Duffing 方程（9.2）求解，步长 h=0.002，$\varepsilon=1$，得到的相轨迹图如图 9.4、图 9.5 所示。

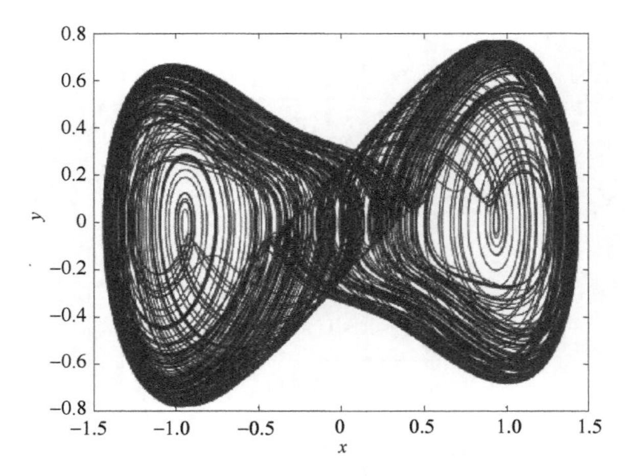

图 9.4　当 r=0.539 8 时的周期分岔状态

由图 9.4 可知，当 r=0.539 8 时系统仍处在周期分岔状态，当 r=0.539 9 时系统转变为混沌状态，如图 9.5 所示。因此，当 $r>0.539\,8$ 时出现混沌。

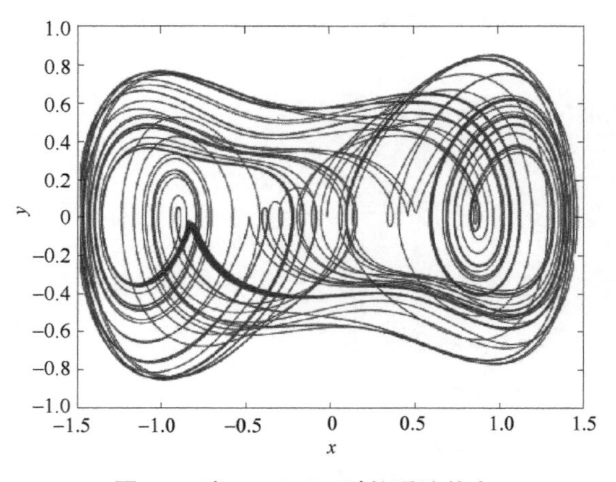

图 9.5　当 r=0.539 9 时的混沌状态

9.3.2　Lyapunov 特征指数

混沌的一个基本特点是运动对初始条件的敏感性，而 Lyapunov 特征指数就是对这种敏感性的量度，它表征了系统在相空间中相邻轨道间收敛或发散的平均指数率。一个 n 维动力学系统对应着 n 个 Lyapunov 特征指数，其中最大的一个称为最大 Lyapunov 特征指数。最大 Lyapunov 特征指数大于零，是系统处于混沌状态的充要条件，而最大 Lyapunov 特征指数小于零，则说明系统是非混沌的。

由于混沌态时系统的最大 Lyapunov 特征指数大于零，而当系统处于周期态时，最大 Lyapunov 特征指数小于零，很自然地想到利用这一点就可以确定系统的临界值：最大 Lyapunov 特征指数的符号从大于零变为小于零的时刻所对应的参数值就是临界值。所以，

Lyapunov 特征指数不仅是判别混沌存在与否的重要指标，也可以用来求取系统从混沌态跃变到周期态的临界值。

对于微分方程 $\dot{x}=F_i(x_1,x_2,\cdots,x_n)$ 所定义的系统，$|\Delta x|$ 表示相空间中两靠近点之间的距离，在 n 维相空间中，Δx 是 n 维的，考虑在 t=0 时以 x_0 为中心，以$\Delta x(x_0)$ 为半径作 n 维球面，由于各方向收缩或扩张程度不同，随着时间的演化，在 t 时刻此球面将变形为 n 维椭球面。此椭球面的第 i 个坐标轴方向的半轴长为$\Delta x(x_0,t)$，则 Lyapunov 特征指数λ的第 i 个分量 λ_i 之值为

$$\lambda_i=\lim_{t\to+\infty}\frac{1}{t}\ln\frac{|\Delta x_i(x_0,t)|}{|\Delta x(x_0,0)|}\quad i=1,2,\cdots,n \tag{9.12}$$

对于一维（单变量）情形，吸引子只可能是不动点（稳定定态），此时λ值是负的。

对于二维情形，吸引子或者是不动点或者是极限环。对于不动点，任意方向的 Δx_i 都要收缩，故此时两个 Lyapunov 特征指数都应该是负的，即对于不动点，$(\lambda_1,\lambda_2)=(-,-)$。至于极限环，如果取 Δx_i 始终是垂直于环线的方向，则它一定要收缩，此时 Lyapunov 特征指数是负的：当取 Δx_i 沿轨道切线方向时，它既不增大也不缩小，此时 $\lambda=0$，所以极限环的 Lyapunov 特征指数是 $(\lambda_1,\lambda_2)=(0,-)$。

同样可知，在三维情形下有下面几种情况：

（1）$(\lambda_1,\lambda_2,\lambda_3)=(-,-,-)$ 不动点。

（2）$(\lambda_1,\lambda_2,\lambda_3)=(0,-,-)$ 极限环。

（3）$(\lambda_1,\lambda_2,\lambda_3)=(0,0,-)$ 二维环面。

（4）$(\lambda_1,\lambda_2,\lambda_3)=(+,+,-)$ 二维环面。

（5）$(\lambda_1,\lambda_2,\lambda_3)=(+,0,0)$ 不稳极限环。

（6）$(\lambda_1,\lambda_2,\lambda_3)=(+,0,0)$ 不稳二维环面。

（7）$(\lambda_1,\lambda_2,\lambda_3)=(+,0,-)$ 奇怪吸引子。

在四维连续耗散系统中，有三类不同的奇怪吸引子，它们分别是：

（1）$(\lambda_1,\lambda_2,\lambda_3,\lambda_4)=(+,+,0,-)$。

（2）$(\lambda_1,\lambda_2,\lambda_3,\lambda_4)=(+,0,-,-)$。

（3）$(\lambda_1,\lambda_2,\lambda_3,\lambda_4)=(+,-,0,-)$。

由以上的分析可以看出，Lyapunov 特征指数可以表征系统运动的特征，其沿某一方向取值的正负和大小，表示长时间系统在吸引子中相邻轨道沿该方向平均发散（$\lambda_i>0$）或收敛（$\lambda_i<0$）的快慢程度，因此，最大 Lyapunov 特征指数 $\lambda_{\max}$ 决定轨道覆盖整个吸引子的快慢，最小 Lyapunov 特征指数 $\lambda_{\min}$ 则决定轨道收缩的快慢，而所有 Lyapunov 特征指数之和 $\sum\lambda_i$ 可以认为是大体上表征轨道总的平均发散快慢。还可以看出：一是任何（平庸的和奇怪的）吸引子必定有一个 Lyapunov 特征指数是负的；二是对于混沌，必有一个 Lyapunov 特征指数是正的（另外，吸引子也至少有一个 Lyapunov 特征指数是负的）。因此，只要由计算得知，吸

引子至少有一个正的 Lyapunov 特征指数，便可以肯定是奇怪的，从而运动是混沌的。

利用 Lyapunov 特征指数确定系统从混沌态跃变到周期态的阈值基本思想是：最大 Lyapunov 特征指数大于零，是系统处于混沌态的标志，当系统最大 Lyapunov 特征指数由大于零转为小于零时，说明系统从混沌态跃变到了周期态，最大 Lyapunov 特征指数符号转变的那一刻所对应的控制参数的值就应为系统阈值（临界值）。

仍采用检测微弱信号的 Duffing 方程：

$$\ddot{x}(t)+0.5\dot{x}(t)-x(t)+x^3(t)=r\cos(t) \tag{9.13}$$

式中，参数 r 是系统内部周期策动力的幅值，系统的状态随参数 r 而变化，从混沌态转变为大尺度周期态对应的 r 值，就称为临界值，记为 r_d。

由 Melnokov 内容可知，当 r=0.539 9 时，系统进入混沌态，实验显示 r 在很大范围内系统都处于混沌态。当 $r\approx 0.822\,3$ 时，实验显示的结果为系统处于大尺度周期运动状态，如图 9.7 所示。由图 9.6 和图 9.7 分析可知，临界值的范围 $r_d\in[0.822\,2,0.822\,3]$，但是对于利用系统的相变来检测微弱信号而言，此阈值的精度是远远不能满足要求的，在此基础上，利用周期态下即 Lyapunov 特征指数进一步确定 r_d 的更高精度值。

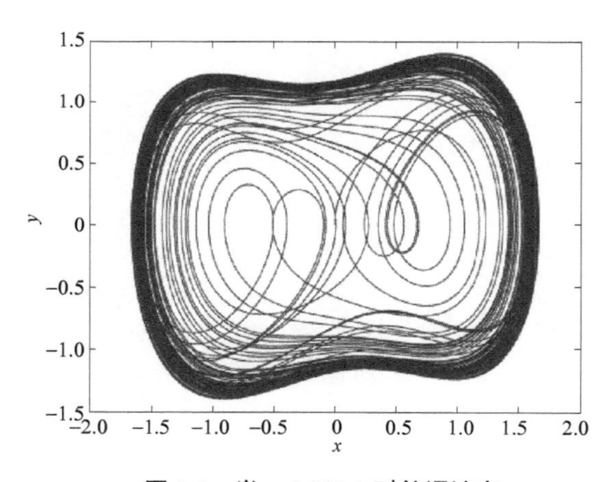

图 9.6　当 r=0.822 2 时的混沌态

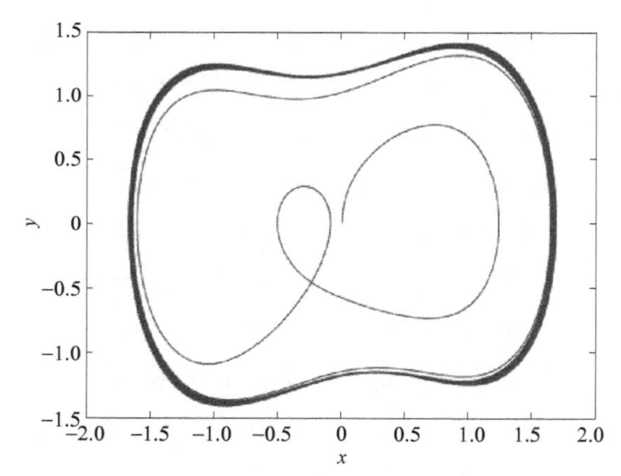

图 9.7　当 r=0.822 3 时的最大尺度周期态

设计一个循环程序，将 r 从 0.822 2 开始，以 10^{-8} 次为递增量，每循环一次改变一次参数 r 的值，计算每个 r 值对应的 Lyapunov 特征指数。当连续有 10 个最大 Lyapunov 特征指数小于零时退出循环，由于此时对应于最大的 Lyapunov 特征指数由正变负的时刻已循环了 10 次，因此将输出的 r 值减去 $10^{-8}\times10$，即所求的临界值 r_d。计算 Lyapunov 特征指数值的算法参照标准 QR 分解算法和 RHR 算法，所得的部分结果如表 9.1 所示。

从表 9.1 可以清楚地看出，初始时刻系统最大 Lyapunov 特征指数大于零，说明系统处于混沌状态，从 r=0.822 269 09 开始，连续 10 次循环所对应的最大 Lyapunov 特征指数都小于零，说明系统已完全过渡到大尺度周期态，则可以确定方程的临界值为

表 9.1　确定临界值的 Lyapunov 特征指数值

r	λ_1	λ_2
0.822 690 4	0.112 3	−0.612 4
0.822 690 5	0.103 5	−0.603 5
0.822 690 6	0.122 7	−0.622 7
0.822 690 7	0.134 5	−0.634 5
0.822 690 8	0.157 3	−0.657 2
0.822 690 9	−0.089 2	−0.410 8
0.822 691 0	−0.024 9	−0.475 0
0.822 691 1	−0.032 6	−0.467 4
0.822 691 2	−0.128 1	−0.371 9
0.822 691 3	−0.095 5	−0.404 6
0.822 691 4	−0.041 7	−0.458 4
0.822 691 5	−0.076 3	−0.423 7
0.822 691 6	−0.046 5	−0.453 5
0.822 691 7	−0.083 0	−0.417 0
0.822 691 8	−0.028 2	−0.471 8

$$r_d=0.822\ 690\ 8$$

到目前为止，还没有解析算法可以验证所求得的 r_d 的正确性，但是可以通过观察单变量的时间历程曲线验证其准确性。当 r=0.822 269 08 时，系统 x 分量的时间演化曲线如图 9.8 所示；当 r=0.822 269 09 时，系统 x 分量的时间演化曲线如图 9.9 所示。

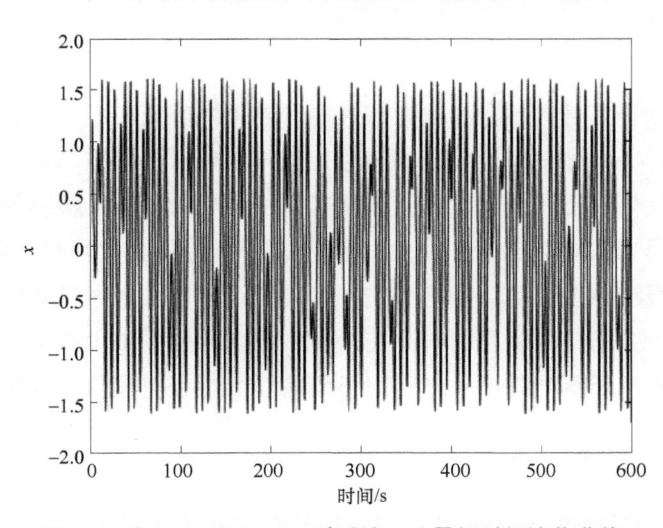

图 9.8　当 r=0.822 269 08 时系统 x 分量的时间演化曲线

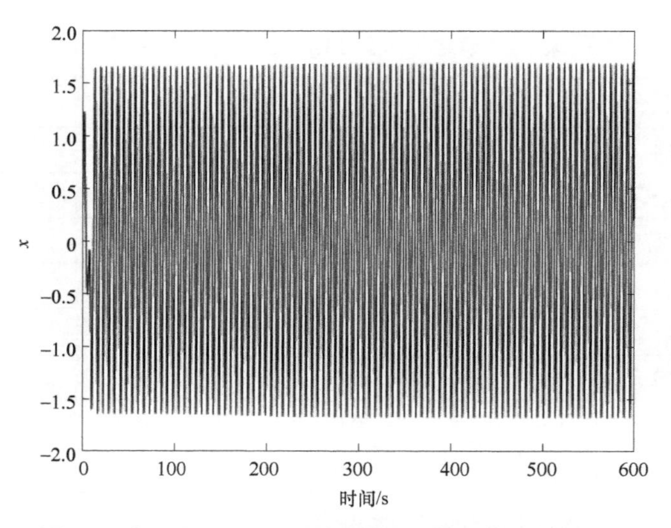

图 9.9　当 r=0.822 269 09 时系统 x 分量的时间演化曲线

图 9.8 清晰地表明，系统此刻处于一种临界状态的混沌态；图 9.9 则说明当 r=0.822 269 09 时，系统是处于周期态的。随机任取大于临界值的 r 值，系统随时间的演化曲线都与图 9.9 相同，充分验证了系统从混沌态跃变到周期态的临界值为 r_d=0.822 269 08，从而验证了利用 Lyapunov 特征指数确定系统阈值的可行性和高度精确性。

用 Melnikov 方法和 Lyapunov 特征指数确定微弱信号混沌检测系统的两个重要阈值：系统进入混沌态的临界值 r_c 和从混沌态跃变到大尺度周期态的临界值 r_d，并通过数值分析和仿真实验验证了所确定的临界值的正确性。与单纯观察系统相轨迹变化图的方法相比，具有更精确、更有效的特点。为后续研究利用混沌理论检测微弱信号的方法奠定了基础，所确定的临界值在检测中将起到重要作用。

9.4　基于混沌理论的微弱信号检测

强噪声背景中微弱信号的检测和提取在许多领域得到广泛应用，例如海洋杂波中信号检测、混沌保密通信、语音处理等。传统的信号处理方法通常把混沌当作随机噪声处理，忽略了混沌信号固有的几何性质，使建立的模型精度差，影响微弱信号检测的效果。基于混沌理论的检测方法是利用混沌的确定性性质对混沌背景信号建模，提取强噪声背景中的微弱信号。本章主要讨论利用混沌系统检测微弱信号的频率，重点研究在频率未知的情况下如何将微弱信号检测出来。由于微弱正弦信号的检测在众多微弱信号检测中占有重要地位，是信号处理的核心问题，因此本章所研究的信号均采用正弦信号，对其他信号的研究也可类似处理。

9.4.1　Duffing 检测模型

混沌系统对小信号极强的敏感性和对无关噪声的强免疫力，使其既能将强噪声背景下的微弱信号提取出来，也能将噪声信号抑制下去。因此，信号检测的首要条件是建立一个动力学行为对微弱正弦信号极其敏感的混沌系统，并使该混沌系统处于特定状态下，将微弱正弦信号引入系统，根据混沌系统相轨迹的变化将被噪声覆盖的微弱正弦信号检测出来。混沌态是某些非线性方程所特有的一种解，即它是某些非线性系统所特有的一种运动形式。混沌运动虽然具有随机性，但描述其运动的方程却是确定的，通常采用著名的Duffing方程，其具体形式为

$$\ddot{x}(t)+k\dot{x}(t)-x(t)+x^3(t)=r\cos(wt) \tag{9.14}$$

式中，k为阻尼比；$-x(t)+x^3(t)$为非线性恢复力；$r\cos(wt)$为内策动力（即内置信号）。

其动力学方程为

$$\begin{cases}\dfrac{\mathrm{d}x}{\mathrm{d}t}=y\\ \dfrac{\mathrm{d}y}{\mathrm{d}t}=-ky+x-x^3+r\cos(t)\end{cases} \tag{9.15}$$

由Duffing方程，可建立该混沌系统的仿真模型，如图9.10所示。

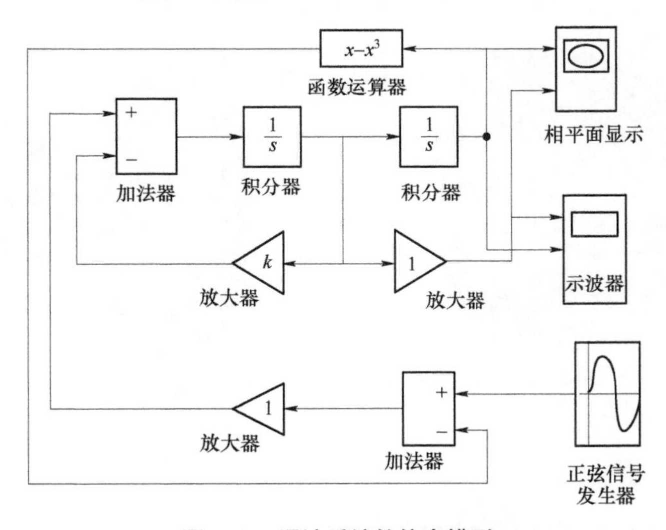

图9.10　混沌系统的仿真模型

理论研究表明，此Duffing方程构成的非线性动力系统是一个混沌系统，其参数的摄动会引起周期解发生本质的变化。由Melnikov方法可知，系统进入混沌态的临界值r_c/k的解析解为一常数。当k取某一固定值时，r从0逐渐增加达到临界值r_d时，系统历经同宿道路[见图9.11（a）]、周期倍分岔道路[见图9.11（b）]直至混沌运动[见图9.11（c）]，在相当长一段时间里，系统都处于混沌状态，继续增大r，当r大于临界值r_d时，系统进入大尺度周期运动[见图9.11（d）]。

选定k=0.5，在r连续变化的情况下，仍采用四阶龙格—库塔算法对Duffing方程（9.2）计算，得到图9.11所示的相平面轨迹，步长h=0.02。

若取$r=r_0$，r_0略小于r_d，则将待检测的微弱信号作为内策动力的摄动并入系统时，可通

过观察混沌系统相轨迹的变化（即相轨迹图是否由混沌态转变为大尺度周期态）来判断待测信号中是否含有周期信号。但这种形式的 Duffing 方程只能检测周期频率为 1 rad/s 的周期信号，在实际情况中，为了便于检测任意频率的微弱信号，可令 $r=\omega\tau$，将它变换为时间尺度 τ 上的动力学方程，得到

$$\frac{1}{w^2}\ddot{x}(t)+\frac{k}{w}\dot{x}(t)-x(t)+x^3(t)=r_0\cos(wt)$$

化简，得

$$\ddot{x}(t)+kw\dot{x}(t)-w^2x(t)+w^2x^3(t)=w^2r_0\cos(wt)$$

改写成动力学方程的形式为

$$\begin{cases}\dfrac{\mathrm{d}x}{\mathrm{d}t}=wy\\[2mm]\dfrac{\mathrm{d}y}{\mathrm{d}t}=w[-ky+x-x^3+r\cos(t)]\end{cases}\tag{9.16}$$

这样，只需要改变方程 ω 值，就可以检测不同的待测信号的频率。

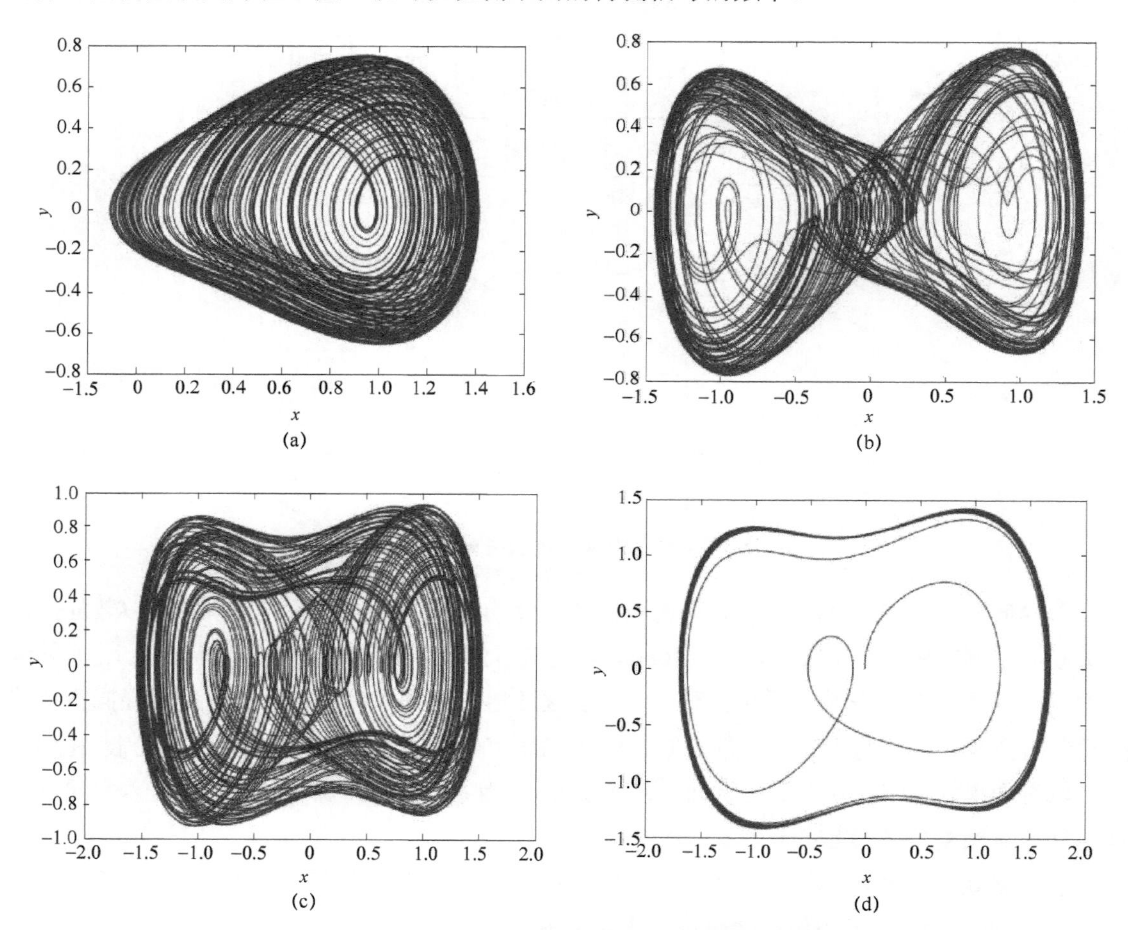

图 9.11 Duffing 混沌系统随 r 增大时的相轨迹

（a）r=0.376 时的同宿道路；（b）r=0.397 时的周期倍分岔道路；（c）r=0.598 时的混沌态；（d）r=0.827 时的周期态

9.4.2　单正弦信号频率的检测

首先调整系统内策动力幅度 r，使系统运动处于临界值 r_d 附近，取 $r=r_0$（r_0 略小于 r_d），将小幅度的、与内策动力频率相近的待测正弦信号和高斯白噪声一起并入系统，则 Duffing 方程变为

$$\ddot{x}+kw\dot{x}-w^2x+w^2x^3=w^2\{r_0\cos(wt)+a\cos[w(1+\Delta w)t]+n(t)\} \tag{9.17}$$

式中，$r_0\cos(wt)$ 为内策动力信号；$a\cos[w(1+\Delta w)t]+n(t)$ 为外界小幅值的微弱信号，是对内策动力的摄动；Δw 为待测微弱信号与内策动力信号间的相对频差，待测微弱信号的幅值 $a\ll r_0$ 且 $a+r_0$ 稍大于 r_d；$n(t)=\sigma\cdot\mathrm{rand}n(t)$ 为高斯白噪声；σ 为噪声方差。化简式（9.17）得

$$\ddot{x}+kw\dot{x}-w^2x+w^2x^3=w^2R(t)\cos[wt+\theta(t)]$$

式中，$R(t)=\sqrt{r_0^{\ 2}+2r_0a\cos(w\cdot\Delta wt)+a^2}$；$\theta(t)=\tan^{-1}\left[\dfrac{a\sin(w\cdot\Delta wt)}{r_0+a\cos(w\cdot\Delta wt)}\right]$。因为 $a\ll r_0$，所以 $\theta(t)$ 很小，其作用可以忽略不计，则上式变为

$$\ddot{x}+kw\dot{x}-w^2x+w^2x^3=w^2R(t)\cos(wt) \tag{9.18}$$

数值实验表明，内策动力与待测微弱信号间的相对频差 Δw 的取值不是任意大的，当 Δw 超过一定值时，无论如何调节，系统都不会由混沌态进入大尺度周期态，即此时混沌系统对待测微弱正弦信号也是免疫的，在这种情况下，是无法检测出微弱正弦信号的。因此，检测模型中内策动力频率的调节是根据待测信号频率的变化而变化的，相对频差 Δw 的取值范围必须满足 $|\Delta w|\leqslant 0.03\ \mathrm{rad/s}$。由于完成相变过程的必要条件是有足够长的激励时间，当 $|\Delta w|>0.04\ \mathrm{rad/s}$ 时，有规律的阵发混沌现象就很难辨别出来，Δw 极大时，$R(t)$ 变化得如此之快以至于系统不能很好地响应。在 $R(t)$ 大于临界值 r_d 期间，激励衰减得太快而不能使周期运动持续；在 $R(t)$ 小于 r_d 的时间，激励增加得太快而不能使系统保持稳定的混沌运动。因此，检测时取 $|\Delta w|\leqslant 0.03\ \mathrm{rad/s}$。

采用四阶龙格—库塔方法解 Duffing 方程，取 k=0.5，步长 h=0.004，$w=6\ \mathrm{rad/s}$。

（1）若取 $a=0,\sigma=0$，则 Duffing 方程变为

$$\ddot{x}+kw\dot{x}-w^2x+w^2x^3=w^2r\cos(wt)$$

调节 $r=r_d$，使系统处于混沌临界状态，如图 9.12 所示。

（2）若取 $a=0,\sigma=0.2$，即外界输入信号为纯高斯白噪声，则 Duffing 方程变为

$$\ddot{x}+kw\dot{x}-w^2x+w^2x^3=w^2r\cos(wt)+0.2\mathrm{rand}n(t)$$

r 设定在 r_d，结果如图 9.13 所示。

从图 9.13 可以看出，加入高斯白噪声后，噪声虽然强烈，但系统的相平面轨迹并未改变，仍处于混沌态，只是轨迹的边缘变得粗糙了些。这说明混沌系统对噪声具有免疫力，无论背

景噪声多么强烈，只要没有与内策动力频率接近的小信号摄入，系统的状态都不会发生本质的变化。这正是利用混沌理论检测微弱信号的优势所在。

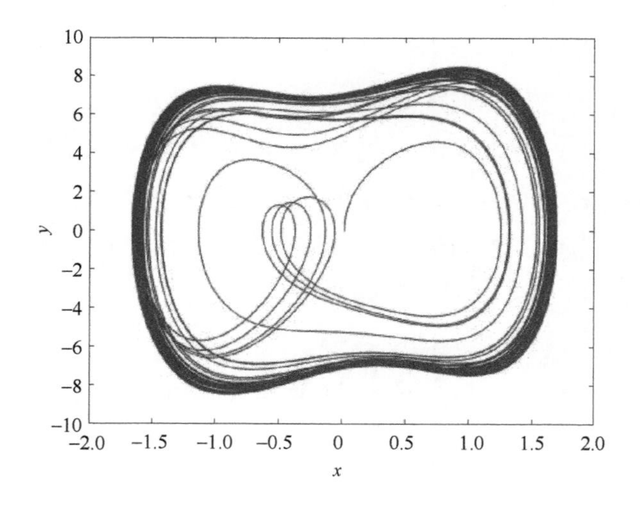

图 9.12　r_d=0.780 6 时的混沌临界状态

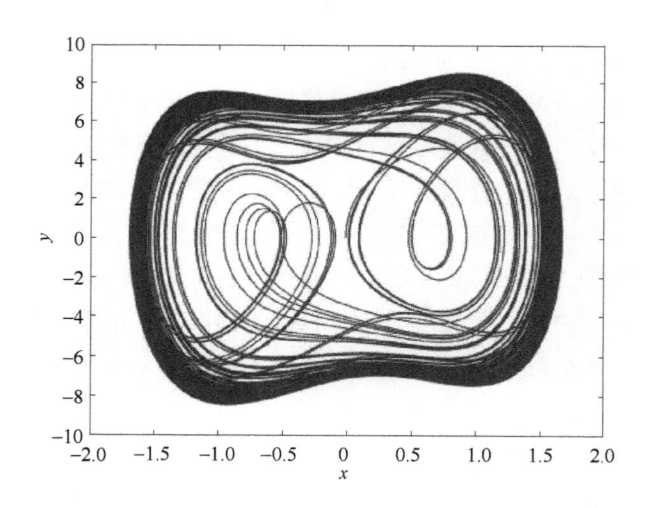

图 9.13　纯高斯白噪声作用的系统相平面轨迹

（3）加入正弦信号和高斯白噪声的混合信号。取 $a=0,\sigma=0.2,\Delta w=0.02$， r_0 设定在 r_d，得到图形如图 9.14 所示。

从图 9.14 可知，加入微弱正弦信号后，系统状态明显由混沌运动转变为大尺度周期运动，与结果（2）形成鲜明对比。此时检测出的微弱信号频率 $\omega=6.12$ rad/s 。该结果说明，混沌理论可用于微弱信号检测。

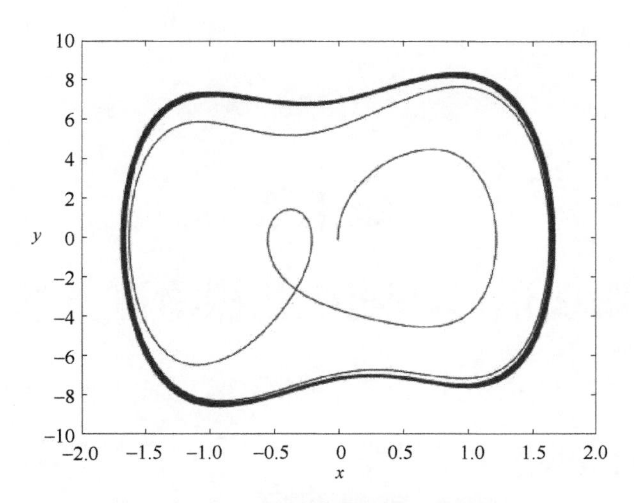

图 9.14　加入待测微弱信号后的相轨迹

第十章
微弱信号的随机共振检测方法

10.1　经典随机共振系统模型

本章从经典随机共振的系统模型，即朗之万方程（Langevin，LE），来阐述随机共振的基本原理，以及从绝热近似理论和线性响应理论两个方面对随机共振进行理论解释，最后介绍了随机共振的常用测量方法，诸如信噪比、信噪比增益和互相关系数以及将符号序列的熵值作为随机共振的一种有效测度指标。随机共振的结构框图如图 10.1 所示。

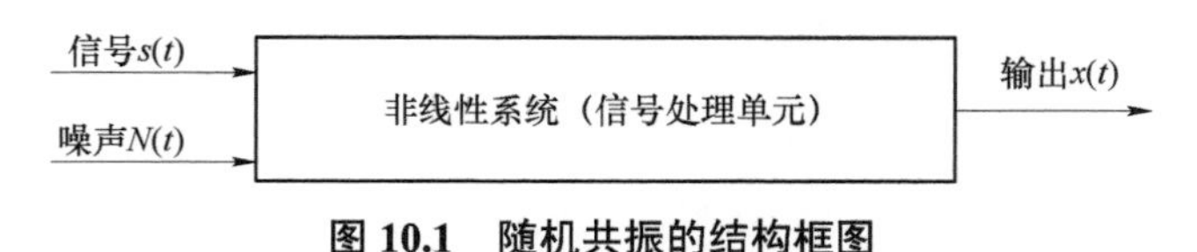

图 10.1　随机共振的结构框图

要发生随机共振一般包括三个基本条件：

（1）周期策动力 $s(t)$。该信号可以是周期或非周期信号、数字脉冲或模拟信号、确定性或随机信号等各种类型的信号。

（2）噪声 $N(t)$。噪声可以是系统自身产生的内部噪声，也可以是人为添加的噪声或者环境噪声。诸如有色噪声、白噪声、高斯噪声、利维噪声等满足一定统计特性要求的随机信号。

（3）非线性系统。非线性系统作为信号处理单元，也是随机共振发生的最为必要的条件，通过将周期策动力与噪声的混合信号作为系统的输入信号，经过非线性系统处理后得到输出信号 $x(t)$。当噪声、周期策动力和非线性系统达到某种最佳匹配时，输出信号的信噪比将达到最大值。

10.2　随机共振理论模型

在噪声作用下，研究最多的一类非线性系统是双稳态系统。受到噪声 $N(t)$与外部周期策动力 $s(t)=A\cos(w_0t+\phi)$作用的双稳态系统可以由朗之万方程描述，即

$$\begin{cases} \dfrac{\mathrm{d}x}{\mathrm{d}t} = -\dfrac{\partial V(x,t)}{\partial x} + s(t) + N(t) \\ \langle N(t) \rangle = 0, \langle N(t), N(0) \rangle = 2D\delta(t) \end{cases} \tag{10.1}$$

式中，$V(x)$表示双稳态系统的势阱函数，且

$$V(x) = -\frac{a}{2}x^2 + \frac{b}{4}x^4, a>0, b>0 \tag{10.2}$$

式中，$s(t)$表示策动外力；$N(t)$表示强度为D的零均值高斯噪声。将式（10.2）代入式（10.1）得到

$$\frac{\mathrm{d}x}{\mathrm{d}t} = ax - bx^3 + s(t) + N(t) \tag{10.3}$$

式中，x表示双稳态系统输出；a、b表示系统参数，两者均为大于零的实数。在没有外力和噪声作用时，势阱$\Delta V = a^2/(4b)$，势阱函数在$\pm x_m$处取极小值，$x_m = \sqrt{a/b}$，在$x_b = 0$处取极大值。当系统结构参数a=1，b=1时，双稳态势阱函数的曲线如图10.2所示。

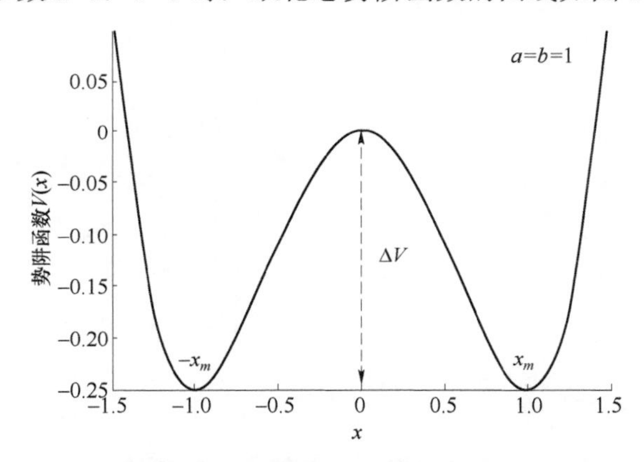

图 10.2　双稳态势阱函数的曲线

10.3　随机共振现象产生机制

非线性双稳态系统属于非自激系统的类别，也就是说，在外部周期策动力的激励下（即$s(t) = A\cos(w_0 t + \phi), N(t) = 0$），势阱以频率$w_0$发生周期性的倾斜变化，相对垒高进行上升和下降的交替性变化。当在恒常驱动下，即$w_0 = \phi = 0$时，方程描述的双稳态系统阈值A_c可以严格求解出来。设外部周期信号激励的幅值为A，满足双势阱函数的极点和拐点的重合条件，即

$$\begin{cases} \dfrac{\partial V}{\partial x} = -ax + bx^3 + A = 0 \\ \dfrac{\partial^2 V}{\partial x^2} = -a + 3bx^2 = 0 \end{cases} \tag{10.4}$$

解式（10.4），得到双稳态系统的输入临界阈值为

$$A_c = \sqrt{4a^3 / (27b)} \tag{10.5}$$

在 $A < A_c$ 这种情况下，系统响应具有形式 $x_n(t) = \alpha\cos(w_0 + \phi) + x_n(t)$，其中，$x_n(t)$ 表示更高阶谐波。与 α 相比，$x_n(t)$ 几乎观察不到，因此响应主要以低频分量为主。系统临界阈值 A_c 与系统结构参数之间的关系如下：

从图 10.3（a）中可以看出，系统临界阈值 A_c 随着系统参数 a 的增大而递增，而且曲线斜率越来越大，说明系统参数 a 增加到某种程度，阈值将迅速增大；除此之外，在图 10.3（b）中，随着系统参数 b 的增加，系统临界阈值反而衰减，初始衰减速率较快，随着系统参数 b 的再次增大，临界阈值的衰减趋于缓和。

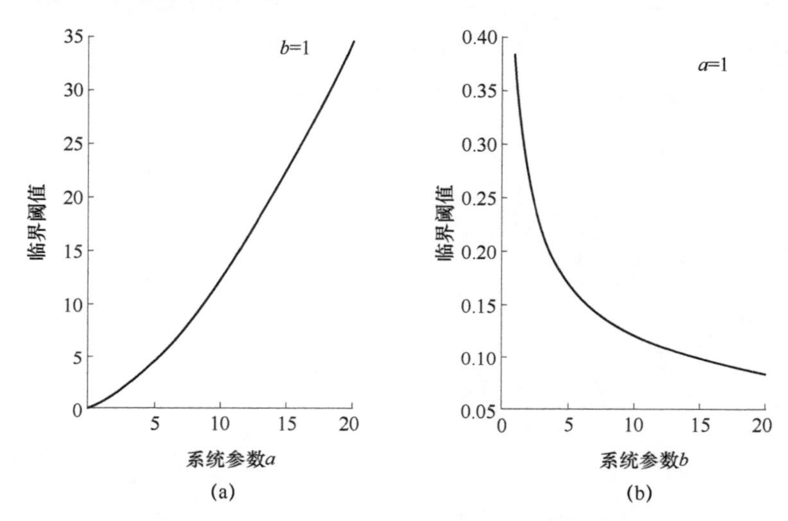

图 10.3　系统参数 *a*、*b* 与临界阈值之间的关系

噪声 $\Gamma(t)$ 和周期策动力 $s(t) = A\cos(w_0 t + \phi)$ 同时驱动双稳态系统时，在周期外力的引导下，使系统势阱的切换出现周期性变化，其中粒子在双势阱间的跃迁关系示意图如图 10.4 所示。

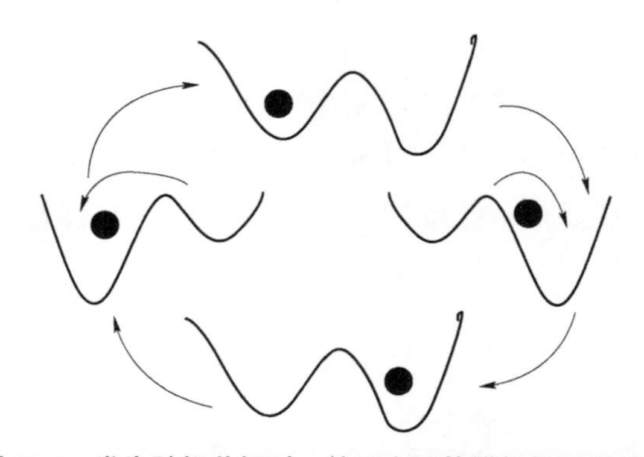

图 10.4　发生随机共振时，粒子在双势阱间的跃迁关系

当周期策动力、非线性系统和噪声强度达到某种最佳组合时，即使 $A \ll A_c$ 或者 $A = A_c$ 时，质点粒子也可以从原来所处的势阱跃迁到另一个势阱，使系统输出以周期外力频率 w_0 在两个势阱之间来回切换，当切换速率与微弱周期信号的频率同步时，导致系统输出 $x(t)$ 中的小周期分量得到增强，我们把这种噪声加强微弱周期信号的现象称为“随机共振”。

10.4　随机共振理论解

10.4.1　绝热近似理论

首先说明随机共振输出变量 $x(t)$ 的概率密度函数 $\rho(x,t)$ 所遵循的 Forkker–Planck 方程（FPE），即

$$\frac{\partial \rho(x,t)}{\partial t} = -\frac{\partial}{\partial x}\left[[ax - bx^3 + A\cos(w_0 t)]\rho(x,t) + D\frac{\partial^2}{\partial x^2}\rho(x,t)\right] \tag{10.6}$$

其中，初始条件为 $\rho(x,t_0 \mid x_0,t_0) = \delta(x - x_0)$，在随机共振的理论研究中 FPE 备受关注。然而，由于方程（10.6）中含有时变项 $-\frac{\partial}{\partial x} = A\cos(w_0 t)\rho(x,t)$，因此不可能求出任何精确的解，只能借助各种近似手段来处理，获得较为精确的解。绝热近似理论于 1989 年由 Mc Nzmara 等提出，实质上是对连续双稳态系统作了一种绝热近似。

对于双稳态系统而言，有两个稳态 $\pm x_m$，定义 $p_\pm(t)$ 为时刻 t 系统处于 $\pm x_m$ 的概率。在周期策动力 $s(t) = A\cos(w_0 t)$ 的驱动下，双势阱将会发生周期性的交替变化，同时会引起系统输出信号在两个稳态点之间的跃迁速率发生改变。定义 $W_\pm(t)$ 为时刻 $\pm x_m$ 跃迁的概率，则 $p_\pm(t)$ 可由式（10.7）确定

$$\frac{\mathrm{d}p_\pm(t)}{\mathrm{d}t} = -W_\pm(t)p_\pm(t) + W_\mp(t)p_\mp(t) \tag{10.7}$$

利用归一化条件

$$p_\pm(t) + p_\mp(t) = 1 \tag{10.8}$$

可以得到

$$\begin{aligned}\frac{\mathrm{d}p_\pm(t)}{\mathrm{d}t} &= -W_\pm(t)p_\pm(t) + W_\mp(t)[1 - p_\pm(t)] \\ &= -[W_\pm(t) + W_\mp(t)]p_\pm(t) + W_\mp(t)\end{aligned} \tag{10.9}$$

对于给定的 $W_\pm(t)$，可以得到式（10.10）的解析解，即

$$\begin{cases} p_\pm(t) = g(t)\left[p_\pm(t_0) + \int_{t_0}^{t} W_\mp(\tau)g^{-1}(\tau)\mathrm{d}\tau\right] \\ g(t) = \exp\left\{-\int_{t_0}^{t}[W_+(\tau) + W_-(\tau)]\mathrm{d}\tau\right\} \end{cases} \tag{10.10}$$

式中，$p_{\pm}(t_0)$ 为 t_0 时刻的初始概率。跃迁概率 $W_{\pm}(t)$ 通常被认为具有如下形式：

$$W_{\pm}(t) = r_k \exp\left[\pm\frac{Ax_m}{D}\cos(w_0 t)\right] \tag{10.11}$$

式中，r_k 为只有噪声作用时，双稳态系统在两个稳态间跃迁的速率（即 Kramers 速率）：

$$r_k = \frac{a}{\sqrt{2}\pi}\exp\left(-\frac{\Delta V}{D}\right) = \frac{a}{\sqrt{2}\pi}\exp\left(-\frac{a^2}{4bD}\right) \tag{10.12}$$

r_k 是一个重要指标，r_k 值越大，说明平均跃迁频率越高，来回翻跃势垒的次数在单位时间内增加，逃逸速率上升。图 10.5 所示为跃迁速率 r_k 与噪声强度 D、系统参数之间的关系。

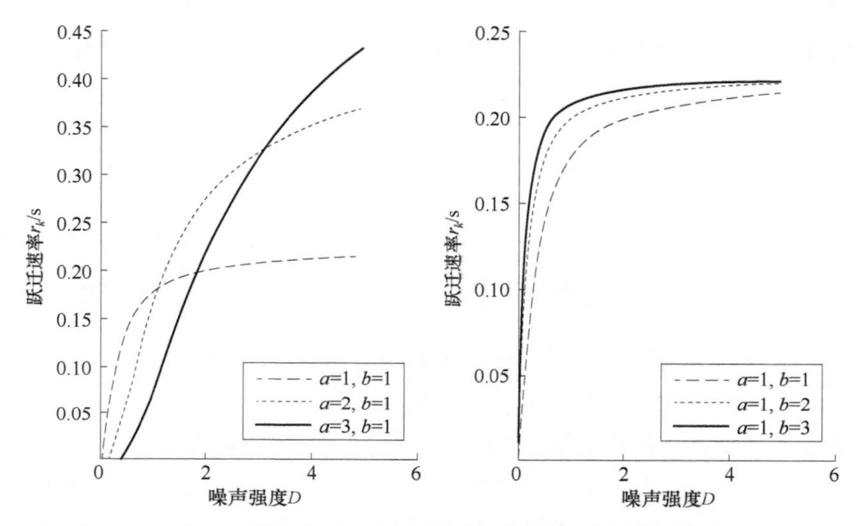

图 10.5 跃迁速率 r_k 与噪声强度 D、系统参数之间的关系

从图 10.5（a）可以看出，在系统参数 a、b 固定的情况下，随着噪声强度 D 的增加，跃迁速率 r_k 不断上升，最终趋于一个稳定值，也就是所谓的最大值，由于横坐标的有限性，a 取较大值时，与 b 值趋于最大值时对应的噪声强度是不同的。换句话说，在系统参数 b 不变的情况下，系统参数 a 越大，其跃迁速率趋于最大值所需的噪声强度越大，同时它取得的最大值也越大；可以看出，系统参数 b=1 是固定的，随着噪声强度 D 的增加，跃迁速率 r_k 取得的稳定值随系统参数 a 的增加而变大。同时，从图 10.5（b）可以看出，系统参数完全固定时，随着噪声强度的增加，跃迁速率一定会达到一个稳定态。此外，当 a 不变、b 改变时，跃迁速率趋于的最大值是不变的，但是从曲线的陡度可以看出，b 越大跃迁速率趋于稳定的最大值的速度越快，这说明随机共振跃迁速率所取得的最大值仅与系统参数 a 有关。经过分析求解得知，跃迁速率的最大值为 $a/(\sqrt{2}\pi)$，而趋于最大值的快慢程度却与系统参数 b 有一定的关系。绝热近似假设条件是 $w_0 \ll r_k$，$A \ll 1$，$D \ll 1$。此时，将式（10.11）进行泰勒级数展开，得到

$$W_{\pm}(t) = r_k\left[1 \pm \frac{Ax_m}{D}\cos(w_0 t) + \frac{1}{2}\left(\frac{Ax_m}{D}\right)^2\cos^2(w_0 t) \pm \cdots\right] \tag{10.13}$$

由式（10.13）计算得到

$$W_+(t)+W_-(t)=2r_k\left[1+\frac{1}{2}\left(\frac{Ax_m}{D}\right)^2\cos^2(w_0t)+\cdots\right] \tag{10.14}$$

将式（10.13）和式（10.14）代入式（10.10），将初始条件 $x_0=t_0$，t 时刻处于“+”状态的条件概率密度 $p_+(t\mid x_0,t_0)$，展开到的一次项，即

$$\begin{aligned}&p_+(t\mid x_0,t_0)=1-p_-(t|x_0,t_0)\\&=\frac{1}{2}\left\{\exp[-2r_k(t-t_0)]\times\left[2\delta_{x_0,x_m}-1-\frac{2r_kAx_m\cos(w_0t_0+\phi)}{D(4r_k^2+w_0^2)^{\frac{1}{2}}}\right]+1+\frac{2r_kA_m\cos(w_0t_0+\phi)}{D(4r_k^2+w_0^2)^{\frac{1}{2}}}\right\}\end{aligned} \tag{10.15}$$

式中，$\phi=-\arctan[\omega_0/(2r_k)]$，当系统初始时刻处于“+”状态时，$\delta_{x_0,x_m}=1$ 有条件概率密度 $p_+(t\mid x_0,t_0)$ 被得到，就可以将 $x(t)$ 的任何统计量计算到 Ax_m/D 的一次项。

定义系统时间响应的自相关函数的极限为

$$\begin{aligned}&\lim_{t_0\to+\infty}\langle x(t+\tau)x(t)\mid x_0,t_0\rangle\\&=\langle x(t+\tau)x(t)\rangle\\&=x_m^2\exp(-2r_k|\tau|)[1-k^2(t)]+x_m^2k(t+\tau)k(t)\end{aligned} \tag{10.16}$$

式中

$$k(t)=\frac{2r_kAx_m\cos(w_0t+\phi)}{D(4r_k^2+w_0^2)^{\frac{1}{2}}} \tag{10.17}$$

对 $\langle x(t+\tau)x(t)\rangle$ 再进行时域平均，即

$$\langle\langle x(t+\tau)x(t)\rangle\rangle=\frac{1}{T_{w_0}}\int_0^{T_w}\langle x(t+\tau)x(t)\rangle\mathrm{d}t \tag{10.18}$$

将式（10.16）代入式（10.18），得

$$\begin{aligned}&\langle\langle x(t+\tau)x(t)\rangle\rangle\\&=x_m^2\exp(-2r_k|\tau|)\left[1-\frac{1}{2}\left(\frac{Ax_m}{D}\right)^2\frac{4r_k^2}{4r_k^2+w_0^2}\right]+\frac{x_m^2}{2}\left(\frac{Ax_m}{D}\right)^2\frac{4r_k^2}{4r_k^2+w_0^2}\cos(w_0\tau)\end{aligned} \tag{10.19}$$

维纳—辛钦定理（Wiener–Khinchin theorem）提供了一个简单的替换方法，如果信号可以看作平稳随机过程，那么其功率谱密度就是信号自相关函数的傅里叶变换，即

$$\begin{aligned}G(w)=G_n(w)+G_s(w)=&\left[1-\frac{1}{2}\left(\frac{Ax_m}{D}\right)^2\frac{4r_k^2}{4r_k^2+w_0^2}\right]\frac{4r_k^2x_m^2}{4r_k^2+w_0^2}+\\&\frac{\pi}{2}\left(\frac{Ax_m^2}{D}\right)^2\frac{4r_k^2}{4r_k^2+w_0^2}[\delta(w-w_0)+\sigma(w-w_0)]\end{aligned} \tag{10.20}$$

式中，$G(w)$由两部分组成。其中，$G_n(w)$是由噪声导致的；$G_s(w)$是由周期信号引起的。系统输出信号的功率与同频率 $w=w_0$ 处背景噪声的平均功率之比即随机共振系统输出信号的信噪比，即

$$\mathrm{SNR}=\frac{P_s}{G_n(w_0)},P_s=\lim_{\Delta w\to 0}\int_{w_0-\Delta w}^{w_0+\Delta w}G_s(w)\mathrm{d}w \tag{10.21}$$

由式（10.21）计算得到，输出信噪比的详细表达式为

$$\mathrm{SNR}=\frac{\pi}{2}\left(\frac{Ax_m}{D}\right)^2 r_k\Bigg/\left[1-\frac{1}{2}\left(\frac{Ax_m}{D}\right)^2\frac{4r_k^{\ 2}}{4r_k^{\ 2}+w_0^{\ 2}}\right] \tag{10.22}$$

略去分母中的高阶项得到

$$\mathrm{SNR}\approx\frac{\pi}{2}\left(\frac{Ax_m}{D}\right)^2 r_k=\sqrt{2}\Delta V\left(\frac{A}{D}\right)^2\exp\left(-\frac{\Delta V}{D}\right)=\sqrt{2}\frac{a^2A^2}{4bD^2}\exp\left(-\frac{a^2}{4bD}\right) \tag{10.23}$$

从式（10.22）可以发现，输出信噪比是噪声强度的非线性函数，即先大幅度增加，然后减小。除此之外，输出信噪比也是双稳态系统结构参数的非线性函数。

由式（10.23）可以看出，噪声强度 D 趋于零时信噪比为零，然而实际情况中随着噪声的消失，其系统输出信号的信噪比应该是无穷大，这就是绝热近似理论假定条件的局限性，也就是说，此时的绝热近似理论已经不能描述这种特殊的情况，这也是绝热近似理论假定条件的缺点和不足。

10.4.2 线性响应理论

绝热近似理论对随机共振的描述具有一定的局限性，它只考虑了质点粒子在两个稳态间的跃迁过程，处于稳态及短暂的跃迁过程中发生的动态行为被忽略了。因此，我们应该寻求更加精细的方法来描述随机过程 $x(t)$中不能用绝热近似理论来描述的区域。

线性响应理论是随机共振的另一个理论解释，其本质上是围绕展开理论的一种特殊应用形式。Kubo 最早提出了统计平衡系统的线性响应理论，式（10.24）决定受到外部微弱周期扰动 $s(t)=A\cos(w_0t)$ 作用的非线性随机系统输出 $\langle x(t)\rangle$ 长时间的渐近过程的极限，即

$$\langle x(t)\rangle=\langle x(t)\rangle_0+\int_{-\infty}^{t}A\cos(w_0\tau)\chi(t-\tau)\mathrm{d}\tau \tag{10.24}$$

式中，$\langle x(t)\rangle_0$ 为 $s(t)=0$ 时未受扰动随机过程的稳态平均值；$\chi(t)$ 为响应函数。

系统输入信号和输出信号的功率谱放大因子 η 定义为

$$\eta=|\chi(w)|^2 \tag{10.25}$$

系统输出信号的功率谱密度 $G_{XX}(w)$ 具有如下形式，即

$$G_{XX}(w)=G_{xx}^0(w)+\frac{\pi}{2}A^2|\chi(w)|^2\times[\delta(w-w_0)+\delta(w+w_0)] \tag{10.26}$$

式中，$G_{XX}^0(w)$是未受外部微弱周期策动力扰动的随机共振系统输出信号的功率谱。因此系统输出信号的信噪比为

$$\mathrm{SNR}=\frac{\pi A^2\left|\chi(w_0)\right|^2}{G_{XX}^0(w_0)} \tag{10.27}$$

未受外部微弱周期扰动的自相关函数$K_{XX}^0(\tau,D)$可以通过基于 Fokker–Planck 算子特征函数展开的途径来近似，它可以表示成通项为$g_j\exp(-\lambda_j\tau)$的级数，式中 Fokker–Planck 算子的特征值λ_j和相应系数g_j可以通过计算未受扰平衡分布的特征函数的平均值得到。Fokker–Planck 算子最小的非零特征值λ_m满足的关系为

$$\lambda_m=2r_k=\frac{\sqrt{2}a}{\pi}\exp\left(-\frac{\Delta V}{D}\right) \tag{10.28}$$

那么，自相关函数$K_{XX}^0(\tau,D)$及其没有受扰动的系统的功率谱密度$G_{XX}^0(w)$的表达式为

$$K_{XX}^0(\tau,D)=g_1\exp(-\lambda_m\tau)+g_2\exp(-\alpha\tau) \tag{10.29}$$

$$G_{XX}^0(w)=\frac{2\lambda_m g_1}{\lambda_m^2+w^2}+\frac{2\alpha g_2}{\alpha^2+w^2} \tag{10.30}$$

式中，λ_m指数因子反映在势阱间系统的整体跃迁行为；α指数因子描述势阱内系统的局部动态行为，且$\alpha=\left|V''(x_m)\right|$，$x_m$为相应势函数的最小值点。对于方程（10.1）而言，$\alpha=2a$，相关函数及其微分在$\tau=0$时的值确定系数g_1和g_2，即

$$\begin{cases} g_1=\langle x^2\rangle_{st}-g_2 \\ g_2=\dfrac{\lambda_m\langle x^2\rangle_{st}}{\lambda_m-\alpha}+\dfrac{\langle x^2\rangle_{st}-\langle x^4\rangle_{st}}{\lambda_m-\alpha} \\ \langle x^4\rangle_{st}=C\displaystyle\int_{-\infty}^{+\infty}x^4\exp\left[\frac{1}{D}\left(\frac{ax^2}{2}-\frac{bx^4}{4}\right)\right]\mathrm{d}x \end{cases} \tag{10.31}$$

两项指数项被选取，为了近似分析，势阱内的动态行为也被考虑，即有

$$\chi(w)=\frac{1}{D}\left(\frac{g_1\lambda_m^2}{\lambda_m^2+w^2}+\frac{g_2\alpha^2}{\alpha^2+w^2}\right)-\mathrm{i}w\left(\frac{g_1\lambda_m}{\lambda_m^2+w^2}+\frac{g_2\alpha}{\alpha^2+w^2}\right) \tag{10.32}$$

由此，在外部周期扰动$s(t)=A\cos(w_0t)$作用下，系统输出信号的功率谱放大因子η及 SNR 被获得，即

$$\eta=\frac{(g_1\lambda_m)^2(\alpha^2+w_0^2)+(g_2\alpha)^2(\lambda_m^2+w_0^2)+2g_1g_2\alpha\lambda_m(\alpha\lambda_m+w_0^2)}{D^2(\lambda_m^2+w_0^2)(\alpha^2+w_0^2)} \tag{10.33}$$

$$\mathrm{SNR}=\frac{\pi A^2}{2D^2}\frac{(g_1\lambda_m)^2(\alpha^2+w_0^2)+(g_2\alpha)^2(\lambda_m^2+w_0^2)+2g_1g_2\alpha\lambda_m(\alpha\lambda_m+w_0^2)}{g_2\alpha(\lambda_m^2+w_0^2)+g_1\lambda_m(\alpha^2+w_0^2)} \tag{10.34}$$

两种理论的相同之处在于，功率谱最大放大因子是相同的；两者的差别在于，当D非常小时，

绝热近似理论η趋于 0，而线性理论η趋于一个固定值$1/(\alpha^2+w_0^2)$。同时，信噪比变化趋势上也出现了差异：随着噪声强度D由零开始增加，绝热近似理论信噪比在调制频率较大时会出现峰值，随着噪声强度的继续增加，绝热近似理论系统输出信噪比开始逐渐下降；而只有当外部周期扰动的频率足够小时，线性响应理论的 SNR 才会出现共振峰，并且随着策动频率的增大，随机共振效应逐渐减弱。当策动力频率大于某一定值时，SNR 成为一个单调递减函数，随机共振现象完全消失。综上分析可以发现，绝热近似理论和线性响应理论各有各的优点和缺点，但它们都从理论上解释和说明了随机共振产生的理论条件，实质上随机共振确实是受到小参数的限制，也满足理论分析得到的结果。

10.5 随机共振的衡量指标

10.5.1 信噪比和信噪比增益

信噪比和信噪比增益在随机共振测度指标中占有极其重要的地位。定义信噪比为：系统输出信号频率处的幅值与同频率的背景噪声之比，则有

$$\mathrm{SNR}=\lim_{\Delta w\to 0}\int_{w-\Delta w}^{w+\Delta w}\frac{S(w)}{S_N(w)}\mathrm{d}w \tag{10.35}$$

式中，$S(w)$为信号功率谱密度；$S_N(w)$为噪声在信号频率附近的功率谱密度。

定义的信噪比更确切地说是局部信噪比，后来，随机共振系统输出信噪比与输入信噪比的比值被定义为信噪比增益（SNR Improvement，SNRI）。式（10.23）具有以下特性：

从图 10.6 可以看出，在系统参数不变的情况下，输出信号的信噪比随着噪声强度D的增加，刚开始迅速增加，但当噪声强度达到一定值时，系统输出信号的信噪比开始下降。这说明刚开始微弱周期信号不能越过势垒，随着噪声增加，微弱周期信号在噪声的协同下在两个

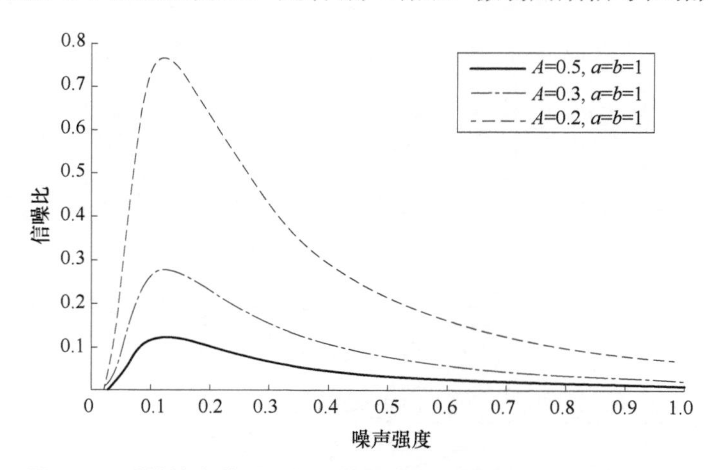

图 10.6 系统输出信噪比与噪声强度、周期外力幅值之间的关系

势垒区来回跃迁，最终达到最大跃迁速率，也就是信噪比输出最大点。随后，噪声控制了粒子的跃迁，导致系统输出信噪比下降。同时可以看出，微弱周期策动力的幅值增加，会使输出信噪比增加，这是显然的。从图 10.7 可以看出，随着噪声强度 D 的增加，较小的系统参数 a 对应的势垒高度较小，那么较小的噪声强度 D 即可实现跃迁；随着系统参数 a 的增加，势垒高度较大，微弱周期信号在噪声的协同下也很难跃过势垒，导致信噪比达到的最大值较之较小参数 a 有所下降，所以可以调节参数 a 寻求最佳共振点。

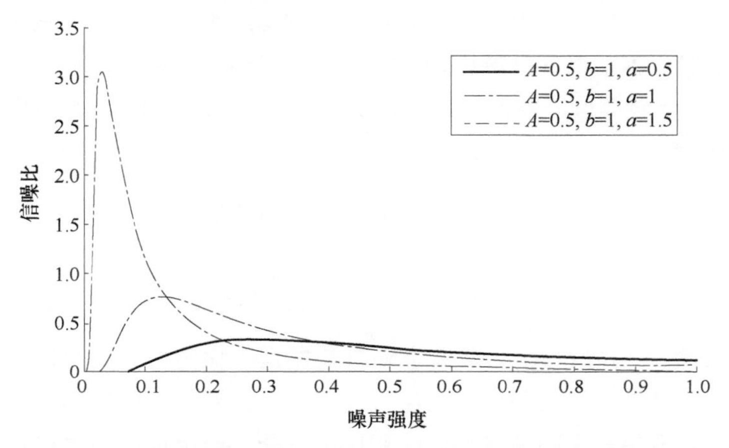

图 10.7　系统输出信噪比与噪声强度、系统参数 a 之间的关系

从图 10.8 可以看出，随着噪声强度 D 的增加，较小的系统参数 b 对应的势垒高度较大，那么需要较大的噪声强度 D 实现跃迁；随着系统参数 b 的增加，势垒高度变小，微弱周期信号在噪声的协同下很容易跃过势垒，导致信噪比达到的最大值较之较小参数 b 有所上升，所以可以调节参数 b 来寻求最佳共振点。进一步挖掘可以看出，在周期策动外力的幅值和系统参数 a 不变时，系统参数 b 值越大，系统输出信号的最佳信噪比越大，需要的噪声强度越小。

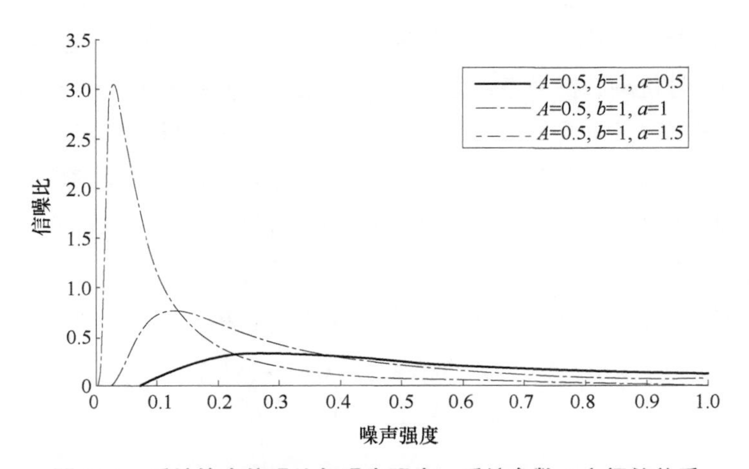

图 10.8　系统输出信噪比与噪声强度、系统参数 b 之间的关系

通过对以上系统输出信号的信噪比分析可知，要想获得最佳的系统输出信号，可以通过调节系统参数 a、b 来实现，也可以通过添加噪声获取最佳输出信号。如果将二者结合起来，则必然能获得比单独作用更好的结果。

10.5.2 互相关系数

现实中很多信号频率往往分布在很宽一段频带内，类似于宽带信号，会导致信噪比测度的适用性大打折扣，因为信噪比或者信噪比增益测度适用于输入信号和输出信号的频谱中有比较清晰谱线的情况。本章以线性响应理论为基础，描述了双稳态系统对于微弱非周期输入的响应，并提出相关函数测度，最后经 Collins 发展为互相关测度。互相关测度 c_0 及归一化互相关系数 c_1 的表达式为

$$c_0=\langle[s(t)-\overline{s}(t)][x(t)-\overline{x}(t)]\rangle \tag{10.36}$$

$$c_1=\frac{c_0}{\sqrt{\langle[x(t)-\overline{x}(t)]^2[s(t)-\overline{s}(t)]^2\rangle}} \tag{10.37}$$

式中，$s(t)$为非周期输入信号；$x(t)$为双稳态随机共振系统输出信号。可以通过互相关测度的大小来调节系统参数寻求最佳的系统输出信号，因为它能定量描述响应与激励间的相关程度，即输入信号与系统输出信号之间波形的匹配程度。互相关测度的缺点是：在实际工程中，系统输入信号本身就包含大量噪声，那么输出结果与其相关性必然包含噪声的影响，尤其是白噪声，这样就导致互相关测度失效。

10.5.3 符号序列熵法

信噪比和信噪比增益在描述随机共振时需要对特征信号有很好的估计，由于在实际中很难估计信噪比，同时信噪比是以特征频率处的幅值与同频率的背景噪声之比，因此存在局部性，不能从整体上衡量输出信号。然而驻留时间分布很复杂，不易进行量化，在工程应用中很难实现。为了解决以上问题，符号序列熵作为衡量随机共振输出的测度被提出，并设计自适应随机共振系统进行微弱信号检测。符号序列分析（Symbolic Sequence Analysis，SSA）可将多个可能值的数据序列变成仅有几个互不相同值的符号序列，是一个“粗粒化”过程，这一过程能够捕捉具有确定性结构的信号，尤其是周期或调制信号，所以适合机械故障信号分析。

相空间离散划分被引入，并给每个划分单元分配符号，选取合适的阈值函数将时间序列转化为符号序列。引入划分 $p=\{p_1,p_1,\cdots,p_q\}$，其中 q 是划分个数，q=1 为最简单的二进制划分，则通过式（10.38）的阈值过滤，可将时间序列 $x(n)$转化为符号序列 $s(n)$，即

$$s(n)=\begin{cases}s_1, x_{\min}\leqslant x(n)<p_1\\ s_2, p_1\leqslant x(n)<p_2\\ \vdots\\ s_q, p_q\leqslant x(n)<x_{\max}\end{cases} \tag{10.38}$$

在非线性系统中，调节系统参数使噪声和有用信号趋于某种最佳匹配时，输出信号中确定性结构和周期性逐渐增强，经过序列化，其序列结构也趋于稳定和周期化。若故障信号无直流分量影响，则其输出信号 $x(t)$的离散值以 x 轴为中心上下波动。因此，一个一维空间的二进制划分可以将原始信号 $x(t)$的时间序列经过符号化转换为符号序列，这时输出信号 $x(t)$的符号序列表征了原时间序列的变化规律。图 10.9 所示为时间序列符号化原理。

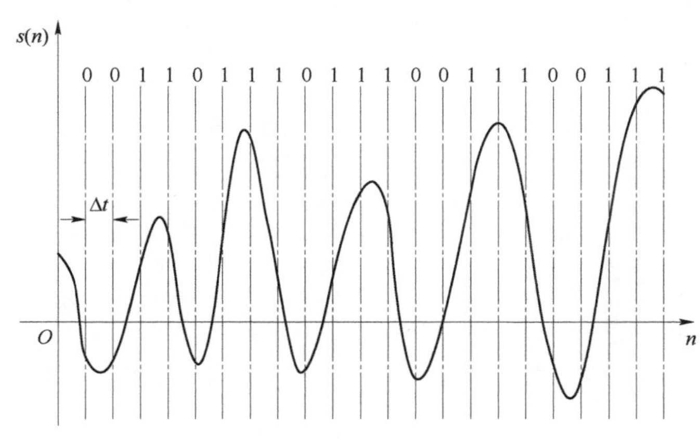

图 10.9 时间序列符号化原理

其步骤如下：

（1）符号序列编码。对于时间序列，选择合适的符号短序列长度 L 和时间延迟Δt，将数据空间的划分转化为符号空间，按式（10.39）将序列 $s(n)$分组为短序列$\hat{s}(L)$，即

$$\hat{s}(L)=[s(L),s(L-\Delta t),\cdots,s(L-(d-1)\Delta t)] \tag{10.39}$$

式中，d 为状态空间的位数。

（2）符号短序列编码。为了方便符号序列的数值表示，对生成的每个短序列进行编码，一般情况下，若把基 n 的符号序列变成基 10 的十进制序列，则编码完成。

$$s(L)=\sum_{i=1}^{d}(q+1)^{(d-i)}\hat{s}_i(L) \tag{10.40}$$

（3） 符号序列 Shannon 信息熵的计算。每个符号短序列码的概率反映着其出现的次数。如果对应的码概率较大，那么说明确定性结构较强；相反，Shannon 信息熵较小。

采用 Shannon 信息熵反映系统的无序化程度，定义改进型 Shannon 熵为

$$H_s=-\frac{1}{L\lg 2}\sum_i p_{i,L}\lg p_{i,L} \tag{10.41}$$

式中，$p_{i,L}$ 为长度为 L 的第 i 个序列码的非零概率。

为了说明方法的正确性，首先对周期信号 $x(t)=-0.2\sin(2\pi t)+0.8\sin(8\pi t)$和强度 D=2 的高斯白噪声信号分别进行序列划分处理，采样频率为 1 000 Hz，采样时间为 1 s，二进制的划分阈值为 p=0，Δt=0.001 s。图 10.10 所示为多频周期信号的时域波形和符号序列码概率直方

图，其中图 10.10（a）是多频周期信号的时域波形，10.10（b）是多频周期信号对应的符号序列码概率直方图，短序列长度取为 5。可以看出，其符号序列码概率集中在几个符号上，同时是对称的，根据式（10.41）的计算方法获得其熵值为 $H_s = 0.2496$。

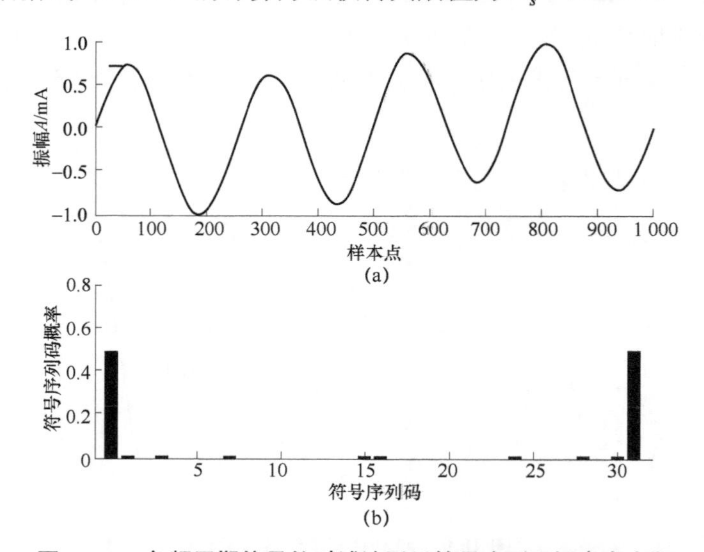

图 10.10　多频周期信号的时域波形及符号序列码概率直方图

（a）多频周期信号的时域波形；（b）多频周期信号对应的符号序列码概率直方图

相反，对高斯白噪声信号进行同样的处理，得到图 10.11 所示的纯噪声信号的时域波形和符号序列码概率直方图，其中图 10.11（a）是纯噪声信号的波形，图 10.11（b）是其对应的符号序列码概率直方图。可以看出，噪声的随机性和无规律性导致其符号码概率分布相对而言比较均匀，没有突出的符号码，同时求得其符号序列熵值为 $H_s = 0.9946$（接近于 1）。

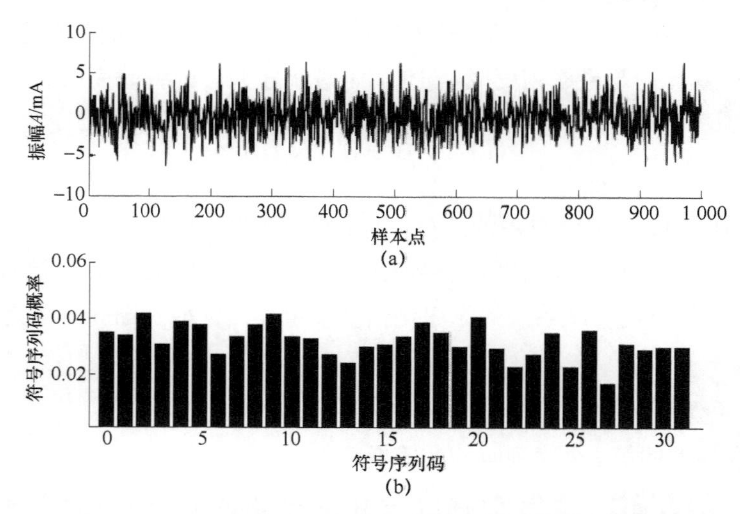

图 10.11　纯噪声信号的时域波形及符号序列码概率直方图

（a）纯噪声信号的波形；（b）对应的符号序列码概率直方图

以上对比说明，一个有确定性结构的信号，它的序列熵值在某种程度上必然为一定值，而含有噪声的信号或者纯噪声信号，它的熵值必然较大或者趋近于 1。在随机共振微弱信号检测过程中，调节系统参数 a、b，系统输出信号越趋于最佳输出信号，系统输出信号的熵值越趋于原纯净信号的熵值，这时系统输出信号的信噪比将达到最大值，被检微弱信号的幅值也达到最大，即噪声能量向周期策动力频率的转换达到最大。所以，可以通过其估计纯净周期信号的熵值，并将其作为一个基准，通过调节系统参数使系统输出信号的熵值趋近于这个估计值，当达到一定精度时终止调节，将输出结果作为随机共振的最佳输出信号。通过在同一纯净信号中加入不同强度的噪声得到的 Shannon 熵值，随着噪声强度的递减而递减，最终趋近于纯净信号的熵值。所以通过以上研究发现，将符号序列的熵值作为随机共振输出的一个测度，来调节随机共振达到最佳状态具有可行性。

根据以上分析，先定义符号序列的熵的差值为

$$\Delta H_s(i) = H_s(i) - \hat{H}_s \tag{10.42}$$

式中，$H_s(i)$ 为系统参数第 i 次迭代输出信号的符号序列熵；$\hat{H}_s$ 为待测特征信号的估计序列熵。因此随着系统参数迭代，随机共振达到最佳的同时，其符号序列熵的差值 ΔH_s 趋近于零，从而通过判断其差值来自适应地调节系统参数，获得最佳输出信号的信噪比。图 10.12 所示为基于符号序列信息熵的自适应随机共振微弱信号检测方法流程，具体步骤如下：

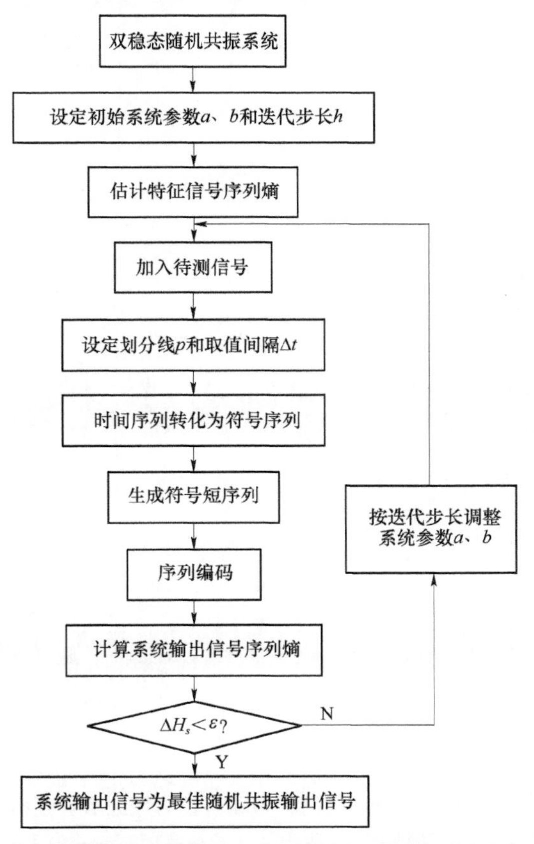

图 10.12　基于符号序列信息熵的自适应随机共振微弱信号检测方法流程

（1）初始化：根据待测周期信号和背景噪声强度估计系统参数 a、b 和 ΔH_s，并对 a、b 置初值，尽量使势垒高度较小，以便后续调节；设定符号序列转换的划分阈值 p，为后续进行符号化做好准备工作，通常阈值即 p 等于零。

（2）时间序列的符号化。将传感器采集的机械振动信号作为双稳态随机共振系统的输入信号；采用四阶龙库塔法求解朗之万方程得到输出信号；计算步长；取信号的采样周期的倒数，获得时间序列 $\{x_i\}$ 并将其离散化为序列 $\{x(n)\}$；设定合适的时间间隔 Δt，并据其设定阈值 p；通过阈值函数过滤 $\{x(n)\}$，将时间序列转化为符号序列 $s(n)$。

（3）计算改进型 Shannon 信息熵。确定符号短序列长度 L，工程上一般取 3～8，这里取 L=5，Δt=0.001 生成短序列 $\{\hat{s}(L)\}$；对符号序列 $\{\hat{s}(L)\}$ 进行序列编码，形成以 10 为基的十进制序列 $s(L)$ 进行序列编码；计算符号序列码出现的概率 $p_{i,L}$，并根据式（10.41）计算 Shannon 信息熵 H_s。

（4）自适应调节系统参数达到最佳共振输出信号。根据 $\Delta H_s(i)$ 自适应调节系统参数，使双稳态随机共振系统的输出信号达到最佳。

为了验证方法的正确性，在此选取单频周期信号 $x(t)=0.01\sin(0.05\times 2\pi t)+\text{noise}$，其中，noise 是强度 D=5 的高斯白噪声，采样频率为 10 Hz，采样时间为 100 s。图 10.13 所示分别为

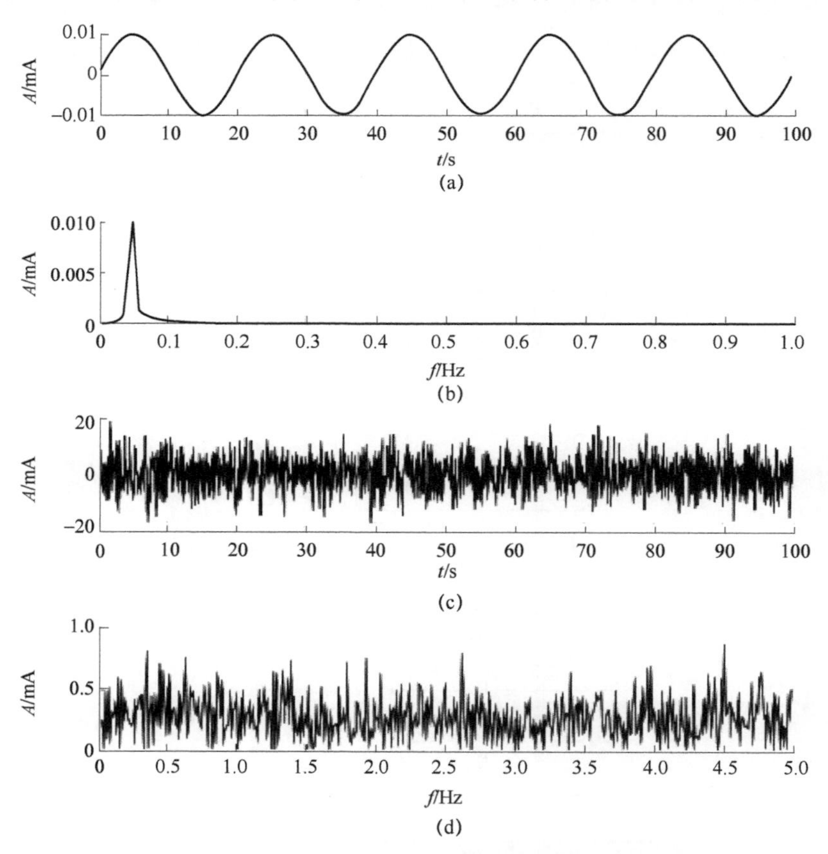

图 10.13　周期信号与带噪信号的时域波形和频谱

（a）单频周期信号的时域波形；（b）单频周期信号频谱；（c）周期信号加入强度为 5 dB 的高斯白噪声的时域波形；（d）周期信号加入强度为 5 dB 的高斯白噪声的频谱

周期信号 $s(t)$和带噪信号 $x(t)$的时域波形和频谱，其中图 10.13（a）和图 10.13（b）分别展示了单频周期信号的时域波形和频谱。可以发现，时域波形具有周期性，同时可以看到特征频谱为 0.05 Hz；图 10.13（c）和图 10.13（d）分别是周期信号加入强度为 5 的高斯白噪声的时域波形和频谱。可以看出，特征信号的走向基本被噪声所淹没，频谱图中也看不出特征频率为 0.05 Hz。

图 10.14 分别展示了加入噪声之前［见图 10.14（a）］和加入噪声之后［见图 10.14（b）］的周期信号的符号序列码概率直方图。可以看出，周期信号的符号序列码值主要集中在几个突出的符号序列码上，其他的几乎为零，也说明了其中有周期性和确定性结构，计算得到其熵值为 0.206 5；加入噪声之后，其符号序列码基本上失去了确定性，变得混乱无序，其序列熵值为 0.994 1，基本接近于纯噪声的熵值。根据基于符号序列熵方法，我们通过调整系统参数 a 和 b，并计算系统输出信号的符号序列熵与估计熵值的差值来导向系统参数的调整姿态。

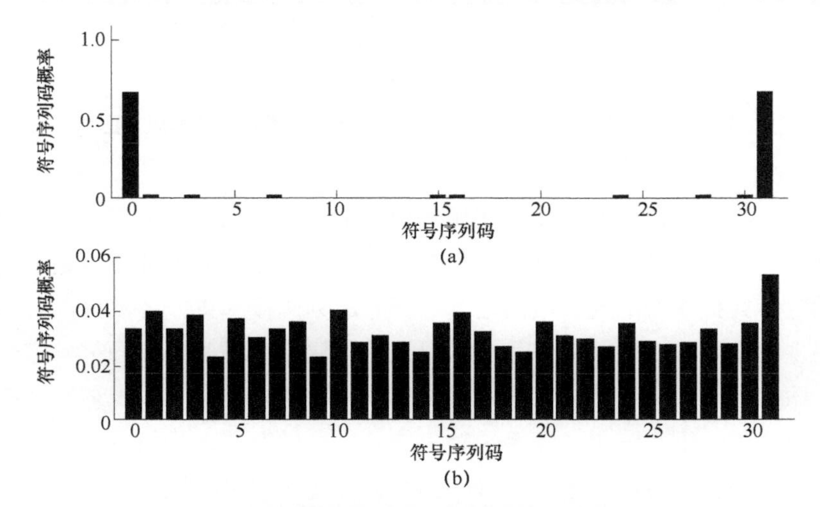

图 10.14　带噪信号与周期信号的序列码概率直方图

（a）加入噪声之前的周期信号的符号序列码概率直方图；（b）加入噪声之后的周期信号的符号序列码概率直方图

按步长 h 迭代，使随机共振系统输出信号的熵值与估计熵值 0.206 5 的差值小于一个阈值ε，若ε是一个极小值，则迭代终止，输出信号的频谱和符号序列码概率直方图如图 10.15 所示，此时随机共振系统的参数分别为 a=5.0，b=1.3，步长$h=1/f_s$，输出序列熵值为 0.208 1（基本上接近于信号熵的估计值）。从图 10.15（a）可以看出，该系统的输出信号具有明显的周期性，不仅噪声被很大程度上削弱，而且周期信号得到一定增强；从图 10.15（b）明显地可以看出，特征频率为 0.05 Hz，噪声基本上衰减到很小并压缩到低频范围内，也说明随机共振把噪声的能量向低频压缩，转移到低频特征频率上。通过基于符号序列熵的测度，使随机共振系统输出特征信号的频率从 0.01 提升至 0.437 7，提升了 40 倍左右，使特征信号得到很大程度上的增强。

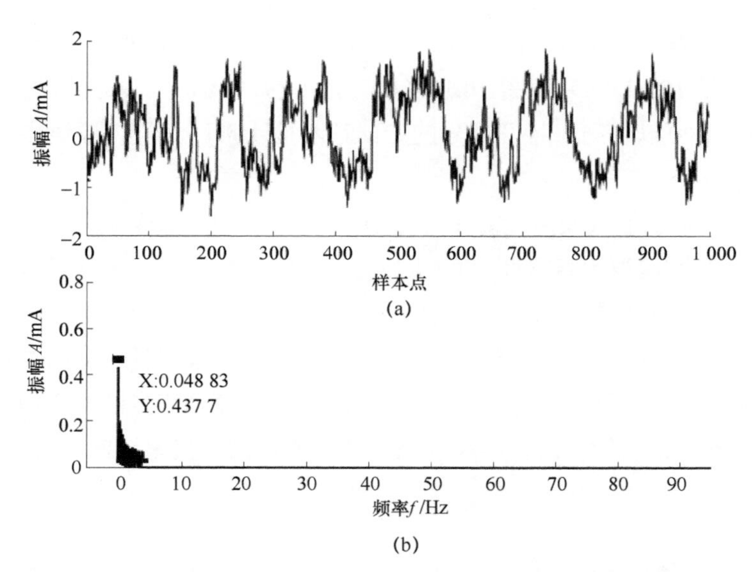

图 10.15 随机共振系统输出时频谱和符号序列码概率直方图

（a）输出信号的频谱；（b）输出信号的符号序列码概率直方图

为了进行符号序列码概率的对比，在图 10.16 中，图 10.16（a）所示为原始单频周期信号的序列码概率直方图，图 10.16（b）所示为随机共振根据符号序列熵调整系统参数 a 和 b 自适应得到的随机共振系统的最佳输出信号的符号序列码概率直方图，可以看出该系统输出信号的序列码主要集中在少数几个符号序列码上。与原始单频周期信号符号序列码直方图对比可以发现，两个直方图十分接近，只是随机共振系统输出信号存在少量的分散码概率，这种情况是理所当然的，因为随机共振系统输出信号中必然存在少量的高斯白噪声。通过单频周期信号的提取结果分析说明，基于符号序列熵的自适应随机共振方法有一定的合理性，也验证了该方法的正确性。

进一步验证所提方法的正确性，采用多频信号进行基于符号序列熵的随机共振检测，首先选取多频周期信号 $x(t)=A_1\sin(2\pi f_1 t)+A_2\sin(2\pi f_2 t)+\text{noise}$，其中 $A_1=0.02$，$A_2=0.01$，$f_1=0.04\ \text{Hz}$，$f_2=0.02\ \text{Hz}$，$\text{noise}=\sqrt{2D}\text{rand}n(1,1\,000)$，$D$=5。取采样频率 $f_s=5\ \text{Hz}$，采样时间 t=200 s，采样点数 N=1 000。在图 10.17 中，图 10.17（a）所示为多频周期信号的时域波形；图 10.17（b）所示为对应的频谱，可以看出原始信号的两个特征频率分别为 0.02 Hz 和 0.04 Hz，幅值分别为 0.01 和 0.02；图 10.17（c）所示为多频周期信号加入强度为 32 的高斯白噪声后的时域波形，可以发现原始多频周期信号的周期性已经被噪声破坏，显得杂乱无章，不经过处理很难从中看出周期信号的影子；图 10.17（d）所示为其对应的频谱，可以看出特征频率 0.02 Hz 和 0.04 Hz 已经不复存在，只有大量的噪声频率均匀分布在整个频带，掩盖了特征信号频率。

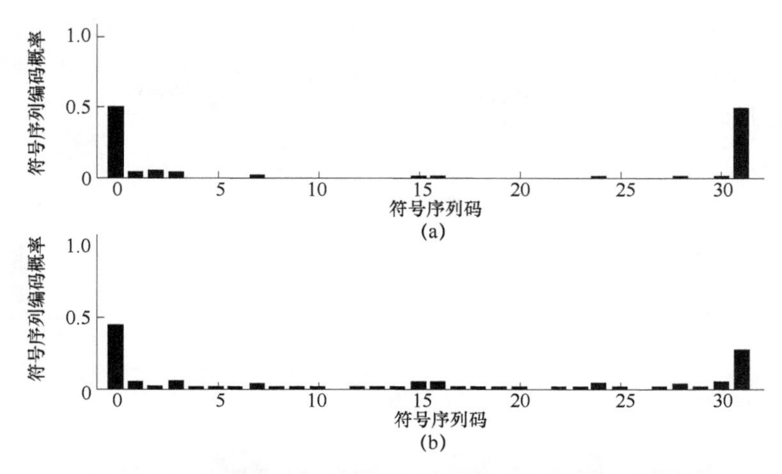

图 10.16　纯净信号与系统输出信号符号序列码直方图对比

（a）原始单频周期信号的序列码概率直方图；（b）随机共振系统的最佳输出信号的符号序列码概率直方图

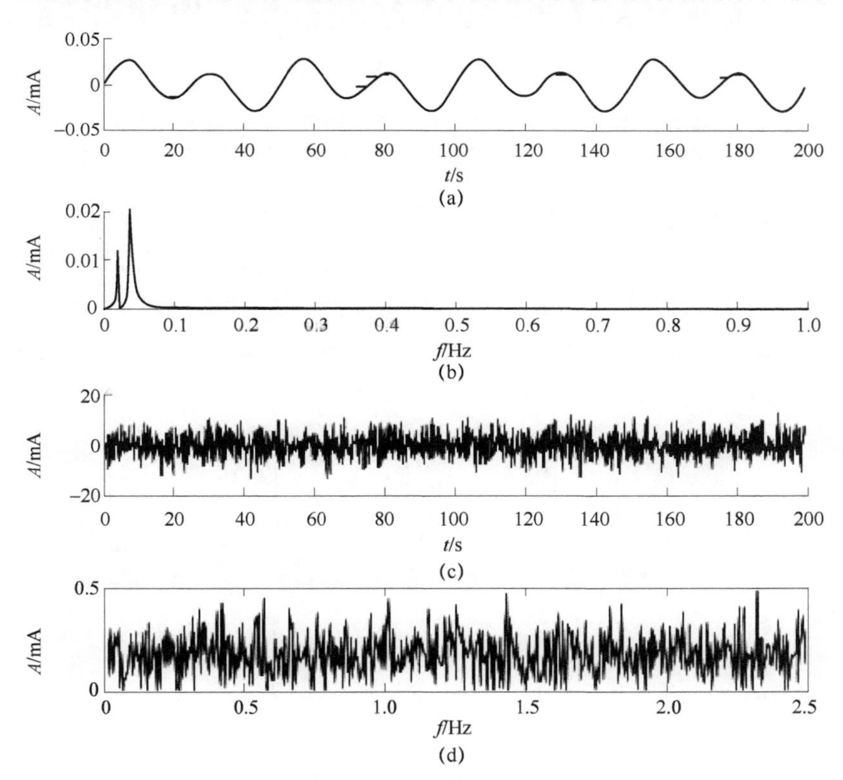

图 10.17　带噪多频周期信号的时域波形和频谱

（a）多频周期信号的时域波形；（b）多频周期信号的频谱；（c）多频周期信号加入强度为 32 的高斯白噪声后的时域波形；（d）多频周期信号加入强度为 32 的高斯噪声后的频谱

在图 10.18 中，图 10.18（a）所示为多频周期信号的符号序列码概率直方图，可以看出其概率主要集中在第一个符号和最后一个符号上；图 10.18（b）所示为多频周期信号加入强度为 3.2 的高斯白噪声后对应的符号序列码概率直方图，其概率几乎均匀分布在每个符号码上，没有突出的符号码。以本书介绍的方法计算加入噪声的多频信号的符号序列熵，得到其熵值为 0.997 2（几乎接近于 1），这说明无序化程度很高，含有很强的噪声，要想提取信号特征频率，必须对其进行增强处理，并依据所提出的方法对其进行处理。

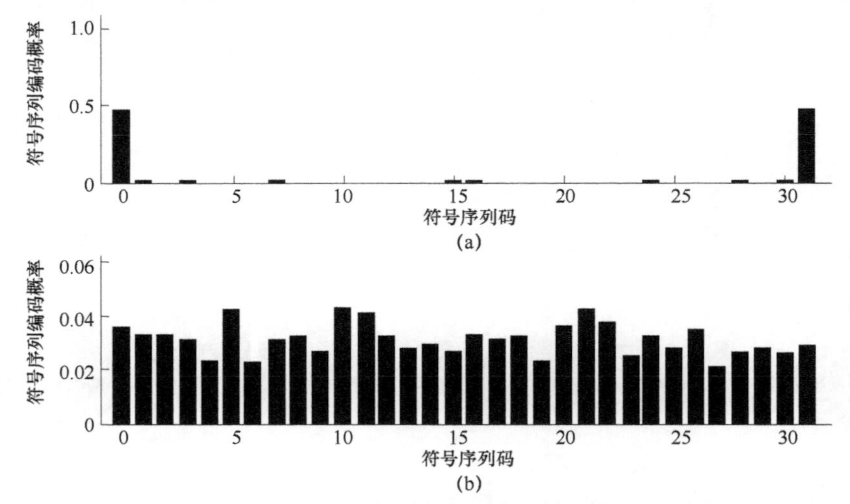

图 10.18 多频周期信号与其加噪后的符号序列码概率直方图

（a）多频周期信号的符号序列码概率直方图；（b）多频周期信号加入强度为 3.2 的高斯白噪声后对应的符号序列码概率直方图

首先，将其输入非线性双稳态系统，进行随机共振处理，采用参数调节法寻找最佳的系统输出信号，并以系统输出信号符号序列熵为测度自适应调节。特征信号的估计符号序列熵值为 $\hat{H}_s = 0.260\,4$，通过按迭代步长 $h = 1/f_s$ 自适应调节系统参数 a 和 b。当系统参数 a=4.3，b=8.1 时，随机共振系统的输出信号的序列熵值为 0.264 8，满足 0.264 8–0.260 4＜ε，此时随机共振系统输出信号的时域波形和频谱如图 10.19 所示。

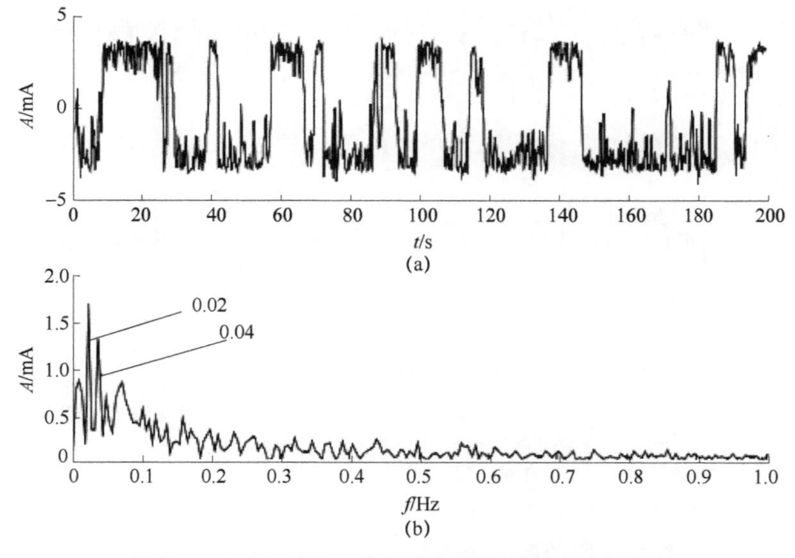

图 10.19 随机共振系统输出信号的时域波形和频谱

（a）a=4.3，b=8.1 时，系统输出的时域波形；（b）a=4.3，b=8.1 时，系统输出的频谱

从图 10.19（a）时域波形可以看出一定的周期性，无序性已变得很微弱，噪声得到大幅度的削减，同时周期信号的幅值得到一定的增强；从图 10.19（b）频谱可以看出，噪声频率已经很大程度上集中在低频区，信号特征频率明显凸现出来，信号频率的幅值从原来的 0.01 提升至 1.7，提升了 170 倍，而信号频率为 0.04 Hz 的幅值从 0.02 提升至 1.4，提升了 70 倍；从两个特征信号频率提升的程度来看，随机共振对信号频率的增强有一定的选择性，不同的信号，其增强的幅度是不同的，验证了在非线性双稳态系统中，通过调节系统参数使噪声的能量向低频的特征频率转换，从而使周期策动力频率得到大幅度的提高，进而达到信号频率检测的目的，也说明了所提检测指标的正确性。

图 10.20（a）所示为原始纯净的多频周期信号的符号序列码概率直方图，图 10.20（b）所示为系统最佳输出信号的符号序列码概率直方图。可以发现，它们有某种程度上的相似性，大多数符号码集中在第一个符号和最后一个符号码上，只有小概率的符号随机地在某几个符号码上，但是整体上显示出一定的确定性，也进一步说明所提方法的正确性。通过研究符号序列的熵值，提出一种判断随机共振是否达到最佳的测度，通过实验证实该方法简单易行，能有效提取微弱信号特征频率，为后续的机械故障诊断提供有效的保障。该方法易于量化实现，对工程应用来说更加方便和简捷，实时性在很大程度上能得到保障。

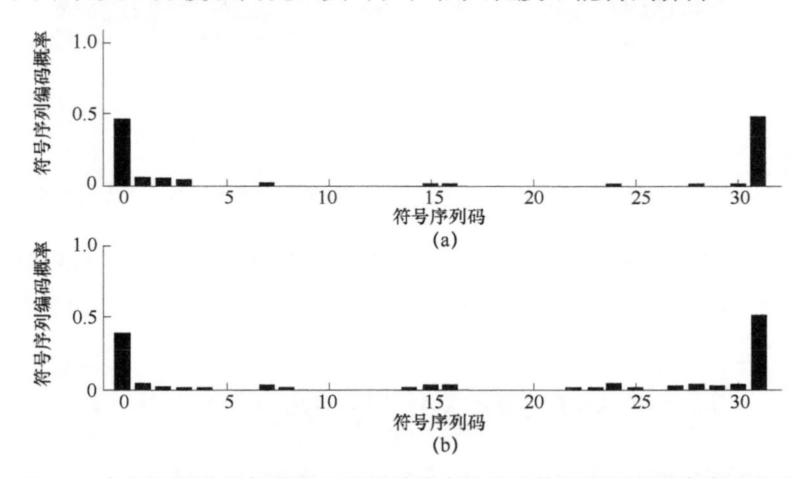

图 10.20　多频周期信号与随机共振系统输出信号的符号序列码概率直方图对比

（a）原始纯净的多频周期信号的符号序列码概率直方图；（b）系统最佳输出信号的符号序列码概率直方图

10.6　参数调节随机共振在微弱信号检测中的应用

依据朗之万方程，选取被测信号 $x(t)=A\cos(2\pi f_0 t)+\text{noise}$，其中，信号幅值 $A=0.001$，采样频率为 f_s=2 Hz，noise 是强度为 1.2 的高斯白噪声，如图 10.21 所示。图 10.21（a）所示为周期策动力的时域波形；图 10.21（b）所示为其对应的频谱，观察知道其频率为给定的 0.01 Hz；图 10.21（c）所示为加入高斯白噪声后的时域波形，可以发现其周期策动力的波形由于噪声的加入完全被淹没，看不出任何规律和周期性；图 10.21（d）所示为对应频谱，由于噪声比较强烈，因此基本上看不到特征频率。

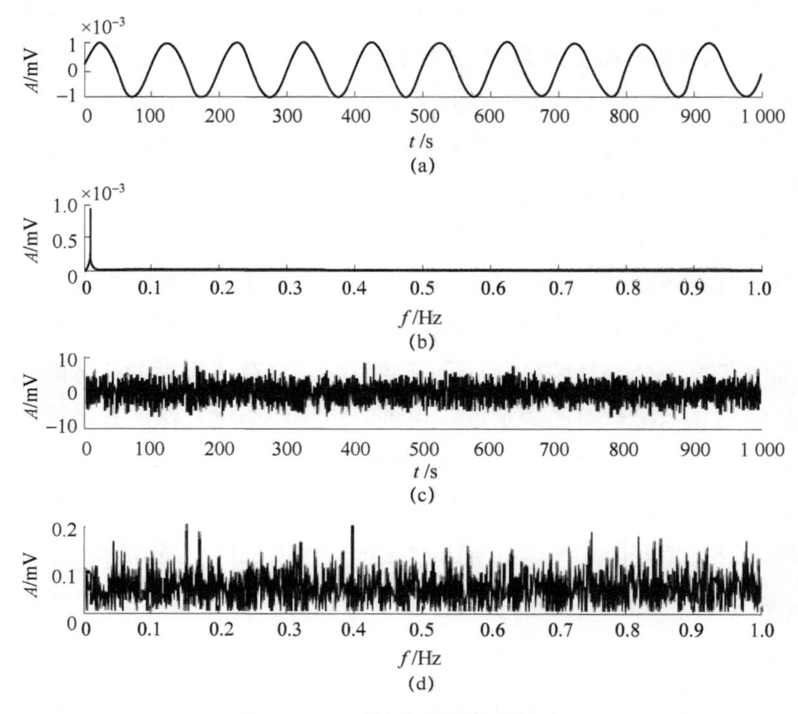

图 10.21 系统输入信号时频谱

（a）周期策动力的时域波形；（b）周期策动力频谱；（c）加入高斯白噪声后的时域波形；（d）加入高斯白噪声后的频谱图

将被测信号 $x(t)$输入随机共振系统，系统参数 a=1.2，b=0.5 时，随机共振系统输出信号时域波形和频谱分别如图 10.22（a）和 10.22（b）所示。

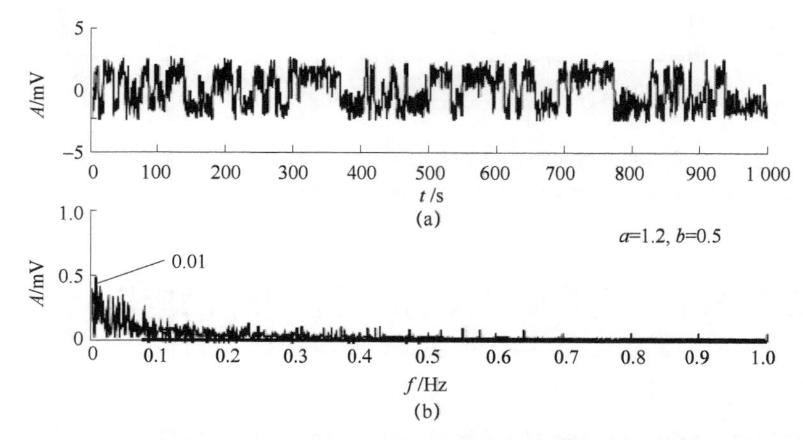

图 10.22 f_0=0.01 Hz 时，随机共振系统的输出信号的时域波形和频谱

（a）随机共振系统参数 a=1.2，b=0.5 时输出信号的时域波形；（b）随机共振系统参数 a=1.2、b=0.5 时输出信号的频谱

从图 10.22（b）可以看出，随机共振方法能有效检测出 0.01 Hz 的特征频率，而且幅值

由原来的 0.001 提升至 0.5 以上，增强了约 500 倍，噪声能量被大幅度削减，而且频谱集中在 0～0.1 Hz，说明随机共振在检测微弱信号中对特征频率的幅值能有效增强。

将系统参数调节为 a=1.5 和 b=0.5，得到随机共振系统输出信号的时域波形和频谱，如图 10.23 所示，可以看出时域波形［见图 10.23（a）］的周期性进一步改善和加强，同时在图 10.23（b）中，特征信号频率由 0.01 Hz 提升至 0.6 Hz 左右，比系统参数 a=1.2 时有进一步增加，可以说明随机共振的效果几乎完全由它的系统参数决定，最佳的随机共振系统参数匹配才能最大限度地增强系统输出信号。

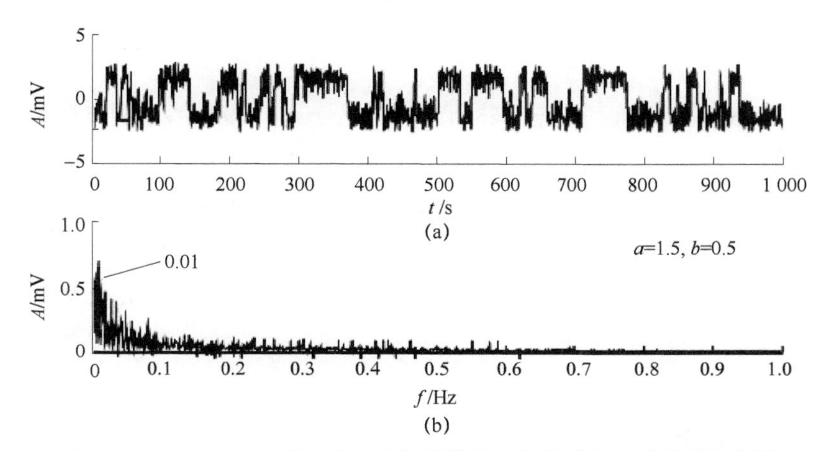

图 10.23　f_0=0.01 Hz 时，随机共振系统的输出信号的时域波形和频谱

（a）随机共振系统参数 a=1.5，b=0.5 时输出信号的时域波形；（b）随机共振系统参数 a=1.5，b=0.5 时输出信号的频谱

同时改用特征频率 $f_0 = 0.005\,\text{Hz}$ 的正弦信号进行仿真，噪声强度和信号幅值均不变，当系统参数 a=1.5，b=0.5 时，随机共振系统的输出信号的时频图如图 10.24 所示。

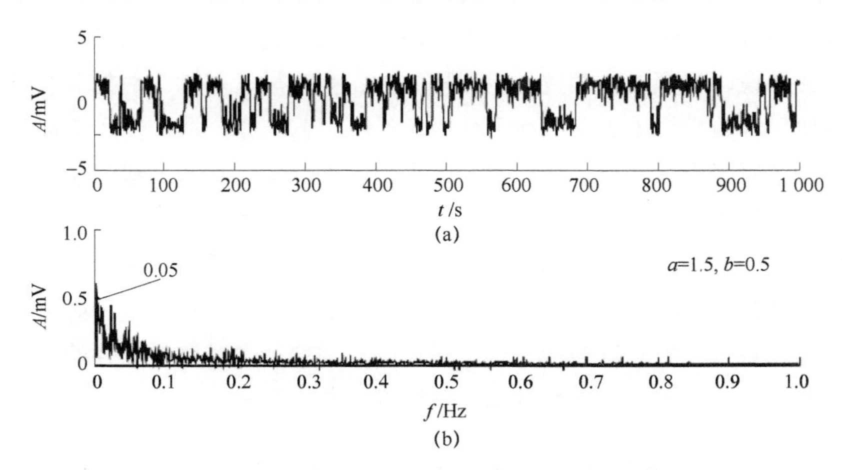

图 10.24　f_0=0.005 Hz，随机共振系统的输出信号的时域波形和频谱

（a）随机共振系统参数 a=1.5，b=0.5 时输出信号的时域波形；（b）随机共振系统参数 a=1.5，b=0.5 时输出信号的频谱

从图 10.24（b）可以看出，输出信号的幅值从原来的 0.001 提升至 0.7，说明随机共振可以对满足绝热条件的任何低频率信号进行检测，而且对不同特征频率的增强幅度是不同的。

第十一章

基于压缩感知的微弱信号处理

近年来，压缩感知是国际上最热门的研究方向之一，并慢慢渗透到一些新的应用领域，尤其是在信号处理问题中引起了人们的广泛关注。

在压缩感知理论中，信号的稀疏性和非相关性是主要的研究内容。此外，它与最优化、逼近论、离散几何及随机矩阵等领域密切相关，由此产生了一些经典的数学成果。本章着重介绍与压缩感知相关的一些基本原理，主要包括压缩感知理论描述、矩阵稀疏性、观测矩阵设计和 OMP 重构算法等。

11.1　压缩感知

11.1.1　问题描述

图 11.1 所示为传统的数据压缩过程。在以奈奎斯特采样定理为基础的传统信号处理框架中，要从采样的离散信号中无失真地恢复模拟信号，采样速率至少是信号带宽的两倍。在很多应用中，例如图像、视频、医学成像、远程监控、光谱学、基因组数据分析等，奈奎斯特频率很高，导致采样数据量太大，因而采样成本过高，甚至在一些应用中难以达到奈奎斯特频率。所以，为了减轻由奈奎斯特采样产生的海量数据给实际系统造成的压力，人们在实际应用中常采用压缩的方式，目的是找到满足失真度要求的信号的最简洁表示。变换编码是最常用的信号压缩方法之一，主要是基于信号的稀疏逼近这一过程，利用了信号的稀疏性或可压缩性，包括 JPEG、JPEG2000、MPEG 和 MP3 等压缩标准。然而，这种先采样再压缩的过程造成了采样与计算资源的双重浪费，也给系统的实现增加了难度与额外的成本。于是，引出下列问题：若采用远低于奈奎斯特频率的采样频率采样信号，能否精确恢复信号？能否获取全部信息？

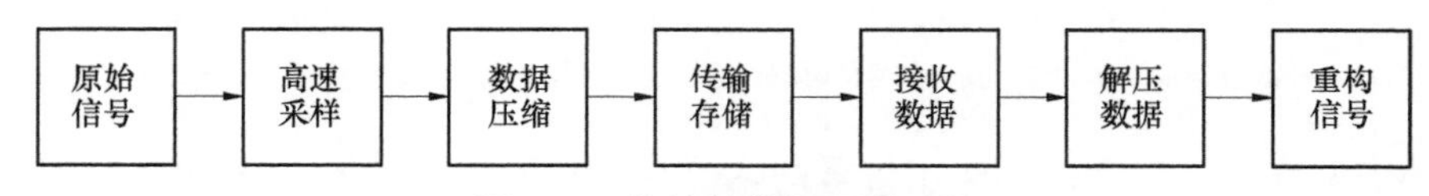

图 11.1　传统的数据压缩过程

压缩感知为此提供了一个新的思路，只要信号是稀疏的或可压缩的，就可以采用远低于奈奎斯特频率的采样频率采样信号，进而精确恢复信号。压缩感知理论指出：利用满足一定条件的随机观测矩阵，可将稀疏的高维信号投影到低维的空间，投影后的信号包含足够的信息，通过非线性的优化方法，便能高概率地重构高维原始信号。下面简要介绍一下压缩感知原理。

假设原始信号 $\boldsymbol{x}$ 为有限长一维向量，观测矩阵 $\boldsymbol{\Phi}$ 为 $n \times N$ 维矩阵（$n<N$），观测值 $\boldsymbol{y}$ 为原始信号与观测矩阵的乘积，即

$$\boldsymbol{y}=\boldsymbol{\Phi x} \tag{11.1}$$

按照传统的方法，若根据观测信号重建原信号，则需要求解式（11.1）。而只有当 $n \geqslant N$ 时，式（11.1）才会有解，即至少需要 $n=N$ 次观测。大多数情况下，对于以上描述的这种一维信号，其信息是冗余的，也可以说这种信号是稀疏的。

信号的稀疏性是指将信号在完备字典库上进行分解，在字典上展开后，大多数系数的绝对值很小或者为零，只有 K 个系数不为零，且通常可以用这 K 个大系数很好地逼近信号，这个就是能够将信号进行压缩的原因。

对于一个有限长一维离散信号 $\boldsymbol{X}$，可以看作一个 $\mathbf{R}^N$ 空间 $N \times 1$ 维的列向量。假设 $\boldsymbol{X}=\left\{x_n, n=1,2,\cdots,N\right\}, \boldsymbol{X} \in \mathbf{R}^N$。那么，在这个空间中的任何一个信号都可以用 $N \times 1$ 维的基向量 $\{\boldsymbol{\psi}_i\}_{i=1}^N (i=1,2,\cdots,N)$ 的线性组合表示，假设这些基向量都是规范正交的。将列向量 $\{\boldsymbol{\psi}_i\}_{i=1}^N$ 构成 $N \times N$ 维的基矩阵 $\boldsymbol{\Psi}=\left[\boldsymbol{\Psi}_1, \boldsymbol{\Psi}_2, \cdots, \boldsymbol{\Psi}_N\right]$，则任意信号 $\boldsymbol{X}$ 都可以表示为

$$\boldsymbol{X}=\sum_{i=1}^N s_i \boldsymbol{\Psi}_i=\boldsymbol{\Psi S} \tag{11.2}$$

式中，$\boldsymbol{\Psi}$ 表示稀疏变换矩阵；$\boldsymbol{S}$ 表示稀疏系数向量。

稀疏系数向量 $\boldsymbol{S}$ 是由 $s_i=\langle \boldsymbol{X}, \boldsymbol{\Psi}_i \rangle=\boldsymbol{\Psi}_i^{\mathrm{T}} \boldsymbol{X}$ 构成的一个 $N \times 1$ 的列向量，是信号 $\boldsymbol{X}$ 在 $\boldsymbol{\Psi}$ 域内的等价表示形式。若用 k 表示 $\boldsymbol{S}$ 中非零元素的个数，则当 $k \ll N$ 时就称向量 $\boldsymbol{S}$ 是稀疏的，即该信号在 $\boldsymbol{\Psi}$ 域中是稀疏表示或信号是可压缩的。

稀疏信号除了可以通过正交变化得到，还可以通过一个字典矩阵 $\boldsymbol{D}$ 得到，通常字典 $\boldsymbol{D}$ 是过完备的。

在对信号进行稀疏分解后，直接对信号进行观测，即

$$\boldsymbol{y}=\boldsymbol{\Phi X}=\boldsymbol{\Phi \Psi S}=\boldsymbol{\Theta S} \tag{11.3}$$

式中，$\boldsymbol{\Theta}=\boldsymbol{\Phi \Psi}$，$\boldsymbol{\Theta}$ 称为 CS 的信息算子、恢复矩阵，或感知矩阵；$\boldsymbol{\Phi}$ 为一个 $M \times N$ 的观测矩阵，$M<N$，它的每一行都可以看作一个传感器，将它与信号进行相关计算，信号的关键信息就被提取出来保存在 M 个测量值中，然后可以利用优化求解方法精确或高概率地重构信号 $\boldsymbol{x}$。这样数据在存储和传输的过程中，不仅能够减少存储的空间和传输过程所消耗的时间，而且有良好的抗干扰能力，保证了信号在通过各种检测系统后的安全性和时效性。

图 11.2 所示为压缩感知理论的框架。原始信号 $\boldsymbol{X}$ 通过一个稀疏变换矩阵 $\boldsymbol{\Psi}$ 被稀疏表示

为 $\boldsymbol{S}=\boldsymbol{\Psi}^{\mathrm{T}}\boldsymbol{X}$ ，$\boldsymbol{S}$ 为变换后在稀疏域的近似表示；而后通过测量矩阵 $\boldsymbol{\Phi}$ 得到观测样本：$\boldsymbol{y}=\boldsymbol{\Phi X}=\boldsymbol{\Theta S}$ 。最后通过下面的最优化问题重构信号：

$$\min\|\boldsymbol{\Psi}^{\mathrm{T}}\boldsymbol{X}\|_0 \quad \text{s.t. } \boldsymbol{y}=\boldsymbol{\varphi\Psi S} \tag{11.4}$$

式中，$\boldsymbol{\Psi}$ 为 $N\times N$ 维的稀疏变换矩阵；$\boldsymbol{S}$ 为 $N\times 1$ 维的稀疏向量；$\boldsymbol{\Phi}$ 为 $M\times N$ 维观测矩阵；$\boldsymbol{y}$ 为 $M\times 1$ 维的观测值；$M<N$。

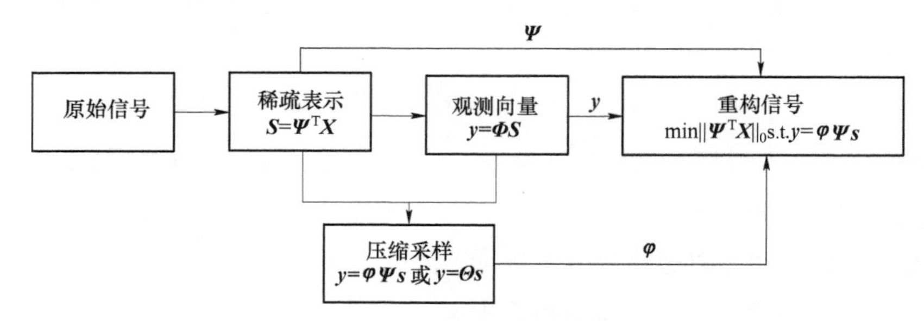

图 11.2　压缩感知理论框架

方程（11.4）是零范数下的优化解，即 P_0 问题。由于 $M<N$，该方程组的解不是唯一的，因此需要设计有效的方法求解。

目前，CS 理论主要面临并需要解决的问题有：

（1）变换矩阵：如何找到一个变换矩阵 $\boldsymbol{\Psi}$，使信号 $\boldsymbol{x}$ 在 $\boldsymbol{\Psi}$ 域中能够被稀疏表示，并且满足其 k 稀疏度最小。

（2）信号观测：如何构造一个与变换矩阵不相关的测量矩阵 $\boldsymbol{\Phi}$，使降维后的信号最大限度地保留原始信息，同时测量矩阵容易被硬件实现。

（3）信号重构：如何将信号从很少的观测数据中精准地重建。

11.1.2　信号的稀疏性

如果信号 $\boldsymbol{x}$ 最多含有 k 个非零值，即 $\|\boldsymbol{x}_0\|\leqslant k$ ，则称 $\boldsymbol{x}$ 是 k 稀疏的，可以表示为

$$\sum_k \boldsymbol{x} := \{\boldsymbol{x}\in\mathbf{R}^N : \|\boldsymbol{x}\|_0 \leqslant k\} \tag{11.5}$$

对于不是稀疏的信号，需要使用式（11.2）对其进行稀疏表示，即 $\boldsymbol{x}=\boldsymbol{\Psi S}$ ，$\|\boldsymbol{S}\|_0\leqslant k$ ，此时，信号 $\boldsymbol{x}$ 仍然被称为稀疏的。

11.1.3　字典稀疏化

如果信号向量本身并未表现出稀疏性，则必须选择一种适当的基函数，才能保证信号的稀疏度。常用的基函数有以下几类：

（1）针对光滑信号的傅里叶变换基、小波变换基，针对振荡信号的 Gabor 变换，以及针对具有不连续边缘的图像信号的 Curvelet 变换基等。虽然得到的稀疏可能不是最优的，但这些方法的各类数学性质是已经确定的，而且存在相应的快速变换。

（2）由正交基扩展到由多个正交基构成的正交基字典。即在某个正交基字典里，自适应地寻找可以逼近某一种信号特征的最优正交基，根据不同的信号寻找最合适信号特性的一个正交基，对信号进行变换以得到最稀疏的信号表示。

（3）用超完备的冗余函数库取代基函数，称为冗余字典，其中的元素被称为原子。该字典的选择应尽可能好地符合被逼近信号的结构，其构成可以没有任何限制。从冗余字典中找到具有最佳线性组合的 k 项原子来表示一个信号，称作信号的稀疏逼近或高度非线性逼近。

（4）基于测试信号来学习字典，这一过程通常称为字典学习，最著名且广泛应用的算法是 K—SVD 算法。然而，这种方法几乎没有可预知的收敛结果，学习所得的字典也不具备任何数学上可分析的结构，这不仅使分析困难，而且妨碍设计相应的快速变换。

稀疏模型在图像处理等领域被广泛应用，例如大多数自然图像，具有大量的平滑或纹理区域，只有相对较少的锐利边缘。对于具备这种特征的信号，可以用多尺度小波变换来稀疏表示。小波变换的作用是将图像递归地分割成低频成分和高频成分，低频成分提供了图像的大尺度近似，高频成分则补充了细节并解决了边缘问题。由于图像的小波变换系数中大多数是很小的，因此可以将小系数设置为 0 或给系数设置门限，从而得到图像的 k—稀疏表示。

实际上，真实世界中的信号极少数是绝对稀疏的，一般是可压缩的，即可以用稀疏信号很好地近似表示。可以用近似误差来量化可压缩性，即对于信号 $\boldsymbol{x}$，如果它的近似信号为 $\tilde{\boldsymbol{x}} \in \sum_k$，那么近似误差为

$$\sigma_k(\boldsymbol{x})_p = \min_{\tilde{x} \in \sum_k} \| \boldsymbol{x} - \tilde{\boldsymbol{x}} \|_{\mathrm{P}} \tag{11.6}$$

如果 $\boldsymbol{x} \in \sum_k$，那么显然有 $\sigma_k(\boldsymbol{x})_p = 0$。而且，通过采用设置门限的方法（即仅保留 k 个最大的系数），可以得到由 l_p 范数度量的最佳近似。

11.2　观测矩阵的构造

如果给定稀疏信号 $\boldsymbol{x} \in \mathbf{R}^N$，考虑一个有 M 个线性观测值的观测系统。这一过程可以用数学描述为

$$\boldsymbol{y} = \boldsymbol{\Phi x} \tag{11.7}$$

式中，$\boldsymbol{\Phi}$ 为 $M \times N$ 阶矩阵；$\boldsymbol{y} \in \mathbf{R}^M$。矩阵 $\boldsymbol{\Phi}$ 将 $\mathbf{R}^N$ 映射成 $\mathbf{R}^M$，$M < N$。在标准的 CS 理论框架中，假设观测是非自适应的，即 $\boldsymbol{\Phi}$ 的行都是预先固定好的，不依赖于已经获得的观测值。当然，自适应观测在某些设定下会带来显著的性能增益。

11.2.1　零空间条件

一个矩阵 $\boldsymbol{A}$ 的零空间可以表示为

$$N(\boldsymbol{A})=\{z:\boldsymbol{A}z=0\} \tag{11.8}$$

其表示所有使 $\boldsymbol{A}z=0$ 的向量集合。如果想要从观测值 $\boldsymbol{\Phi x}$ 中恢复出所有的稀疏信号 $\boldsymbol{x}$，那么显然有：对于任意的一对不同向量 $\boldsymbol{x}\in\sum_k$ 和 $\boldsymbol{x}'\in\sum_k$，必须满足 $\boldsymbol{\Phi x}\neq\boldsymbol{\Phi x}'$，否则仅根据观测值 $\boldsymbol{y}$ 无法区分 $\boldsymbol{x}$ 和 $\boldsymbol{x}'$。也就是说，如果 $\boldsymbol{\Phi x}=\boldsymbol{\Phi x}'$，那么 $\boldsymbol{\Phi}(\boldsymbol{x}-\boldsymbol{x}')=0$，且 $\boldsymbol{x}-\boldsymbol{x}'\in\sum_{2k}$，由此可以看出，当且仅当 $N(\boldsymbol{\Phi})$ 在 $\sum_{2k}$ 中不包含任何向量时，$\boldsymbol{\Phi}$ 才可以唯一地表示 $\boldsymbol{x}\in\sum_k$。即对于 k 稀疏的信号 $\boldsymbol{x}$，当且仅当测量矩阵的零空间与 $2k$ 个基向量张成的线性空间没有交集，或者说零空间中的向量不在 $2k$ 个基向量张成的线性空间中。与之等价的表述就是 spark 常数。

定义 2.1 对于一个给定的矩阵 $\boldsymbol{A}$，spark 是指 $\boldsymbol{A}$ 中线性独立的列的最小数目。

定理 2.1 对于任意的向量 $\boldsymbol{y}\in\mathbf{R}^M$，当且仅当 spark($\boldsymbol{\Phi}$)＞$2k$ 时，至多仅存在一个信号 $\boldsymbol{x}\in\sum_k$ 满足 $\boldsymbol{y}=\boldsymbol{\Phi x}$。

显然，$\text{spark}(\boldsymbol{\Phi})\in[2,M+1]$，因此，定理 2.1 要求 $M\geqslant 2k$。

当处理绝对稀疏的信号时，spark 能提供一个完整的关于稀疏恢复可能性的表征。然而，当处理近似稀疏的信号时，必须考虑更严格的关于 $\boldsymbol{\Phi}$ 的零空间条件。假设 $\Lambda\subset\{1,2,\cdots,N\}$ 是一个下标子集，令 $\Lambda^c\subset\{1,2,\cdots,N\}\setminus\Lambda$。$\boldsymbol{x}_\Lambda$ 是指通过设置 $\boldsymbol{x}$ 中由 Λ^c 标明的元素为 0 而得到的长度为 N 的向量。类似地，$\boldsymbol{\Phi}_\Lambda$ 是指通过设置 $\boldsymbol{\Phi}$ 中由 Λ^c 标明的列为 0 而得到的 $M\times N$ 阶矩阵。

定义 2.2 如果存在常数 C＞0，使得对于所有的 $\boldsymbol{h}\in N(\boldsymbol{\Phi})$ 和所有的满足 $|\Lambda|\leqslant k$ 的 Λ，都有

$$\|\boldsymbol{h}_\Lambda\|_2\leqslant C\frac{\|\boldsymbol{h}_{\Lambda^c}\|_1}{\sqrt{k}} \tag{11.9}$$

成立，那么我们就称矩阵 $\boldsymbol{\Phi}$ 满足 k 阶零空间性质（Null Space Property，NSP）。

为了说明 NSP 在稀疏恢复中的意义，现在简要讨论一下，对于一般的不稀疏的信号 $\boldsymbol{x}$，如何评价稀疏恢复算法的性能。为此，令 $\Delta:\mathbf{R}^M\to\mathbf{R}^N$ 表示特定恢复方法。主要关注具有以下形式的条件：

$$\|\Delta(\boldsymbol{\Phi x})-\boldsymbol{x}\|_2\leqslant C\frac{\sigma_k(\boldsymbol{x})_1}{\sqrt{k}} \tag{11.10}$$

式（11.10）中，$\sigma_k(\boldsymbol{x})_1$ 与式（11.6）中定义的一致。这一条件保证了所有可能的 k—稀疏信号的精确恢复，同时保证了不稀疏信号的一定的鲁棒性，这直接取决于信号用 k—稀疏的向量逼近的程度。关于式（11.10）中的范数的选择，在一定程度上是任意的，也可以用其他的 l_p 范数来度量重构误差。

定理 2.2 令 $\boldsymbol{\Phi}:\mathbf{R}^N\to\mathbf{R}^M$ 表示一个观测矩阵，$\Delta:\mathbf{R}^M\to\mathbf{R}^N$ 表示一种任意的恢复算法。如果 $(\boldsymbol{\Phi},\Delta)$ 满足式（11.10），那么 $\boldsymbol{\Phi}$ 满足 $2k$ 阶 NSP。

11.2.2 有限等距性质

虽然 NSP 对于建立式（11.10）是充分必要的，但是不适用于有噪声存在的情况。当观测

值被噪声或由量化引起的误差污染时，需要考虑更强的约束条件。

定义 2.3　设$\boldsymbol{\Phi}$是一个$M\times N$阶矩阵，如果对于所有的含有不超过k个非零元素的$\boldsymbol{x}\in\mathbf{R}^N$，

$$(1-\delta_k)\leqslant\|\boldsymbol{\Phi x}\|_2^2/\|\boldsymbol{x}\|_2^2\leqslant(1+\delta_k) \tag{11.11}$$

成立，则$\boldsymbol{\Phi}$具有k阶约束等距性（Restricted Isometry Property，RIP）。

如果一个矩阵$\boldsymbol{\Phi}$满足$2k$阶 RIP，那么式（11.11）可以解释为：矩阵$\boldsymbol{\Phi}$近似保持了任意一对k—稀疏向量之间的距离，这对于抗噪的鲁棒性有根本意义。

在 RIP 定义中，假设边界是关于 1 对称的，这只是为了方便讨论。实际上，也可以采用任意边界，即

$$\alpha\|\boldsymbol{x}\|_2^2\leqslant\|\boldsymbol{\Phi x}\|_2^2\leqslant\beta\|\boldsymbol{x}\|_2^2 \tag{11.12}$$

式中，$0<\alpha\leqslant\beta<+\infty$。任意给定像这样的边界，就能够界定$\boldsymbol{\Phi}$的规模，使它满足式（11.11）中关于 1 对称的边界。

同时，如果$\boldsymbol{\Phi}$以参数δ_k满足k阶 RIP，那么对于任意的$k'<k$，$\boldsymbol{\Phi}$以参数$\delta_{k'}<\delta_k$满足k'阶 RIP。

定理 2.3　设$\boldsymbol{\Phi}$以参数δ_k满足k阶 RIP，令γ是一个正整数，那么$\boldsymbol{\Phi}$以参数$\delta_{k'}<\gamma\delta_k$满足$k'=\gamma[k/2]$阶 RIP。

如果一个矩阵$\boldsymbol{\Phi}$满足 RIP，那么就保证了一些算法可以从有噪声的观测值中成功恢复出稀疏信号。为了进一步说明 RIP 的必要性，给出了关于稳定性的概念。

定义 2.4　令$\boldsymbol{\Phi}:\mathbf{R}^N\rightarrow\mathbf{R}^M$表示一个观测矩阵，$\Delta:\mathbf{R}^M\rightarrow\mathbf{R}^N$表示一种恢复算法。如果对于任意的$\boldsymbol{x}\in\sum_k$和任意的$\boldsymbol{e}\in\mathbf{R}^M$，都有

$$\|\Delta(\boldsymbol{\Phi x}+\boldsymbol{e})-\boldsymbol{x}\|_2\leqslant C\|\boldsymbol{e}\|_2 \tag{11.13}$$

成立，则$(\boldsymbol{\Phi},\Delta)$是$C$稳定的。

该定义说明，如果在观测值中加入少量噪声，对重构信号的影响不会是任意大的。

定理 2.4　如果$(\boldsymbol{\Phi},\Delta)$是$C$稳定的，那么对于所有的$\boldsymbol{x}\in\sum_{2k}$，都有

$$\frac{1}{C}\|\boldsymbol{x}\|_2\leqslant\|\boldsymbol{\Phi x}\|_2 \tag{11.14}$$

当$C\rightarrow 1$时，$\boldsymbol{\Phi}$以参数$\delta_k=1-1/C^2\rightarrow 0$满足式（11.10）的下界。

定理 2.4 说明，只要$\boldsymbol{\Phi}$以一个取决于C的参数满足式（11.11）的下界，就存在某种恢复算法，可以从有噪声的观测值中稳定地恢复出信号。

另外，还可以考虑满足 RIP 需要多少观测值的问题。如果忽略δ的影响，而只关注问题的维度（N，M，k），那么可以建立一个简单的下界。

定理 2.5　令$\boldsymbol{\Phi}$是一个$M\times N$阶矩阵，它以参数$\delta\in\left(0,\frac{1}{2}\right]$满足$2k$阶 RIP。那么

$$M\geqslant Ck\log\left(\frac{N}{k}\right) \tag{11.15}$$

式中，$C=\frac{1}{2}\log(\sqrt{24}+1)\approx 0.28$。

如果一个矩阵满足 RIP，那么它就满足 NSP。因此，RIP 比 NSP 更强。

11.2.3 测量矩阵的设计

测量矩阵的构造是压缩感知的关键部分，由于压缩感知理论中信号的测量过程就是用测量矩阵和稀疏信号相乘，因此测量矩阵的好坏直接影响到重构出来信号质量的好坏。测量矩阵所需要满足的性质主要有两个：不相干性和约束等距性（RIP）。构造性能优越的测量矩阵主要是指在达到相同的重构信号质量前提下，要使所选的测量矩阵在测量尽可能少的数据的情况下实现重构要求。通常在选择测量矩阵时要尽量满足以下三个条件：需要测量尽可能少的数据；便于硬件实现；普遍适用。

实际上，式（11.11）RIP 特性给出了原始信号 $\boldsymbol{x}$ 和测量信号 $\boldsymbol{y}$ 的能量约束条件，保证信号在不同的域不发散。其等价描述为：测量矩阵和稀疏矩阵之间不相干，即测量矩阵的行不能由变换矩阵的列线性表示，且变换矩阵的列不能由测量矩阵的行线性表示。

测量矩阵$\boldsymbol{\Phi}$和变换矩阵 $\boldsymbol{\Psi}$ 之间的相干性定义为

$$\mu(\boldsymbol{\Phi},\boldsymbol{\Psi})=\sqrt{N}\max_{1\leqslant i,k\leqslant N}|\langle\boldsymbol{\Phi}_i,\boldsymbol{\Psi}_j\rangle| \tag{11.16}$$

式中，$\boldsymbol{\Phi}$表示观测矩阵；$\boldsymbol{\Psi}$表示字典矩阵；N表示信号长度。

$\boldsymbol{\Phi}_i$和$\boldsymbol{\Psi}_j$分别表示矩阵$\boldsymbol{\Phi}$的第i行、矩阵 $\boldsymbol{\Psi}$ 的第j列，且满足$1\leqslant i\leqslant N$，$1\leqslant j\leqslant N$。由式（11.16）所定义的相干性表示的是矩阵$\boldsymbol{\Phi}$和矩阵 $\boldsymbol{\Psi}$ 的任意两列的最大相关性。通过线性代数的分析可以得出，式(11.16)所示的相干性的取值范围为$\mu(\boldsymbol{\Phi},\boldsymbol{\Psi})\in[1,\sqrt{N}]$，即当$\mu(\boldsymbol{\Phi},\boldsymbol{\Psi})=1$时可得到与变换矩阵 $\boldsymbol{\Psi}$ 在理论上最不相关的观测矩阵$\boldsymbol{\Phi}$。

11.2.4 常见的 RIP 矩阵

目前常见的测量矩阵有很多，可以分为两类：随机性测量矩阵和确定性测量矩阵。其中，随机性测量矩阵主要有高斯随机测量矩阵、伯努利随机测量矩阵、部分哈达玛（Hadamard）矩阵、部分正交测量矩阵、稀疏随机矩阵以及托普利兹测量矩阵和循环测量矩阵等。这类矩阵构造简单，和绝大多数信号不相关，已被证明满足 RIP 性质，因此应用很广。但是这类矩阵元素具有不确定性，所需存储空间较大，不利于硬件实现。而确定性矩阵元素少且确定，容易用硬件实现，其主要有托普利兹测量矩阵和循环测量矩阵。

（1）高斯随机测量矩阵，即矩阵里的每个元素服从$N\left(0,\frac{1}{M}\right)$的独立正态分布，在大多情况下，高斯随机测量矩阵都能够满足 RIP 条件，适合作观测矩阵。

（2）伯努利随机测量矩阵，即服从$p\left(\boldsymbol{\Phi}_{ij}=\pm\frac{1}{\sqrt{M}}\right)=0.5$的伯努利分布，其同高斯随机测

量矩阵一样能够很好地满足 RIP。伯努利随机测量矩阵对稀疏度满足 $k \leqslant c\dfrac{M}{\log(N/M)}$ 的信号有很好的重建效果。

（3）部分哈达玛矩阵。首先生成一个 $N \times N$ 大小的哈达玛矩阵，其是由+1 和−1 两种元素组成的正交矩阵。然后随机地从该矩阵中选取 M 行向量，构成一个 $M \times N$ 的测量矩阵，该矩阵具有较强的相关性和部分正交性，可以取得很好的重建效果。然而，因该矩阵本身的性质，其维数大小必须是 2 的整数倍，故限制了它在实际中的应用。

（4）部分正交测量矩阵。部分正交测量矩阵满足 RIP 准则，其构成方法如下：首先生成大小为 $N \times N$ 的正交矩阵 $\boldsymbol{U}$，然后在 $\boldsymbol{U}$ 中随机地选取 M 行向量，最后对该 $M \times N$ 大小的矩阵的列向量进行归一化处理，得到测量矩阵。在矩阵大小固定的情况下，要使信号精确重建，其稀疏度 k 应该满足

$$k \leqslant c\frac{1}{\mu^2}\frac{M}{(\log N)^6} \tag{11.17}$$

式中，$\mu = \sqrt{M}\max\limits_{i,j}\left|U_{i,j}\right|$，当 $\mu = 1$ 时，部分正交矩阵变为部分傅里叶矩阵。而部分哈达玛矩阵是部分正交测量矩阵的一个特例。

（5）稀疏随机矩阵。首先生成一个大小为 $M \times N$ 的全零矩阵 $\boldsymbol{\Phi}$，$M<N$，然后对于矩阵 $\boldsymbol{\Phi}$ 中的每一列，随机地选取 k 个位置，将其对应的元素置为 1。稀疏随机矩阵每一列只有 k 个不为 0 的元素，结构简单，实际应用中易于保存和构造。

（6）托普利兹测量矩阵和循环测量矩阵。一般的托普利兹和循环矩阵具有以下形式：

$$\boldsymbol{T} = \begin{bmatrix} t_n & t_{n-1} & \cdots & t_1 \\ t_{n+1} & t_n & \cdots & t_2 \\ \vdots & \vdots & & \vdots \\ t_{2n-1} & t_{2n-2} & \cdots & t_n \end{bmatrix},\quad \boldsymbol{C} = \begin{bmatrix} t_n & t_{n-1} & \cdots & t_1 \\ t_1 & t_n & \cdots & t_2 \\ \vdots & \vdots & & \vdots \\ t_{n-1} & t_{n-2} & \cdots & t_n \end{bmatrix} \tag{11.18}$$

式中，$\boldsymbol{T}$ 是托普利兹矩阵；$\boldsymbol{C}$ 是循环矩阵。循环矩阵是托普利兹矩阵的一种特殊形式。

托普利兹测量矩阵和循环测量矩阵构造如下：首先生成一个随机向量 $\boldsymbol{u}$($\boldsymbol{u} = (u_1, u_2, \cdots, u_N) \in \mathbf{R}^N$)，然后经过 M 次循环，构造剩余的 $M-1$ 行向量，最后对列向量进行归一化得到测量矩阵。

11.3　信号重构及压缩感知算法

11.3.1　信号重构

CS 理论的最终目的就是在信号压缩采样之后能够将信号精确地恢复出来。之前所有的恢复信号的方法都是基于最小化 l_2 范数约束的，只是由于它的解不能够满足人们对于其稀疏性

的要求，因此将问题转化为最小化 l_0 范数和最小化 l_1 范数约束问题。

为了描述重构问题，p–范数概念应运而生。即当 $0<p<1$ 时，有

$$\|\boldsymbol{x}\|_0=\lim_{p\to 0}\|\boldsymbol{x}\|_p^p=\lim_{p\to 0}\sum_{k-1}^{m}|\boldsymbol{x}_k|^p \tag{11.19}$$

由上式可知，l_0 范数是 l_1 范数当 $p\to 0$ 时的极限值。

当 $p=0$ 时，就是 0–范数，也就是信号的稀疏性问题，重构问题就转化为式（11.19）条件下的 l_0 最优解问题。

$$\min_x \|\boldsymbol{x}\|_{l_0} \quad \text{s.t.}\ \ \boldsymbol{y}=\boldsymbol{\Phi x} \tag{11.20}$$

式中，$\boldsymbol{\Phi}$ 表示观测矩阵；$\boldsymbol{x}$ 表示稀疏信号。

l_0 范数的最优化是欠定的，属于 NP（非确定性多项式）问题，不能直接进行求解。但是 l_0 范数最小问题与 l_1 范数最小问题在一定条件下等价，而 l_1 范数最小问题的解具有唯一性和稳定性，因此得到广泛应用。

l_1 范数是 l_0 范数的最优凸近似，而且它比 l_0 范数要容易优化求解，因此将上述问题转化为

$$\min_s \|\boldsymbol{x}\|_{l_1} \quad \text{s.t.}\ \ \boldsymbol{y}=\boldsymbol{\Phi x} \tag{11.21}$$

11.3.2 含噪信号的恢复

含噪信号的表达式为

$$\boldsymbol{x}'=a\boldsymbol{x}+\boldsymbol{n} \tag{11.22}$$

式中，$\boldsymbol{x}'$ 表示通过测量系统后的输出信号；$\boldsymbol{n}$ 表示叠加的噪声和干扰；a 表示待测系统增益。

含噪信号与上述没有受到任何噪声干扰的信号不同，其稀疏性不能够真正地满足，处于一种近似的状态。这种近似稀疏的含噪信号仍属于可压缩信号的范畴，但是上述的重构算法不能够完全地满足其要求。由于原本稀疏的基变换由于噪声和干扰的存在被破坏。这时，需要探寻能够满足在有噪声存在的情况下能够使信号得到高概率恢复的方法。

在一个测量系统中，如果噪声的分布是固定的，则式（11.21）已经不再满足条件。将其做如下改动，使其在有噪声和干扰存在的情况下也能够将信号很好地进行重构：

$$\min\|\boldsymbol{x}\|_0 \quad \text{s.t.}\ \|\boldsymbol{\Phi x}-\boldsymbol{y}\|_2^2\leqslant\varepsilon \tag{11.23}$$

或

$$\min\|\boldsymbol{x}\|_1 \quad \text{s.t.}\ \|\boldsymbol{\Phi x}-\boldsymbol{y}\|_2^2\leqslant\varepsilon \tag{11.24}$$

式中，$\boldsymbol{\Phi}$ 表示观测矩阵；ε 表示门限误差。

对于含噪信号的重构算法大都采用 2–范数的约束形式，但是用它来求解，信号的稀疏性不能保证。基于 2–范数求解的重构算法所重建的信号幅值会出现幅度损失的现象。这种情况

是很常见的，同时也是一个很难解决的问题。由于噪声对算法的影响，当信噪比较低时（低于 15 dB），信号恢复的效果都欠佳。

11.3.3　恢复算法

基于l_1范数的算法有最小基追踪（BP）算法和迭代阈值法；基于l_0范数的算法有最小贪婪追踪系列算法，如 MP（Matching Pursuit）算法、OMP（Orthogonal Matching Pursuit）算法等。BP 算法是在线性规划下求解l_1范数最小问题，其高算法复杂性可能会影响到实际大规模应用。而 OMP 等算法的重建复杂度大致在时间复杂度 O（kMN，k 为稀疏度，M、N 为稀疏矩阵的长和宽）附近，远低于 BP 算法，但它们的性能较差，只有 M 较大时才能取得较好的重建效果。

1. MP 算法

信号的稀疏表示，若其变换矩阵可以是过完备的，则称为过完备字典矩阵 $\boldsymbol{D}\in\mathbf{R}^{N+k}$，$N\ll k$，它的每一列表示一种原型信号的原子，原子的个数远大于信号的长度。

假定被表示的信号为$\boldsymbol{y}$，其长度为N。用 H 表示 Hilbert 空间，Hilbert 空间定义了完备的内积空间。该空间是由一组向量构成的字典矩阵 $\boldsymbol{D}$，其中每个向量可以称为原子（Atom），其长度与被表示信号$\boldsymbol{y}$的长度N相同，而且这些向量已作归一化处理。MP 算法的基本思想：从字典矩阵$\boldsymbol{D}$（也称为过完备原子库）中选择一个与信号$\boldsymbol{y}$最匹配的原子（也就是某列），构建一个稀疏逼近，并求出信号残差，然后继续选择与信号残差最匹配的原子，反复迭代，信号$\boldsymbol{y}$可以由这些原子来线性和加上最后的残差值来表示。很显然，如果残差值在可以忽略的范围内，则信号$\boldsymbol{y}$就是这些原子的线性组合。MP 信号分解的步骤如下：

（1）计算信号$\boldsymbol{y}$与字典矩阵$\boldsymbol{D}$中每列（原子）的内积，选择绝对值最大的一个原子，它就是与信号$\boldsymbol{y}$在本次迭代运算中最匹配的。即信号从字典矩阵中选择一个最为匹配的原子，信号$\boldsymbol{y}$就被分解为在最匹配原子的垂直投影分量和残值两部分。

（2）对残值进行与步骤（1）同样的分解，直到收敛。

如果信号（残值）在已选择的原子进行垂直投影是非正交性的，则会使每次迭代的结果并不是最优的而是次最优的，收敛需要很多次迭代。

2. OMP 算法

OMP 算法对 MP 算法进行了改进。在分解的每一步对所选择的全部原子进行正交化处理，这使得在精度要求相同的情况下，OMP 算法的收敛速度更快。OMP 信号分解的步骤如下：

输入：$M\times N$ 维传感矩阵 $\boldsymbol{\Theta}=\boldsymbol{\Phi}\boldsymbol{\Psi}$，$M\times 1$ 采样向量$\boldsymbol{y}$，稀疏度 k，误差限ε。

输出：信号的稀疏表示系数 $\hat{\boldsymbol{b}}$，$M\times 1$ 维残差 $\boldsymbol{r}_k=\boldsymbol{y}-\boldsymbol{\Theta}_k\hat{\boldsymbol{b}}_k$。

在算法中，用$\varnothing$表示空集，$\boldsymbol{\Lambda}_t$ 表示 t 次迭代的索引的集合，J_t 表示 t 次迭代的索引号。

初始化：残差 $\boldsymbol{r}_0=\boldsymbol{y}$，索引集 $\boldsymbol{\Lambda}_t=\varnothing$，$\boldsymbol{\Theta}_0=\varnothing$，迭代次数 t=1。

循环执行步骤（1）～（5）：

（1）找出残差 $\boldsymbol{r}_{t-1}$ 和传感矩阵列 $\boldsymbol{\Theta}_j$ 内积中的最大值，即找索引 J_t，使得 $J_t = \underset{j=1,2,\cdots,n}{\operatorname{argmax}} |\langle \boldsymbol{r}_{t-1}, \boldsymbol{\Theta}_j \rangle|$，其中，$\boldsymbol{\Theta}_j$ 是传感矩阵第 j 列；

（2）更新索引集 $\boldsymbol{\Lambda}_t = \boldsymbol{\Lambda}_{t-1} \cup \{J_t\}$，记录找到的传感矩阵中的重建原子集合 $\boldsymbol{D}_t = [\boldsymbol{D}_{t-1}, \boldsymbol{\Theta}_{J_t}]$；

（3）通过最小二乘法得到信号的近似解：$\hat{\boldsymbol{b}}_t = \arg\min \| \boldsymbol{y} - \boldsymbol{D}_t \boldsymbol{b}_t \|_2$；

（4）更新残差 $\boldsymbol{r}_t = \boldsymbol{y} - \boldsymbol{D}_t \hat{\boldsymbol{b}}_t$；

（5）令 $t = t+1$，若 $t < k$ 或者 $\| \boldsymbol{r}_t \|_2 \geqslant \varepsilon$，则执行（1），并依次进行迭代。

11.4 压缩感知在微弱信号检测中的应用

首先将含噪信号进行相关运算并进行压缩采样，然后通过恢复算法将信号中的噪声去除且重构。基于压缩感知原理，信号恢复后，其信噪比得到极大的提高，实现了基于压缩感知的微弱信号的检测。

压缩感知去噪算法流程如图 11.3 所示，该方法通过 OMP 算法去除信号中的噪声。

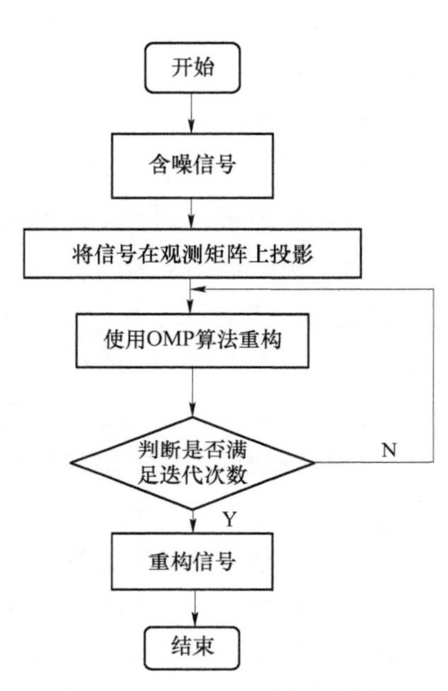

图 11.3 OMP 去噪算法流程

为了验证该方法的有效性，利用 MATLAB 仿真该流程。该仿真分为以下几个步骤：

（1）信号生成。利用 MATLAB 生成一个 256×256 的字典矩阵 $\boldsymbol{D}$，以及可用该字典稀疏化的 256×1 的随机原始信号。生成的原始信号如图 11.4 所示。可以看出，在时域中信号是不稀疏的，但信号在字典矩阵中被分解后是稀疏的。其稀疏信号如图 11.5 所示。

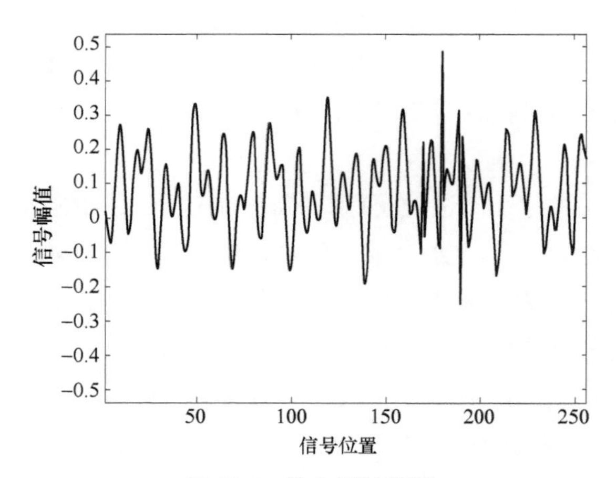

图 11.4 输入原始信号

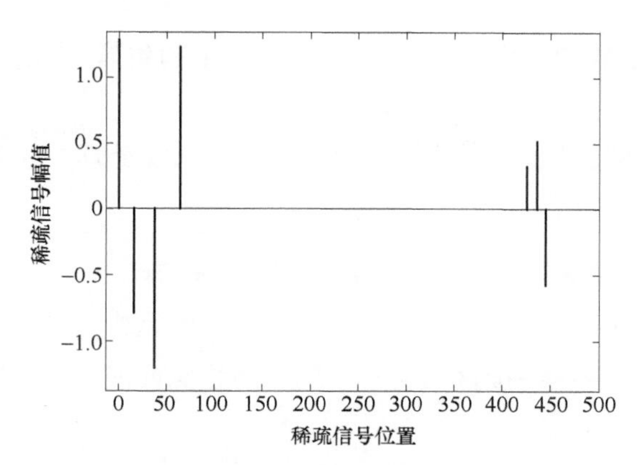

图 11.5　稀疏信号

（2）加入噪声。在原始信号上加上一个噪声来模拟干扰。含噪信号可以表示为 $\boldsymbol{y}'=\boldsymbol{x}+\boldsymbol{n}$，其中，$\boldsymbol{n}$ 为加入的信号，$\boldsymbol{x}$ 为原始信号。

原始信号 $\boldsymbol{x}$ 就变成了含噪信号 $\boldsymbol{y}'$，如图 11.6 所示，此时的信噪比为 12.0 dB。

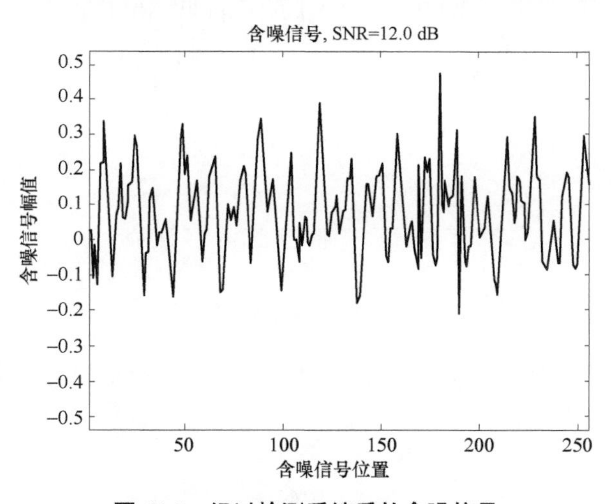

图 11.6　经过检测系统后的含噪信号

（3）对信号进行观测。在上述稀疏条件成立的情况下，对信号 $\boldsymbol{y}'$进行观测。设计观测矩阵为$\boldsymbol{\Phi}$，使其满足 RIP 条件，则可得到测量向量 $\boldsymbol{y}$，即

$$\boldsymbol{y}=\boldsymbol{\Phi}\boldsymbol{y}' \tag{11.25}$$

（4）进行恢复测量。利用 OMP 算法重构信号：

① 恢复矩阵 $\boldsymbol{T}=\boldsymbol{\Phi}\boldsymbol{\Psi}$，将采样矩阵 $\boldsymbol{y}$ 设为初始的残差值。

② 恢复矩阵 $\boldsymbol{T}$ 的列向量和残差 $\boldsymbol{y}$ 做相关，得到投影系数，找到最大投影系数对应的位置。

③ 通过最小二乘法进行迭代，使残差值最小。

④ 记录使残差值最小的最大投影系数的位置，即此位置的特征量最大最稳定。

⑤ 通过最大投影系数的位置找出其在字典矩阵中的位置，恢复信号的幅值为所得特征量的幅值。

构造恢复矩阵，以便在重构算法中将原始信号进行去噪处理并恢复，恢复矩阵为

$$\boldsymbol{T}=\boldsymbol{\Phi}\boldsymbol{D} \tag{11.26}$$

式中，$\boldsymbol{T}$ 表示恢复矩阵；$\boldsymbol{\Phi}$ 表示观测矩阵；$\boldsymbol{D}$ 表示字典矩阵。

最后，通过 OMP 算法，将信号进行恢复重构，得到重构信号。到此为止，即传统的压缩重构信号的过程。有了重构特征量的信号，就能通过变换恢复出原始信号。其恢复出的原始信号如图 11.7 所示。

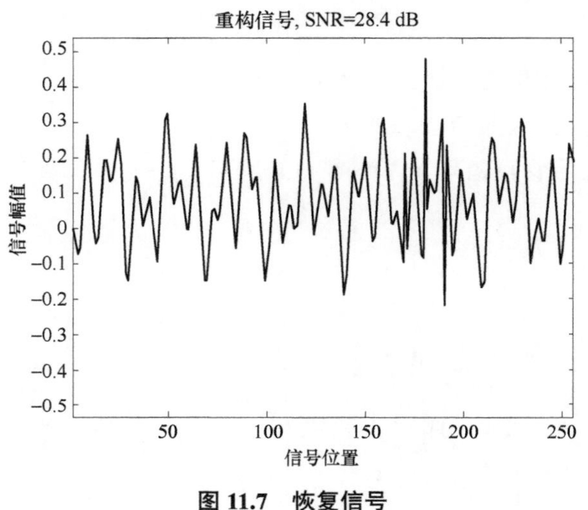

图 11.7　恢复信号

可以看出重构信号的信噪比为 28.4 dB，明显提高，噪声得到有效去除。

第十二章
基于深度学习的微弱信号处理

随着 AlexNet 在 2012 年 ImageNet 竞赛中取得显著成功，深度学习开始迅速发展，并应用到多个领域。深度学习网络在去除噪声领域也具有较大的潜力，本章首先简介神经网络的基础知识，然后介绍采用深度神经网络去除图像噪声的方法。

12.1　神经网络简介

神经网络本质上就是一个把向量化的输入信号通过几个隐藏层映射到一个向量化的输出信号的非线性函数。神经网络的基本组成单元是神经元，一个有三个输入参数的神经元的例子如图 12.1（a）所示，这个神经元以三个输入参数 x_1、x_2、x_3 及截距+1 为输入值，输出信号为

$$h_{\boldsymbol{W},\boldsymbol{b}}(\boldsymbol{x}) = f(\boldsymbol{W}^{\mathrm{T}}\boldsymbol{x}) = f(\sum_{i=1}^{3}\boldsymbol{w}_i x_i + \boldsymbol{b}) \tag{12.1}$$

式中，$\boldsymbol{W}$、$\boldsymbol{b}$ 是这个神经元的参数，对应着每一个输入的权重；f 称为激活函数，典型的激活函数是逻辑斯蒂函数（Logistics Function）$f(x)=\dfrac{1}{1+\mathrm{e}^{-x}}$ 以及双曲正切函数（Hyperbolic Tangent Function）$f(x)=\tanh(x)=\dfrac{\mathrm{e}^{x}-\mathrm{e}^{-x}}{\mathrm{e}^{x}+\mathrm{e}^{-x}}$。

神经网络就是将多个单一的神经元组合到一起，使其中一些神经元的输入信号成为另外一些神经元的输出信号，组成一个网络。一个简单的例子如图 12.1（b）所示。这里使用圆圈表示神经网络的输入，标有“+1”的圆圈被称作偏置节点（Biasunits）。网络最左边的一层称为输入层，最右的一层称为输出层，中间的层次称为隐藏层。在这个例子中，有三个输入单元（偏置单元不计）、两个隐藏层、五个隐藏单元和两个输出单元。通过式（12.1），给定神经网络的输入信号，便可以逐层计算出神经网络的输出信号值，这个过程称为前向传播。

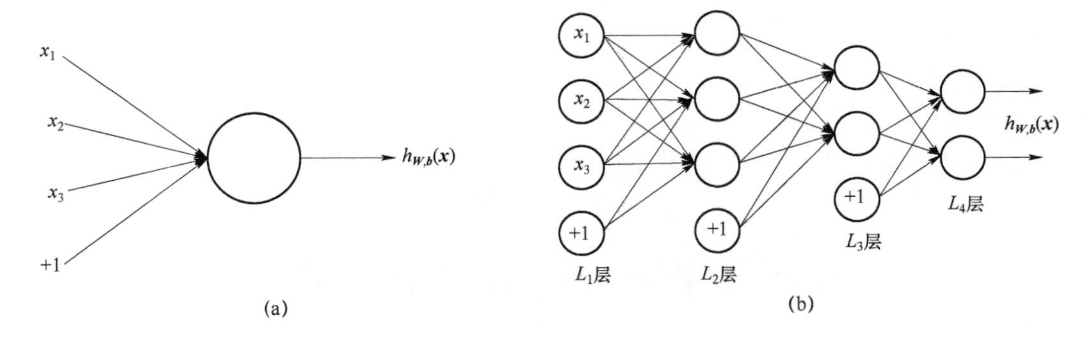

图 12.1

（a）一个有三个输入参数的神经元；（b）一个简单的神经网络

12.2 反向传导算法

神经网络是一个十分复杂的机器学习模型，通常不可能求得神经网络各个参数的解析解。对于无法求得解析解的优化问题，通常通过梯度下降的方式进行求解。具体来说，对于单个样例（x，y），其代价函数为

$$J(\boldsymbol{W},\boldsymbol{b};x,y)=\frac{1}{2}\|h_{\boldsymbol{w},\boldsymbol{b}}(x)-y\|^2 \tag{12.2}$$

对于一个含有 m 个样本的数据集，整体的代价函数 $J(\boldsymbol{W}, \boldsymbol{b})$可以定义为

$$J(\boldsymbol{W},\boldsymbol{b})=\frac{1}{m}\sum_{i=1}^{m}J(\boldsymbol{W},\boldsymbol{b};x^{(i)},y^{(j)})+\frac{\lambda}{2}\sum_{l=1}^{n_l-1}\sum_{i=1}^{s_l}\sum_{j=1}^{s_{l+1}}[W_{ji}^{(l)}]^2 \tag{12.3}$$

式中，l 表示层数；n_l 表示输出层；$\boldsymbol{W}_{ji}^{(l)}$ 表示层 l 中单元 i 和层 $l+1$ 中的单元 j 之间的权参数。

式（12.3）中第一项是样例在数据集上的平均误差；第二项是一个权重衰减项，其目的是减小权值的幅度，防止过拟合。具体机理在于，其附加的误差与矩阵中每个元素的二次幂的和成正比，由二次函数的性质可知，在此约束下，参数会尽可能地趋向于选择绝对值更小的值。这样的做法借鉴了贝叶斯准则中，当参数具有高斯分布的先验时，使用极大后验估计代替极大似然估计的做法。这里的目标是针对参数矩阵 $\boldsymbol{W}$ 和参数向量 $\boldsymbol{b}$ 来求函数 $J(\boldsymbol{W}, \boldsymbol{b})$的最小值。在梯度下降法中每一次迭代都按照以下的公式更新 $\boldsymbol{W}$ 和 $\boldsymbol{b}$，即

$$W_{ij}^{(l)}=W_{i}^{(l)}j-\alpha\frac{\partial}{\partial W_{i}^{(l)}j}J(\boldsymbol{W},\boldsymbol{b}) \tag{12.4}$$

$$b_{i}^{(l)}=W_{i}^{(l)}j-\alpha\frac{\partial}{\partial W_{i}^{(l)}j}J(\boldsymbol{W},\boldsymbol{b}) \tag{12.5}$$

式中，α 表示学习率；上标 l 表示参数所在的层是第 l 层。有了更新规则，关键步骤就是计算偏导数，神经网络中计算参数偏导数的经典算法是反向传播（Back Propagation）算法。

（1）利用式（12.1）进行前向传播计算，逐层计算每一层的神经元的激活值，用 $a_i^{n_l}$ 表示，

其中 n_l 表示神经元在第 l 层，i 表示神经元在这一层中的序号。

（2）对于输出层（用 n_l 表示）的每个输出单元 i，根据以下公式计算残差，即

$$\delta_i^{(n_l)}=\frac{\partial}{\partial z_i^{(n_l)}}\frac{1}{2}\|h_{W,b}(x)-y\|^2=-[y_i-a_i^{(n_l)}]*f'[z_i^{(n_l)}] \tag{12.6}$$

（3）对于 $l=n_l-1,n_l-2,\cdots,2$ 的各个层，第 l 层的第 i 个节点的残差为

$$\delta_i^l=\left\{\sum_{j=1}^{s_l+1}W_{ji}^{(l+1)}f'[z_i^{(n_l)}]\right\} \tag{12.7}$$

（4）计算需要的偏导数为

$$\frac{\partial}{\partial W_{ij}^{(l)}}J(\boldsymbol{W},\boldsymbol{b};x,y)=a_j^{(l)}\delta_i^{(l+1)} \tag{12.8}$$

$$\frac{\partial}{\partial b_i^{(l)}}J(\boldsymbol{W},\boldsymbol{b};x,y)=\delta_i^{(l+1)} \tag{12.9}$$

通过迭代地使用前向传播和反向传导的步骤，能够得到需要的网络模型。

12.3　激活函数

非线性激活函数给予了神经网络非线性的特性，非线性激活函数的层次化组合是神经网络强大表达能力的基础，因此激活函数在神经网络中具有十分重要的地位。大多数神经网络都使用 S 形函数作为隐藏层单元的激活函数，在取得很好效果的同时，随着深层网络的发展，S 形函数的局限性表现得越来越显著。

神经网络中常用的 S 形函数大致有以下几种形式：

（1）逻辑斯蒂函数：

$$f(x)=\frac{1}{1+\mathrm{e}^{-x}} \tag{12.10}$$

逻辑斯蒂函数是在统计学习中常用的函数，因为模型简单，学习容易，在大规模机器学习中基于逻辑斯蒂函数的逻辑斯蒂回归算法得到广泛应用并获得很不错的效果。很多神经网络也采取逻辑斯蒂函数作为激活函数，也取得了不错的效果。不过由于逻辑斯蒂函数不是关于原点对称的，同时由于函数值始终大于零，因此输出信号值的平均值永远是大于零的，这样的特性会导致神经网络训练的速度减慢。

（2）双曲正切函数：

$$f(x)=\tanh(x)=\frac{\mathrm{e}^x-\mathrm{e}^{-x}}{\mathrm{e}^x+\mathrm{e}^{-x}} \tag{12.11}$$

双曲正切函数可以理解为逻辑斯蒂函数关于原点对称的版本，是常用的 S 形函数类型。

（3）一种双曲正切函数的改进版：

$$f(x)=\tanh_{o}pt(x)=1.7159\tanh\left(\frac{2}{3}\right)x \tag{12.12}$$

这种激活函数具有几点很不错的性质：

① 如果输入信号是经过标准化的，即当输入信号的均值为0、方差为1时，函数的输出信号值也满足这样的性质。这样的特征使神经网络每个隐藏层单元的激活值都具有相同的统计特性。

② $f(\pm1)=\pm1$。

③ 函数的二阶导数在$x=\pm1$时分别取到最大值和最小值。

由于上面这些性质很适合层次网络，因此在这几种 S 形函数中改进后的双曲正切函数最适合去噪网络的训练。需要指出的是，尽管改进后的双曲正切函数具有很好的性质，但作为一个 S 形函数，依然受到下一节说到的梯度弥散问题的影响，需要使用深度学习的方式来解决深层网络的训练问题。

12.4 深层网络及 S 形函数的局限性

近几年，深层网络具有多个隐藏层的神经网络引起了人们的关注。尽管已经证明任意函数可以被一个有三层单元的网络以任意精度逼近，但深层网络比起浅层网络有着更强的表达能力。使用深层网络的主要优势在于：深层网络能够以更加简单紧凑的方式来表达比浅层网络大得多的函数集合。对于某些复杂的函数，使用 k–1 个隐藏层的网络表达时所需要的隐藏层节点数目可能是使用 k 个隐藏层的网络表达时所需的隐藏层节点数目的很多倍。具体到图像处理问题中，使用深层网络可以学习到层次化的特征表示。在图像识别等应用中，第一个隐藏层的节点可以用于识别边缘等简单信息，第二个隐藏层的节点可以识别更长的轮廓以及边缘的组合，更高的层次可以学习到更高层的特征。值得一提的是，视觉图像在人脑中也是分阶段进行处理的，首先进入大脑皮层的“V1”层，然后进入大脑皮层的“V2”层，也为深层网络的应用提供了生物上的背景。尽管深层网络的简洁性和强大的表达能力在几十年前就在理论上得到了证实，然而在很多年里都没有得到好的实践。主要的原因如下：

（1）计算机计算性能“瓶颈”。这个问题近年来随着图像处理单元、分布式计算等软硬件上的进步，已经得到极大的缓解，但是在20多年前神经网络巨大的计算资源开销在一定程度上限制了模型的应用和发展。

（2）训练数据不足。监督学习需要大量的有标签的数据，对于处理图像数据的网络，参数经常有上百万甚至上亿个，而有人工标注的数据很难达到这个规模，因此神经网络很容易过拟合（Over Fitting）而导致性能急剧下降。当然对于图像去噪问题来说，这个因素影响不大，因为有着海量的干净图片可以让计算机自动生成噪声图片和干净图片的映射。

（3）局部极值太多。这个问题对于神经网络模型始终存在，或者说，神经网络基本不存在最优解，其关注的是如何使神经网络收敛到一个更好的局部极值点。然而随着层数的增加，网络模型进入不理想的局部极小值点的概率变大，从而使通过后向传播方式的训练难度大大增加。

（4）梯度弥散问题。这个问题是由 S 形函数的特性导致的。前面已经提到神经网络第一个隐藏层的第 i 个节点的残差计算公式为

$$\delta_i^l = \left[\sum_{j=1}^{s_{l+1}} W_{ji}^{(l)} \delta_i^{(l+1)}\right] f'(z_i^{(n_l)}) \tag{12.13}$$

对于逻辑斯蒂函数来说，

$$f'(x) = \left(\frac{1}{1+\mathrm{e}^{-x}}\right)' = \frac{\mathrm{e}^{-x}}{(1+\mathrm{e}^{-x})^2} = \frac{\mathrm{e}^{-x}}{1+\mathrm{e}^{-x}} * \frac{1}{(1+\mathrm{e}^{-x})^2} = f(x)[1-f(x)] \tag{12.14}$$

由于逻辑斯蒂函数的值域在（0，1），因此 $f'(x)$ 的值域为 $\left(0, \frac{1}{2}\right]$。这样的性质会导致当使用反向传导算法计算参数的梯度时，随着网络深度的增加，从网络输出层到网络的最初几层的梯度幅度值会急剧减小，以至于整体损失函数相对于最初几层的导数很小。在梯度下降法执行时，最初几层的权重变化会很缓慢，无法从样本中学习到有效的特性。与之相关联的一个问题是：当神经网络最后几层中神经元数量足够时，可能最后这几层就足以对标签数据进行不错的建模，而最初几层仅仅起到了传导数据的作用。在这种情况下，首先对所有层都进行随机初始化，然后训练得到的整个网络的性能将会与浅层网络得到的性能相似，无法发挥深层网络模型的优点，仅仅增加了额外的计算量。

12.5　深度学习中的解决方案

深度学习通过一些新的思想，部分解决了上面的问题，并提供了很多新的思路，简单介绍如下：

（1）无监督学习。既然有标注的数据规模有限，那么就充分利用无标注的数据。无监督学习在深度学习中主要起两方面作用：一方面是对深层网络进行预训练，以解决深层网络训练数据不足的问题；另一方面是利用无监督学习获取数据更高层次的特征，因为输入向量在隐藏层中的激活值可以看作输入向量在神经网络中的一个特征表示。

（2）逐层进行预训练。通过逐层预训练的方式，一方面解决了整个训练深层网络时训练数据不足的问题，另一方面通过预训练给神经网络的参数赋予初值，再利用后向传导算法进行全局微调（Fine Tuning）。预训练一种典型的方式是栈式稀疏自编码算法（Stacked Auto–Encoder，SAE）。“自编码”的含义是输入、输出相同，当输入、输出相同时，隐藏层的激活值便是输入向量的特征表示。

对于分类问题，可以采用以下训练方式：首先利用原始输入向量 $\boldsymbol{x}$ 来训练神经网络的第一层，得到 $\boldsymbol{W}_1$ 和 $\boldsymbol{W}_1'$，如图 12.2（a）所示。然后扔掉 $\boldsymbol{W}_1'$ 及与之关联的输出层，将输入向量 $\boldsymbol{x}$ 经过第一个隐藏层后的表示 $\boldsymbol{h}_1$ 作为新的子神经网络的输入向量和输出向量，训练 $\boldsymbol{W}_2$ 和 $\boldsymbol{W}_2'$，如图 12.2（b）所示。重复这个过程直到到达所需的层数。最后将分类问题所需要的输出层接到最高层上，并使用有标注的数据对整个网络进行全局微调，如图 12.2（c）所示。对于回归问题，例如去噪问题，也可以使用栈式稀疏自编码算法的思想，只是输入向量和输出向量分别对应加噪前后的版本，并且逐层训练时不舍去输出层。

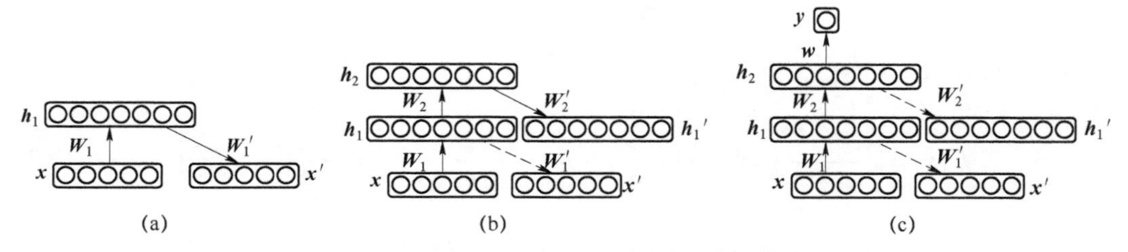

图 12.2　分类问题中使用栈式自编码模型

（a）训练网络第一层；（b）训练网络第二层；（c）添加分类输出层并全局微调网络

（3）使用新的激活函数。既然 S 形单元会导致梯度弥散问题，那么就使用不会导致梯度弥散的单元。一种替代的选择是使用线性整流单元 $\text{rectifier}(x)=\max(x,0)$，接下来进行详细讨论。

① 神经科学背景。神经网络模型来源于对神经模型的参照，对神经视觉系统的研究也一直推动着神经网络模型的发展。线性整流单元从稀疏性和函数形态上有着充分的神经科学背景。

稀疏性：神经科学研究表明，视觉信号在人脑初级视皮层上有着稀疏的表征，其中一个时刻激活的神经元比例在 1%～4%。在这里，稀疏的意义在于，通过激活尽可能少的神经元来表征视觉信息，可以最大限度地减少视皮层的能力消耗。很多研究表明，稀疏表征在信号、图像、视频处理上都取得了很好的效果。对于神经网络来说，隐藏层的激活值可以被看作输入信息在神经网络中的表示。出于多因素比如特征提取、数据压缩等，倾向于获得输入数据的稀疏表征。

对于传统的基于 S 形函数的网络，如果不对网络参数添加额外的约束，网络本身并不具备这样的性质。为了达到这个目标，研究人员提出了很多不同类型的提高稀疏性的技术，比如添加 L–1、L–2、KL 散度（Kullback–Leibler Divergence）等约束项，这在一定程度上缓解了这个问题。

而对于现行整流函数 $\text{rectifier}(x)=\max(x,0)$，如果输入信号 x 是小于零的，那么输出信号的激活值就是零，这个特性对于构建稀疏表征是非常有帮助的。

② 使用线性整流函数进行图像去噪。如上分析，线性整流函数具有一些 S 形函数不具备的优点，使其十分适合去噪问题。

首先，使用线性整流单元的深度神经网络可以直接通过后向传播的方式进行训练而不用采取预训练的方法（Pre-training）。预训练这种算法的提出是为了解决多层神经网络训练过程中的梯度弥散以及有标注训练数据不足的问题。有标注训练数据不足的问题在图像去噪问题中基本不存在，因为可以通过人工添加噪声的方式进行无限量的生成。同时对于线性整流函数来说，不存在 S 形函数所需面对的梯度弥散问题，因为 max(*x*, 0) 就是一个很简单的阶梯函数。

在实际训练的过程中，使用线性整流函数作为激活函数的多层网络，即使是随机初始化的网络参数，也能得到很好的训练。图 12.3 所示为线性整流函数与 tanh 激活函数的对比。

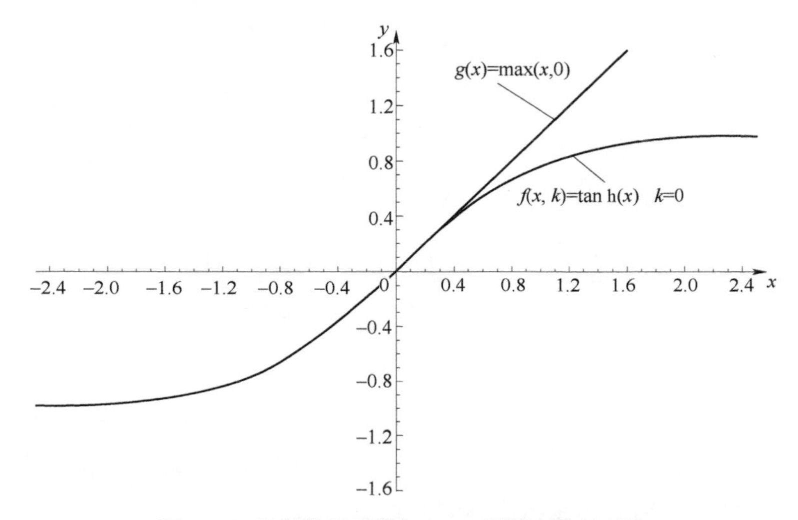

图 12.3　线性整流函数与 tanh 激活函数的对比

其次，线性整流单元存在着一定程度的内在稀疏性。前一节中已经提到相关，不用添加额外的稀疏约束不仅使网络的目标函数可以更简单，而且能在一定程度上减小反向传播算法的计算量。

再次，使用线性整流单元的神经网络比使用 S 形函数的神经网络一般需要更少的训练时间。对于单个单元来说，线性整流函数的计算时间比 S 形函数短得多：不仅没有复杂的指数运算和除法运算，而且其简单的形式适合用硬件实现。在同样的训练数据、同样的网络大小条件下，使用类似的参数设置，使用线性整流单元的网络收敛需要的迭代次数更少。

需要指出的是，深度学习的算法初衷都是围绕着分类问题进行设计，关注的重点是通过深层的结构抽取输入信息的有用的隐藏层表示而不是预测值的精度。分类问题和回归问题的差异性使很多在分类问题上效果很好的技术在回归问题上达不到预期的效果。一个典型的例子是自编码器中常用的信号丢失技术（Dropout），在逐层预训练时，会把输入层的一部分单元置零而输出层不变，这样训练出来的隐藏层的表示对于输入信号中可能存在的一些噪声更加鲁棒。然而去噪问题是一个回归问题，之前的研究者尝试过在去噪网络中使用信号丢失技术，实际运行结果是回归精度和去噪性能都下降了很多。因此深度学习的技术对于回归问题来说，是否真正有效需要经过实验的验证。而图像去噪问题需要考虑到很多图像数据的特性，结合好这些特性进行去噪算法的设计和改进，才能实际提升去噪算法的性能。

12.6 去噪框架

神经网络及深度学习的模型，由于其强大的表达能力，十分适合用于学习图片块到图片块的函数，使用神经网络进行去噪的框架如图 12.4 所示。这里之所以区分隐藏层的激活函数和输出层的激活函数，是因为输出层的激活函数选择取决于问题的需要。

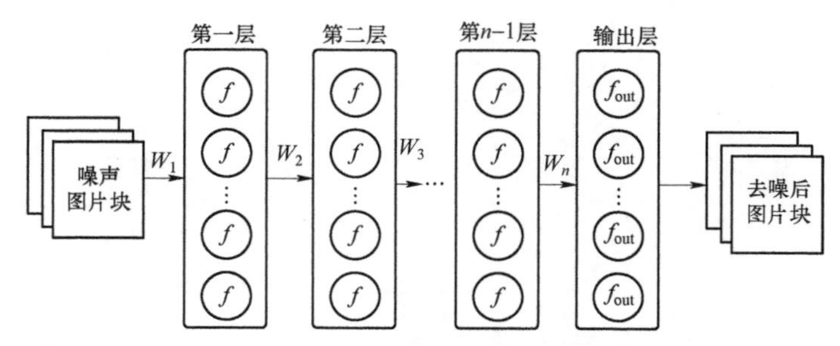

图 12.4 去噪的神经网络框架

去噪步骤简述：

（1）从图片中提取样本数据，即图像块。由于每张图片大小不一并且分辨率较高，整张图片读入数据太大，因此将图片按照比例分为训练集和测试集，随机从图片中提取一定数量的图片块当作训练样本数据集和测试样本数据集。

（2）构建网络框架，包括网络模型、优化算法、损失函数以及一些超参数的设置等。

（3）批量输入样本数据训练网络，并在测试集下进行测试。

（4）利用训练好的网络对图片逐个小块进行去噪，最后可以得到一张完整的去噪图片。

为了训练网络，可以从图片数据集中随机选取干净的图片块 $\boldsymbol{y}$，然后通过人为添加高斯白噪声等方式生成对应的噪声图片块 $\boldsymbol{x}$。把向量化后的噪声图片块 $\boldsymbol{x}$ 作为神经网络的输入信号，把对应的向量化后的干净图片块作为神经网络的输出信号，通过后向传播的方式更新神经网络的参数，然后通过迭代的方式逐步学习到所需的模型。

12.7 初始化参数及训练

为了使神经网络后向传播的过程更加有效率，需要对数据进行预处理，设置初始化参数，选择训练方式以及设置学习率。

12.7.1 数据预处理

标准化（Normalization）即使得输入均值为 0、方差为 1，是机器学习中常用的数据预处理手段。具体到多层神经网络中，使用标准化后的数据，对于采用修正后的双曲正切函数（12.12）为激活函数的网络可以做到每一层的输入信号和输出信号都保持均值为 0、方差为 1 的特性。这样的特征对网络的训练是十分有利的，因此在分类问题中通常会将数据标准化。然而对于去噪问题，输入的噪声图片块和输出的去噪后的图片块往往具有不一样的统计特性，给问题增加了很大的难度。一种可能的解决方案是通过输入信号的均值、方差以及添加噪声的标准差作为参数来估算输出信号的均值和方差。这种方案在低噪声时具有一定的可行性，但是在噪声变强时不管是去噪后图片方差估计的精度还是最后模型的去噪效果都逐渐变得不理想：在高噪声环境下，由于图像像素的灰度值有范围的界定，即使是图片块的均值也会发生变化，而方差更难以估算，因此可以回避这个问题，简单地把像素的灰度值从区间[0, 1]线性地映射到[−0.8, 0.8]上，并使用双曲正切函数（tanh）作为输出层的激活函数以保证输入图片块的均值在统计上接近于零。值得一提的是，之所以把映射目标范围设为[−0.8, 0.8]而不是[−1, 1]，是因为 tanh 函数的值域为（−1, 1），函数的导数在函数值接近±1 时无限趋近于 0，导致权值矩阵中元素的绝对值变得很大，进而使得神经网络过拟合。

12.7.2　网络权值初始化

神经网络权值矩阵的初始值会对训练过程和最后结果有显著的影响。对于多层网络，希望网络的初始值在满足随机性的同时保证每个隐藏层的输入、输出有着尽可能相同的统计特性。为了实现这一点，需要将每层参数的初始值与对应层的节点数关联起来，根据每层的节点数进行自适应的调节。本章工作中网络初始化权值设定的参数为：第 i 层的网络参数服从均匀分布$\left[-4*\sqrt{\frac{6}{n_{i-1}+n_i}},4*\sqrt{\frac{6}{n_{i-1}+n_i}}\right]$，其中，$n_i$ 表示第 i 层的节点数。

12.7.3　训练方式

使用梯度下降算法的模型的训练方式主要有批处理（Batch Learning）算法、随机梯度下降（Stochastic Gradient）算法、小批量处理（Mini–batch Learning）算法三种。

1. 批处理算法

批处理算法能算出所有训练样本总的误差对于权值矩阵的导数，然后进行梯度下降，重复这个过程，直到目标函数收敛。批处理算法的优点在于，收敛条件确定，误差曲线相对稳定，理论分析容易，同时可以使用共轭梯度法、拟牛顿法等最优化算法加速计算过程。但是在大型神经网络的训练中，批处理算法存在不可忽略的缺点：首先，训练速度慢，因为需要计算出整个数据集上的误差信息才能进行一次权值矩阵更新，时间、空间的资源消耗都非常大；其次，神经网络模型复杂，局部极小值很多，批处理算法缺乏随机性，容易落入不理想的局部极小区域；再次，如果训练数据中存在大量冗余，会产生很多无意义的计算；最后，需要对整个训练数据集进行计算的特点使得批处理算法不适合在线学习。

2. 随机梯度下降算法

循环查看所有训练样本，每次查看一个训练样本都使用后向传导对整个网络的参数进行一次更新即随机梯度下降算法。随机梯度下降算法的优点在于，权值矩阵的更新速度大大加快，同时因为有很强的随机性，网络参数更容易从不理想的局部极小区域逃离；缺点在于误差曲线在训练过程中波动更大，收敛条件更复杂，也更不容易收敛。相对来说，随机梯度下降算法的这几个缺点更容易得到解决，例如随着迭代次数的增加逐步减小学习率就是一种很好的解决误差难以收敛的问题的方案。由于训练速度上的优势，随机梯度下降算法被广泛采用。

3. 小批量处理算法

小批量处理算法介于批处理算法和随机梯度下降算法之间。小批量处理算法每次从训练数据集中选出固定 n 个样本点，算出这一小批样本总的误差对于权值矩阵的导数，然后进行权值更新，每扫完所有样本点一次称作一个周期（Epoch）。随机梯度下降算法可以看作 $n=1$ 的小批量处理算法；批处理算法可以看作 $n=N$（N 为训练数据个数）的小批量处理算法。和批处理算法相比，小批量处理具有更新权值快、可以在线学习、需求的资源少、具有随机性、能够离开不理想的局部极值点等优点；和随机梯度下降算法相比，小批量处理的误差曲线在训练过程中更为稳定，受到数据中噪声影响更小。

12.7.4 学习率和惯性参数

学习率的设置：较大的学习率可能使神经网络模型学习的速度更快，也可能使神经网络进行发散。如果网络收敛但是训练速度较慢，则尝试将学习率增大。为了保证神经网络的收敛，在执行小批量处理算法时，每个周期将当前学习率乘以 0.99。

惯性参数（Momentum）：惯性是神经网络训练中常用的加速手段，可以帮助神经网络更快地离开函数空间中的平缓区域。具体操作方式是：每次对权值矩阵进行更新时额外附加上一次权值更新时的一部分，即

$$\Delta(t+1)=-\rho\frac{\partial E}{\partial W}+\beta\Delta W(t) \tag{12.15}$$

式中，ρ 表示当前学习率，β 表示惯性参数，满足 $0\leqslant\beta<1$。

12.8 去噪

用 x 表示观测到的噪声图片，用 y 表示原始的干净无噪的图片，那么噪声污染的过程可以描述为

$$x=\eta(y) \tag{12.16}$$

式中，$\eta:\mathbf{R}^{m\times n}\rightarrow\mathbf{R}^{m\times n}$，是任意随机的添加噪声的过程，$m$、$n$ 分别为数字图像的长和宽。那么去噪的任务就是寻求一个函数 f 满足：

$$f=\operatorname{argmin}_f E_y \| f(x)-y \|_2^2 \tag{12.17}$$

这里 f 也是 $\eta:\mathbf{R}^{m\times n}\to\mathbf{R}^{m\times n}$ 的函数。值得注意的是，由于图像到图像的映射的复杂度太高，为 $\eta:\mathbf{R}^{m\times n}\to\mathbf{R}^{m\times n}$，对于动辄上万像素的数字图片直接用机器学习的方式学习 f 几乎不可能实现。因此，实际操作中需要把一张图片拆成很多可能彼此互相有重叠的较小的图片块，并学习由图片块到图片块的映射 g。在去噪时，所有的图片块依次通过这样一个映射 g 分别进行去噪，再将所有这些图片块以某种方式重新聚合起来，形成去噪之后的图片，如图 12.5 所示。通过这种方式，降低了目标问题的规模，通过学习图片块到图片块的映射 g，间接地学习图像到图像的映射 f。

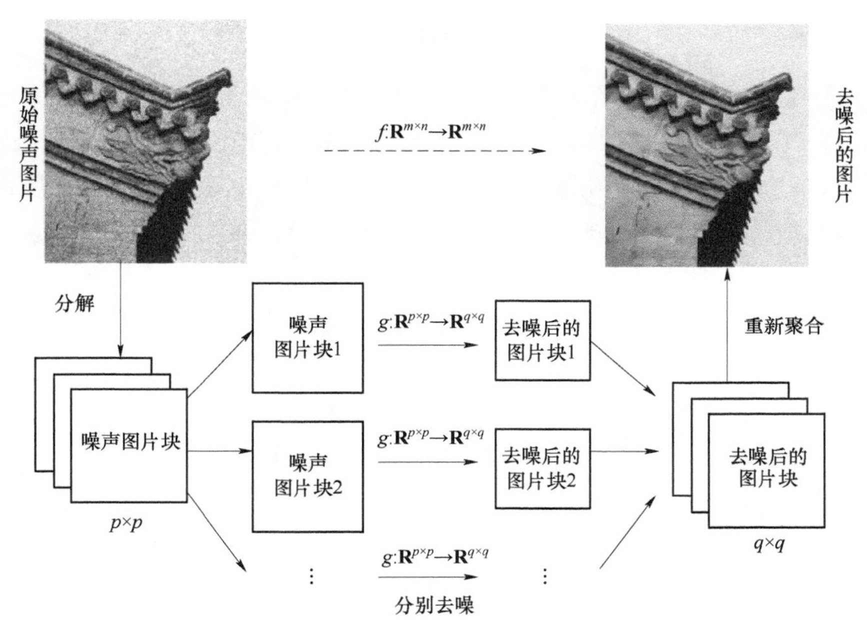

图 12.5　去噪流程

在去噪过程中，首先把噪声图片分拆成很多彼此重叠的图片块，然后对每个图片块分别进行去噪，再将这些去噪后的图片块放到它们在图片中的原始位置，重叠部分进行聚合，得到去噪后的图片。对于分拆这个过程，最保守也是最精确的办法是取出所有的图片块，然后分别进行后续的过程。实际使用中为了节省计算资源，通常采用漂移窗口（Sliding Window）的手段，即使用一个窗口以特定步长（Stride Size）在图片中移动，每次将窗口中的图片块取出。步长的大小根据选取的噪声图片块的大小决定，可以根据噪声图片的边长 p 和模型去噪后的图片的边长 q 来估算每个目标像素点得到估值的个数以及整个分拆及聚合过程的时间消耗。对于 512×512 这种规模的图片，如果去噪前后图片块的边长均取为 8，那么步长取为 2 或 3 通常就够了，最后的去噪效果可能会有微弱的下降，但去噪消耗的时间能节省很多。对于重新聚合这个过程，也就是噪声图片上的一个像素出现在多个噪声图片块中并进行去噪，得到多次估值后如何得到最终的估计值的过程。解决这个问题的思路是平均，在重新聚合的过程中通常选择的平均方法有以下几种：

（1）直接计算算术平均。优点是简单、直接，容易实现，也能够获得很不错的效果。

（2）计算加权平均。这里考虑的是尽管噪声图片上的一个像素在很多图片块中都被选中，但是在每个噪声图片块中出现的位置不一样。出现在噪声图片块中间部分的像素期望的均方误差更小。因此，可以采取加权平均的方法：首先根据数据统计出图片块每个位置的均方误差，估计值的权重与所在图片块中位置的均方误差成反比；然后计算加权平均，即

$$p_{i,j}=\frac{\sum_{k=1}^{N}\frac{p_k}{e(x_k,y_k)}}{\sum_{k=1}^{N}\frac{1}{e(x_k,y_k)}} \tag{12.18}$$

式中，$p_{i,j}$表示噪声图片在i、j上去噪后的估计像素值；N表示图片中某个像素出现在图片块中的次数；k表示其在第k个去噪图片块中的出现；(x_k,y_k)表示该像素在第k个去噪图片块中的位置；$e(x_k,y_k)$表示统计得到的每个位置的均方误差。这种方式依赖于噪声的统计特性，参数较多，需要进行额外的统计，去噪性能与前一类相比可以有少许提高。